W0254602

Teubner Studienbücher

Biologie

Dzwillo: **Prinzipien der Evolution**
148 Seiten. DM 26,80

Françon: **Physik für Biologen, Chemiker und Geologen**
Band 1: 208 Seiten. DM 19,80
Band 2: 171 Seiten. DM 18,80

Röhler: **Biologische Kybernetik**
Regelungsvorgänge in Organismen. 180 Seiten. DM 22,80

Schönbeck: **Pflanzenkrankheiten**
Einführung in die Phytopathologie. 184 Seiten. DM 24,80

Skrzipek: **Praktikum der Verhaltenskunde**
220 Seiten. DM 25,80

Vangerow: **Grundriß der Paläontologie**
132 Seiten. DM 18,80

Wynn: **Struktur und Funktion von Enzymen**
102 Seiten. DM 15,80

Geographie

Bahrenberg/Giese: **Statistische Methoden und ihre Anwendung in der Geographie**
308 Seiten. DM 29,80

Born: **Geographie der ländlichen Siedlungen**
Band 1: Die Genese der Siedlungsformen in Mitteleuropa
228 Seiten. DM 26,80

Herrmann: **Einführung in die Hydrologie**
151 Seiten. DM 22,80

Müller: **Tiergeographie**
Struktur, Funktion, Geschichte und Indikatorbedeutung von Arealen
268 Seiten. DM 28,80

Semmel: **Grundzüge der Bodengeographie**
120 Seiten. DM 24,80

Weischet: **Einführung in die Allgemeine Klimatologie**
Physikalische und meteorologische Grundlagen
256 Seiten. DM 28,–

Windhorst: **Geographie der Wald- und Forstwirtschaft**
204 Seiten. DM 28,80

Fortsetzung auf der letzten Textseite

Teubner Studienbücher der Biologie

F. Schönbeck
Pflanzenkrankheiten

Studienbücher der Biologie

Herausgegeben von
Prof. Dr. H. Stieve, Jülich, und Dr. E. Hildebrand, Jülich

Die Studienbücher der Reihe Biologie sollen in Form einzelner Bausteine grundlegende und weiterführende Themen aus allen Gebieten der Biologie umfassen. Daneben werden auch die übrigen Naturwissenschaften in einem Maße berücksichtigt, wie sie für den Umgang mit den Denk- und Arbeitsmethoden der Biologie notwendig erscheinen. Die Bände der Reihe sind wegen ihrer studienbezogenen Konzeption besonders zum Gebrauch neben Vorlesungen oder auch anstelle von Vorlesungen sowie zur Fortbildung der Lehrer geeignet. Für den Studierenden der Mathematik, Physik oder Chemie, der an biologischen Problemen interessiert ist, bietet die Reihe die Möglichkeit, sich an exemplarisch ausgewählten Themengruppen in die Biologie einführen zu lassen.

Pflanzenkrankheiten

Einführung in die Phytopathologie

Von Dr. agr. Fritz Schönbeck
Professor an der Technischen Universität Hannover

Mit 62 Abbildungen und 33 Tabellen

Springer Fachmedien Wiesbaden GmbH 1979

Prof. Dr. agr. Fritz Schönbeck

Geboren 1926. Studium der Landwirtschaft und Biologie von 1949 bis 1956 in Kiel, Bonn und Köln; Promotion 1956 in Bonn. Bis 1960 wiss. Mitarbeiter in der pharmazeutischen Industrie. 1961 wissenschaftlicher Assistent am Institut für Pflanzenkrankheiten der Universität Bonn, 1966 Habilitation, 1970 Ernennung zum apl. Professor und zum wissenschaftlichen Rat und Professor, 1975 Ernennung zum o. Professor und Berufung auf den Lehrstuhl für Pflanzenkrankheiten und Pflanzenschutz der Technischen Universität Hannover.

CIP-Kurztitelaufnahme der Deutschen Bibliothek

Schönbeck, Fritz:
Pflanzenkrankheiten : Einf. in d. Phytopathologie / von Fritz Schönbeck. – Stuttgart : Teubner, 1979.
(Teubner-Studienbücher : Biologie)
ISBN 978-3-519-03604-3 ISBN 978-3-322-96710-7 (eBook)

DOI 10.1007/978-3-322-96710-7

Ursprünglich erschienen bei B. G. Teubner, Stuttgart 1979
Umschlaggestaltung: W. Koch, Sindelfingen

Vorwort der Herausgeber

Mit dem vorliegenden Band wendet sich die Studienbuchreihe erstmals einem Gebiet der angewandten Biologie zu. Alljährlich wird ein beträchtlicher Teil der Ernten durch Pflanzenkrankheiten und tierische Schädlinge vernichtet. Insbesondere der Eingriff des Menschen in die Ökosphäre stellt eine latente Gefahr für die Nutzpflanzen dar. Mit dem Trend zu ertragreichen land- und forstwirtschaftlichen Monokulturen wächst auch die Bedrohung durch epidemisch auftretende Pflanzenkrankheiten. Das Ziel der Phytopathologie besteht vor allem darin, durch die Erforschung der Kausalzusammenhänge bei der Entstehung von Pflanzenkrankheiten einen wirksamen Pflanzenschutz zu ermöglichen.

Methoden des Pflanzenschutzes nehmen daher in Darstellungen von Pflanzenkrankheiten in der Regel einen breiten Raum ein. Die vorliegende Einführung konzentriert sich demgegenüber ganz bewußt auf die physiologischen Grundlagen der Infektion und die veränderten Funktionen der befallenen Pflanzen. Die Krankheitssymptome werden nicht nur beschrieben, sondern die Wechselbeziehungen zwischen Erreger und Wirt werden eingehend analysiert. Die Beschreibung exemplarisch ausgewählter Pflanzenkrankheiten soll vor allem der Übung im Erkennen von Krankheiten im Freiland dienen.

Das Buch wendet sich in erster Linie an Leser, die bereits mit den Grundlagen der Biologie vertraut sind, insbesondere an fortgeschrittene Studierende der Biologie und an Lehrer, die ihre Kenntnisse um anwendungsorientierte Teildisziplinen erweitern möchten. Es erscheint ferner geeignet für Agrarwissenschaftler und für Personen, die im praktischen Pflanzenschutz tätig sind und die sich einen Überblick über die physiologischen Aspekte der Phytopathologie verschaffen möchten. Kenntnisse der wichtigsten Vorgänge der Pflanzenphysiologie sind für das Studium des Stoffes unentbehrlich, Grundkenntnisse der Mikrobiologie und Systematik zumindest erwünscht.

Probleme des Umwelt- und Pflanzenschutzes werden heute zunehmend auch in der Öffentlichkeit diskutiert. Doch findet man selbst unter Biologen oft einen erschreckenden Mangel an Sachkenntnis. Wir meinen, daß die Kenntnis wichtiger Pflanzenkrankheiten das Verständnis der biologischen Wechselbeziehungen wesentlich fördern kann, und wir hoffen, daß dieses Buch dazu beiträgt, die grundlegenden Erkenntnisse der Phytopathologie einem größeren Kreis von Interessierten näher zu bringen.

Jülich, im Herbst 1978 H. Stieve und E. Hildebrand

Vorwort des Verfassers

Dieses Studienbuch ist aus Vorlesungen über Phytopathologie und Pflanzenschutz vor Hörern unterschiedlicher Studienrichtungen und Vorbildung entstanden. Es wurde vornehmlich für Studierende der Biologie geschrieben, um ihnen diese angewandte Disziplin zugänglich zu machen. Fragen nach der Sicherstellung der Ernährung der Weltbevölkerung, aber auch nach den Konsequenzen des Pflanzenschutzes sind heute in das allgemeine Bewußtsein gerückt. Der angehende Biologe, vor allem wenn er den Lehrberuf anstrebt, muß sich mit diesen Fragen auseinandersetzen. An den Gymnasien bietet das neue Kurssystem die Möglichkeit, Aspekte der angewandten Biologie vertiefend zu behandeln. Studierenden der Agrarwissenschaften wird die knappe Darstellung der Grundlagen der Phytopathologie eine hoffentlich nützliche Hilfe sein.

Nach einer kurzen Einleitung werden Ursachen von Pflanzenkrankheiten beschrieben. Charakteristika bei der Infektion durch die einzelnen Erregergruppen sowie die Rolle von Enzymen, Toxinen und Wachstumsreglern werden besonders hervorgehoben. In den folgenden Kapiteln rücken die Wirtspflanzen in den Mittelpunkt und damit Grundphänomene der Krankheitsentstehung: der Einfluß von Umweltfaktoren, pathologische Reaktionen der Pflanze, Resistenzerscheinungen. Der Abschnitt „Ausgewählte Krankheiten" dient der Veranschaulichung des Stoffes und soll den Studenten die Möglichkeit geben, Zusammenhänge zwischen Krankheitserscheinungen zu erkennen. Der Pflanzenschutz ist zwar nicht Teil der Phytopathologie, doch dienen ihre Bemühungen letztlich dem praktischen Pflanzenschutz. Deshalb sind seine wichtigsten Prinzipien kurz und zusammenfassend dargestellt worden. Hinweise auf Pflanzenschutzmaßnahmen finden sich auch in den Kapiteln „Krankheitsursachen" und „Ausgewählte Krankheiten".

Allen Kollegen sowie Mitarbeitern des Instituts, die mich bei der Abfassung oder Fertigstellung des Manuskriptes unterstützt haben, danke ich herzlich. Den Herausgebern dieser Buchreihe bin ich für ihre kritischen Ratschläge zu Dank verpflichtet.

Hannover, im Herbst 1978 F. Schönbeck

Inhalt

Einleitung

1 Krankheitsursachen

2 Enzyme, Toxine, Wachstumsregler

3 Einfluß von Umweltfaktoren auf den Krankheitsverlauf

4 Reaktionen der Pflanze auf Befall

5 Krankheitsresistenz

Einleitung

Phytopathologie ist die Lehre von den Pflanzenkrankheiten, die ihre Ursachen in der Einwirkung abiotischer Faktoren oder dem Befall mit Viren, Mikroorganismen oder parasitischen Blütenpflanzen haben. Zusammen mit den tierischen Schaderregern und den von ihnen hervorgerufenen Beschädigungen der Pflanzen sowie dem Pflanzenschutz bildet die Phytopathologie das Stoffgebiet der Phytomedizin. Wenngleich das Studium parasitärer Beziehungen von allgemeinem biologischen Interesse ist, so gilt doch Phytopathologie als eine angewandte Disziplin, die in dem Bemühen wurzelt, Kenntnisse über ökonomisch wichtige Krankheiten, ihre Ursachen, die Bedingungen ihres Auftretens, ihren Verlauf, ihre Ausbreitung zu erarbeiten. Diese Kenntnisse bilden die Grundlage des praktischen Pflanzenschutzes, und je umfassender dieses Wissen ist, um so erfolgreicher und gezielter kann gegen die Krankheiten und ihre Erreger vorgegangen werden.

Krankheitsbegriff

Es ist schwierig, wenn nicht unmöglich, „Pflanzenkrankheit" exakt zu definieren, denn zwischen krank und gesund gibt es keine scharfe Trennungslinie. Eine Pflanze kann dann als gesund oder normal gelten, wenn sie die physiologischen Funktionen, zu denen sie aufgrund ihrer genetischen Potenz befähigt ist, optimal ausführt. Das setzt aber auch optimale und für jede Pflanzenart spezifische Umweltbedingungen voraus, die in so günstiger Konstellation in der Natur kaum auftreten. Ungünstige Umweltfaktoren, zu denen auch Krankheitserreger zählen, denn sie sind ein immanenter Bestandteil der Umwelt, verändern, oftmals kaum merklich, Struktur und physiologische Funktionen der Pflanze. Nehmen solche Veränderungen an Umfang zu, dann kommt es zu histologischen Abweichungen, deren äußere Kennzeichen als Symptome bezeichnet werden. An ihnen erkennt man Erkrankungen. Symptome sind aber nicht die Krankheit, und auch der Erreger stellt sie nicht dar, er löst sie vielmehr aus. Das entstehende, sehr häufig charakteristische Krankheitsbild resultiert aus den Wechselwirkungen zwischen Wirt, Erreger und Umwelt. Dies ist ein dynamischer Prozeß, der durch Interdependenz gekennzeichnet ist, denn durch die Aktion des Erregers ändert sich das Substrat (Wirtsgewebe) und durch die ständige Änderung des Substrates ändern sich auch Aktion und Reaktion von Erreger und Wirt.

Alle Leistungen und Funktionen der Pflanze können durch Krankheiten beeinträchtigt werden, z. B.:

- Krankheiten an Wurzeln vermindern Wasser- und Nährsalzaufnahme und die Stoffbildung;
- Krankheiten des Stengels beeinträchtigen Wasser- und Nährsalzleitung, Stofftransport und Standfestigkeit;
- Krankheiten der Blüten behindern die Reproduktion;
- Krankheiten der Früchte wirken sich ebenfalls negativ auf die Reproduktion aus und beeinträchtigen die Speicherung von Reservestoffen.

Ob man jede Abweichung in Struktur und Funktion vom Normalen als Erkrankung bezeichnet, ist eine Frage der Definition, hängt vom Ausmaß der Abweichung und davon ab, was man als normal für die jeweilige Kulturpflanze ansieht.

Zur Bedeutung von Pflanzenkrankheiten

Das Auftreten von Parasiten an Kulturpflanzen ist unvermeidbar, denn zur natürlichen Umwelt der Pflanzen gehören auch zahlreiche Organismen, denen sie als Nahrung dienen. Für den amerikanischen Kontinent ist z. B. die Anzahl der dort vorkommenden verschiedenen Schaderreger an Tomate, Reis, Bohne und Mais gezählt worden: die Zahlen beliefen sich – in gleicher Reihenfolge – auf etwa 300, 550, 250 bzw. 125. Da der Mensch mit den Verursachern der Krankheiten um die Pflanzen als Nahrungsquelle konkurriert, nennt er sie Schaderreger und versucht, die Pflanzen vor ihnen zu schützen, um Quantität und Qualität der Ernteprodukte zu sichern und zu steigern.

Pflanzenkrankheiten haben in Kulturgeschichte und Wirtschaft der Menschheit und der einzelnen Völker in vielfältiger Weise ihre Spuren hinterlassen. Einige Beispiele mögen dies veranschaulichen:

Um den Rost (robigo) von Korn fernzuhalten, wurde im alten Rom zu Ehren des Gottes Robigo vor Maibeginn das Fest der Robigalien gefeiert. Kulturhistorisch von besonderem Interesse ist der Mutterkornpilz (*Claviceps purpurea*), der insbesondere an Roggen vorkommt. Im Mittelalter verursachte er ausgedehnte Massenvergiftungen (Ergotismus, Höllenbrand, Antoniusfeuer). Zur Pflege der Erkrankten wurde im Jahre 1095 der Antoniusorden gestiftet.

Als Folge der Krautfäuleepidemie an Kartoffeln (*Phytophthora infestans*) nahm die Bevölkerung Irlands in den Jahren 1845–1850 um etwa 2 Millionen ab. Davon sind schätzungsweise 1 Million verhungert und 1 Million infolge der Hungersnot ausgewandert. Auf dieselbe Krankheit geht der berüchtigte Steckrübenwinter während des 1. Weltkrieges (1916/17) in Deutschland zurück.

Der Kaffeerost (*Hemileia vastatrix*) hat die Wirtschaft Ceylons völlig verändert. Bis zu seinem Auftreten im Jahre 1869 war dieses Land der führende Kaffeeproduzent der Welt. Der Rost brachte die Kultur in wenigen Jahren zum Erliegen. Diese wichtigste Kaffeekrankheit drang 1970 nach Südamerika vor. Neben negativen Folgen für die Produktion trägt das Auftreten der Krankheit auch zur Verbesserung der Kaffeekultur und -technologie bei. Negative soziale Auswirkungen sind dann zu befürchten, wenn kapitalarme Kleinbauern keine Mittel zur Bekämpfung der Krankheit aufbringen können.

In Deutschland hat die Einschleppung des Blauschimmels (*Peronospora tabacina*) den Tabakanbau um 1960 sehr stark reduziert. In Norddeutschland ist er durch diese Krankheit weitgehend zum Erliegen gekommen.

Die durch Schaderreger verursachten Verluste an Pflanzen können global mit durchschnittlich 1/3 der potentiellen Ernte angenommen werden. Es bestehen erhebliche Unterschiede zwischen den einzelnen Kulturpflanzen; vielfach sind wasserreiche Produkte gefährdeter als wasserarme. In der Regel ist der Schaden in den Tropen und Subtropen größer als in der gemäßigten Zone. Besonders in vielen Entwicklungsländern treiben Mangel an Kenntnissen und fehlende Bekämpfungsmöglichkeiten die Verluste in die Höhe. Doch auch hoch entwickelte Länder mit einer auf hohem Niveau stehenden Phytomedizin sind nicht vor schwersten Epidemien gefeit, wie das durch eine Helminthosporiose verursachte Desaster in der Maiskultur der USA des Jahres 1970 gezeigt hat.

Probleme und Aufgaben

Die Phytomedizin hat eindrucksvolle Erfolge erzielt und ihren Beitrag zur Ertragssteigerung und -sicherung geleistet. Dennoch sind längst nicht alle Probleme gelöst, ständig tauchen neue auf, die unter Kontrolle gebracht werden müssen. Angesichts der breiten Resonanz, die der Pflanzenschutz heute in der Umwelt-bewußten Öffentlichkeit findet, ist es notwendig, an die Existenz solcher Probleme zu erinnern. Nur zwei seien hier erwähnt:

Absterbende Ulmen sind zu einer alltäglichen Erscheinung geworden. Wir erleben als Augenzeugen, wie die Ulme als Park- und Alleebaum durch eine Pilzkrankheit langsam aus ganzen Landstrichen verschwindet. Über wirksame Gegenmaßnahmen verfügen wir noch nicht. Der den Kernobstbau bedrohende Feuerbrand dehnt sich von Gebiet zu Gebiet aus. Die als ultima ratio einer Bekämpfung empfohlene Rodung anfälliger Pflanzen kommt einer Kapitulation vor der Krankheit gleich.

Der Phytomedizin kommt in der modernen, auf hohe Erträge und Standardisierung ausgerichteten Agrarwirtschaft steigende Bedeutung zu, und zwar nicht allein aus rein betriebswirtschaftlichen Erwägungen: Ertrags- und Produktivitätssteigerungen im Pflanzenbau werden u. a. angestrebt durch vermehrte Monokultur, erhöhten Düngeraufwand, Vermehrung der Pflanzenanzahl je Flächeneinheit, Anbau genetisch uniformer Sorten. Solche Praktiken können aber auch die Gefahr schwerer Krankheitserscheinungen an den Kulturpflanzen erhöhen und erfordern deshalb erhöhte Anstrengungen zur Vermeidung von Schäden.

Auch die Anzahl der in einem Gebiet auftretenden Schaderreger an einer bestimmten Kulturpflanzenart nimmt ständig zu. Nicht alle bekannten Schaderreger an einer Kulturpflanze kommen überall dort vor, wo diese angebaut wird. Durch planmäßige Züchtung ist die ökologische Breite zahlreicher Kulturpflanzen erweitert worden, während viele Erreger einen sehr viel engeren ökologischen Spielraum haben (z. B. Mais, der in Mitteleuropa höchste Erträge liefert, dessen wichtigste Parasiten hier aber ohne Bedeutung sind). Doch eine Reihe von Schaderregern fände zweifellos auch in noch nicht von ihnen besiedelten Gebieten ausreichende Lebensmöglichkeiten. Sie treten dort nur deshalb nicht auf, weil ihre Ausbreitung bisher nicht gelang oder verhindert wurde. Die natürliche Expansion der Erreger und der moderne Waren- und Reiseverkehr haben im Gefolge, daß ständig neue Areale von den Erregern erobert werden (Tab. 0.1). Sie können für die betroffene Kultur extrem hohe Bedeutung erlangen (z. B. Feuerbrand, Falscher Mehltau an Hopfen und Tabak).

Im übrigen besteht die ständige Aufgabe der Phytopathologie darin, die Kenntnisse über die Interaktionen zwischen Wirt, Erreger und Umwelt sowie über die Biologie

Tab. 0.1 Beispiele für die Einbürgerung wirtschaftlich wichtiger Schaderreger in Deutschland zwischen 1924 und 1974

Schaderreger	Krankheit	Einbürgerungsjahr	Ursprungsgebiet
Rübenvergilbungsvirus	Viröse Vergilbung der Beta-Rüben	1935	Frankreich
Scharkavirus	Virose an Pflaume	1961	Balkan
Strawberry yellow edge virus and Strawberry crinkle virus	Blattrandvergilbung der Erdbeere	1974	Westeuropa
Pseudomonas phaseolicola	Fettfleckenkrankheit der Bohne	1929	Nordamerika
Erwinia amylovora	Feuerbrand	1971	Nordamerika
Pseudoperonospora humuli	Falscher Mehltau an Hopfen	1924	Japan
Peronospora tabacina	Blauschimmel an Tabak	1959	USA
Puccinia horiana	Weißer Rost der Chrysantheme	1964	Südafrika

und Ausbreitung von Erregern immer weiter zu vertiefen, damit – bei geringster Belastung von Verbraucher und Umwelt – die Kulturpflanze noch wirkungsvoller geschützt und ihr Anbau noch produktiver gestaltet werden kann.

1 Krankheitsursachen

1.1 Abiotische Krankheitsursachen

Diese Krankheitsursachen umfassen im wesentlichen Witterungs-, Boden- und Nährstoffeinflüsse, Immissionen sowie unsachgemäße Agrartechniken. Nichtparasitäre Erkrankungen entstehen oft durch einen Mangel oder Überschuß an Wachstumsfaktoren. Charakteristisch für viele dieser Krankheiten ist, daß sie verschwinden, wenn der auslösende Faktor eliminiert wird. Da es keine Infektionskrankheiten sind, können sie auch nicht auf gesunde Pflanzen übertragen werden. Die durch abiotische Ursachen hervorgerufenen wirtschaftlichen Schäden übertreffen nicht selten die durch Schaderreger bedingten. Zu den unmittelbaren Schäden kommen mittelbare hinzu, die dadurch entstehen, daß durch abiotisch entstandene Wunden Erregern der Befall ermöglicht oder erleichtert oder daß unter dem Einfluß nichtparasitärer Faktoren die allgemeine Krankheitsbereitschaft (Prädisposition) der Pflanze erhöht wird. Pflanzenschutzmaßnahmen gegen nichtparasitäre Krankheiten können oftmals nicht oder nur in begrenztem Umfange durchgeführt werden.

1.1.1 Witterungsfaktoren

Hierzu gehören vor allem Temperatur, Licht, Wind und Niederschläge in ihren verschiedenen Formen.

Die Temperatur beeinflußt wie kaum ein anderer Faktor Wachstum und Verbreitung der Pflanzen. Alle Funktionen der Pflanze sind von ihr abhängig. Die Temperaturgrenzen, innerhalb derer eine normale Entwicklung möglich ist, variieren sehr stark von Art zu Art sowie mit dem Entwicklungsstadium; außerdem interferieren sie mit einer Reihe weiterer Faktoren (z. B. Wassergehalt, Nährstoffangebot, Schnelligkeit der Temperaturänderung).

Bei der Einwirkung niedriger Temperaturen ist zwischen Kälte- und Frostschäden zu unterscheiden. Erstere sind Störungen der Pflanze durch Temperaturen unterhalb der unteren Verträglichkeitsgrenze. Sie äußern sich unterschiedlich, z. B. Wachstumsstockungen, Mißbildungen, Verfärbungen (Anthozyanfärbung, Vergilbung), Schosserbildung, vernarbende Wunden (Frostgürtel an Früchten), Hemmung enzymatischer Prozesse (Süßwerden der Kartoffel).

Frostschäden werden durch Temperaturen unter 0 °C hervorgerufen, d. h. aber nicht, daß alle Pflanzen unterhalb 0 °C geschädigt werden. Stärkerer Frost führt meist zur Eisbildung in den Interzellularen und zur Entwässerung der Zellen. Die eigentliche Schädigung dürfte auf der Inaktivierung protoplasmatischer Membranen durch Konzentrierung membrantoxischer Stoffe beruhen. Pflanzenarten und -sorten unterscheiden sich in ihrer Frostempfindlichkeit ganz erheblich. Das gleiche gilt für einzelne Organe, mitunter sogar Gewebe, derselben Pflanze (Abb. 1.1). Durch langsames Gewöhnen an tiefe Temperaturen können Pflanzen abgehärtet werden. Die Frosthärtung steht offenbar mit der Ansammlung von „Schutzstoffen" (u. a. Zucker, Proteine, Lipoide, organische Säuren) in der Umgebung der Membranen in Zusammenhang.

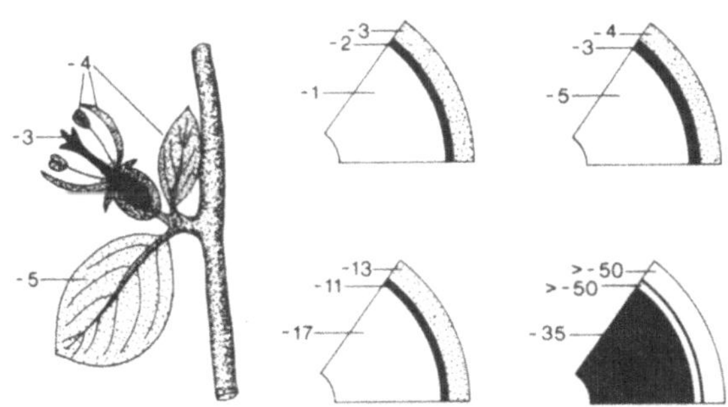

Abb. 1.1 Kälteresistenz einzelner Gewebe und Organe von Apfel und Ahorn. Zahlen geben Temperaturen in Grad Celsius an, bei denen 50%iger Schaden auftritt (nach Larcher, Ökologie der Pflanzen, UTB 232, Stuttgart 1973)

Das Schadbild bei krautigen Pflanzen ist häufig Turgorverlust, dunkle Verfärbung und Vertrocknen. An den Rinden holziger Pflanzen entstehen durch unterschiedlich starke Schrumpfung von Rinde und Holzkörper bzw. durch lokale Schädigungen Frostrisse, -spalten oder -platten. Die Auswinterungserscheinungen bei Getreide können neben dem direkten Frostschaden (bei Gerste etwa unter –15 °C, bei Weizen ab –20 °C, bei Roggen ab –25 °C) auch auf Austrocknen, Auffrieren oder Ausfaulen zurückgehen, häufig verbunden mit parasitärer Schädigung.

Durch hohe Temperaturen werden Pflanzen zwar oft nachhaltiger geschädigt als durch niedrige, doch werden solche Temperaturen im Freiland der gemäßigten Zone selten erreicht. Farbänderungen, Verbrennungen an Blättern oder auch vorzeitiger Laubfall können durch Hitze ausgelöst werden. Sonnenbrandschäden an Früchten treten meist in Form abgestorbener Gewebeteile auf. Hitzeschäden lassen sich meist nicht von Dürreschäden trennen.

L i c h t m a n g e l beeinträchtigt die Chlorophyllbildung. Das Streckungswachstum wird gefördert, das Gewebe bleibt weich, die Standfestigkeit leidet. Getreide neigt zum Lagern. Die Anfälligkeit gegenüber Schwächeparasiten wird erhöht.

L i c h t ü b e r s c h u ß tritt im Freiland der gemäßigten Zone selten als alleinige Schadursache auf. Zu Schäden kann es kommen, wenn z. B. der Übergang von Zierpflanzen aus Überwinterungshäusern ins sonnige Freiland zu rasch erfolgt.

H a g e l verursacht vor allem an Blättern und Früchten direkte mechanische Schäden, die erheblich sein können.

S c h n e e b r u c h entsteht, wenn Zweige und Äste unter der Last nassen Schnees brechen.

W i n d ruft direkte Schäden durch Windbruch oder Windwurf hervor. Er bringt Getreide zum Lagern und kann durch Austrocknung des Bodens und Transpirationserhöhung schädigen. Durch Schnee und Wind werden insbesondere auch Forstgewächse geschädigt.

1.1.2 Bodenverhältnisse

Wassergehalt, physikalische Struktur des Bodens, seine Durchlüftung, chemische Zusammensetzung und der pH-Wert können Ursachen von Pflanzenschädigungen sein. Ausreichende Wasserversorgung ist Voraussetzung für eine normale Pflanzenentwicklung. Nicht die absolut im Boden vorhandene Wassermenge ist entscheidend, sondern der pflanzenverfügbare Anteil. Wird der permanente Welkepunkt (Saugkraft des Bodens = Saugkraft der Wurzel) unterschritten, können die Pflanzen kein Wasser mehr aufnehmen. Es kommt zur Welke (physiologische Welke), die jedoch im Gegensatz zur parasitären Welke meist reversibel ist. Wasserüberschuß vermindert die Bodendurchlüftung. Durch anaerobe Umsetzungen können phytotoxische Stoffe entstehen. Das Wachstum der Pflanzen leidet, oftmals werden sie schwach, chlorotisch und anfällig für Schwächeparasiten.

Ungünstige chemische Zusammensetzung des Bodens kann zu extremen pH-Werten führen, die außerhalb der von den Pflanzen tolerierten Spanne liegen. Unter ariden Bedingungen und auf Bewässerungsböden kann ein Salzüberschuß die Pflanzen schädigen. Nach einer Bodendämpfung können Mangan und Ammoniak in pflanzenschädigenden Mengen freigesetzt werden. Vor allem aber gehört zur ungünstigen chemischen Zusammensetzung eines Bodens sein Mangel an verfügbaren Makro- und Mikronährstoffen, der die sogenannten Mangelkrankheiten hervorruft. Sie treten stets nester- oder feldweise auf und äußern sich in schlechtem Wuchs und Verfärbungen. Obwohl die Schadbilder des Mangels an bestimmten Nährstoffen von Pflanzenart zu Pflanzenart variieren, sind doch einige charakteristische Merkmale vorhanden, die in Tab. 1.1 zusammengefaßt sind. Auf die Mangelkrankheiten kann nicht näher eingegangen werden.

Tab. 1.1 Allgemeine Symptome bei Mangelerkrankungen

Mangel an	Symptome
Stickstoff	hellgrüne Färbung, vergilbende Blätter, schwacher Wuchs, Notreife
Kalium	Turgorverlust, Blattrandverbräunung, ältere Blätter gefleckt
Phosphor	schwacher Wuchs, Blätter blaugrün, mitunter rötlich
Magnesium	Marmorierung der Blätter, gefolgt von Nekrosen, Adernbereich zunächst nicht betroffen, Wölbung der Interkostalfelder
Kalzium	junge Blätter hakenförmig gekrümmt, Randchlorose, Absterben der Vegetationspunkte
Eisen	Chlorose, Blattadern bleiben lange grün
Bor	Basis junger Blätter wird chlorotisch, sterben später unter Schwarzfärbung ab, Wachstumsdeformationen, bei Rüben wird der obere Rübenkörper trockenfaul
Molybdän	Mißbildungen an jungen Blättern, diffuse Flecken, später Gelbfleckigkeit
Kupfer	Chlorophylldefekte, Blattnekrosen, bei Getreide weiße, vertrocknende Blattspitzen und -ränder (Heidemoorkrankheit)
Mangan	helle Laubfärbung, chlorotische, später nekrotische Flecken auf den Interkostalfeldern (Dörrfleckenkrankheit des Hafers)

1.1.3 Bearbeitungsmaßnahmen

Bearbeitungsmaßnahmen können zu Beschädigungen an Pflanzen und -teilen führen, wenn sie zur falschen Zeit, mit falschen Mitteln oder in der falschen Art und Weise durchgeführt werden. Die unsachgemäße Anwendung von Pflanzenschutzmitteln (z. B. Überdosierung, Abdrift infolge Ausbringung bei zu hoher Windgeschwindigkeit oder niedrigen Brüheaufwandes) ist immer wieder Ursache solcher Schädigungen. Das

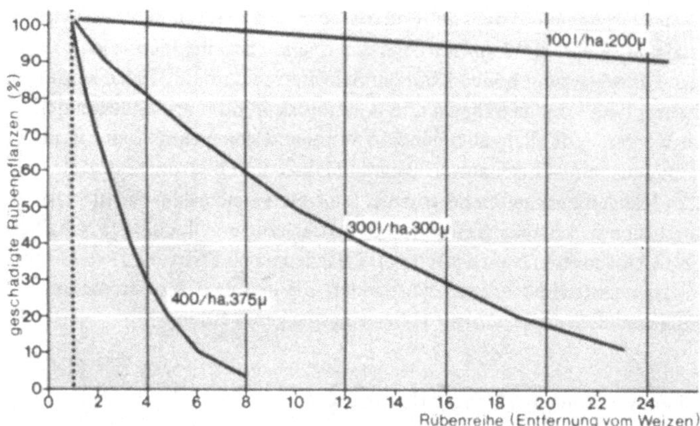

Abb. 1.2 Schädigung von Rüben durch Abdrift von Wuchsstoffherbiziden in Abhängigkeit von Spritzbrühaufwand und Tröpfchendurchmesser. Gespritzt wurde ein Weizenschlag, der unmittelbar an die Rübenparzelle grenzte, bei Windgeschwindigkeiten um 3 m/sec (nach Tisler, Gesunde Pflanzen **22**, 196, 1970)

trifft vor allem für Herbizide zu (Abb. 1.2). Doch auch der Einsatz von Maschinen bei der Bearbeitung, der Ernte und dem Transport führt häufig zu Verletzungen. Der mittelbare Schaden kann größer sein als der unmittelbare, weil verletzte Pflanzen leicht von Wund- und Schwächeparasiten besiedelt werden. Auf diese Weise können auf dem Transport und im Lager große Verluste entstehen.

1.1.4 Luftverunreinigungen

Beeinträchtigungen durch Luftverunreinigungen sind mit dem Wachstum der gewerblichen Wirtschaft häufiger geworden. Doch auch Verkehr und Haushaltungen tragen erheblich zu dieser unerfreulichen Entwicklung bei. Schädigungen der Kulturpflanzen wie auch der Wildflora durch Luftverunreinigungen sind in dicht besiedelten und industrialisierten Regionen keine Seltenheit. Der Schadstoffgehalt der Pflanzen ist gewöhnlich erhöht (Tab. 1.2). Unter anhaltender Immissionswirkung kann es wegen unterschiedlicher Empfindlichkeit der einzelnen Arten zu einer Verschiebung in der Zusammensetzung von Pflanzengesellschaften kommen.

Man unterscheidet:

– akute Schädigungen, die durch kurzfristige Einwirkung höherer Schadstoffkonzentrationen entstehen und meist zu Nekrosen führen;
– chronische Schädigungen, die durch längerdauernde Einwirkung schwacher Konzentrationen oftmals Chlorosen auslösen,
– latente Schädigungen, die ohne makroskopische Symptome die pflanzliche Leistungsfähigkeit vermindern.

Tab. 1.2 Fluorgehalt von Wiesengras vor und nach Einbau einer Absorptionsanlage in einer Fluor-emittierenden Fabrik in Abhängigkeit von der Entfernung (nach Wöhlbier et al.: Das wirtschaftseigene Futter, Sonderheft **1**, 10, 1963)

Entfernung des Standortes vom Werk in km	F-Gehalt in mg/100 g TS vor Einbau einer Absorptionsanlage	F-Gehalt in mg/100 g TS nach Einbau einer Absorptionsanlage
0,8	12,3	3,6
1,6	7,6	2,2
2,7	5,2	1,3
7,4	2,4	1,3

Tab. 1.3 Übersicht über Luftverunreinigungen und ihre Wirkung auf Pflanzen

Immission	Entstehung bzw. Emittenden	Auswahl empfindlicher Pflanzen	Symptome
Schwefeldioxyd (SO_2)	Verbrennung von Kohle, Erdöl; Eisenhütten, chemische Industrie, Haushalte	Nadelbäume, kleeartige Futterpflanzen, Spinat, Gurke, Sellerie, Hafer, Mais, Citrus	rötliche oder weißliche Verfärbung von der Spitze zur Basis (Nadelhölzer). Ausbleichungen von Blattspitze her (Monokotyle), interkostale Nekrosen (Dikotyle)
Fluorwasserstoff (HF)	Steine- und Erdenverarbeitende Industrien, Stahlerzeugung, chemische Industrie	Nadelbäume, Weinrebe, Tulpen, Gladiolen, Pfirsich, Mais	an Spitzen und Rändern beginnende Ver- oder Entfärbung, später Absterben und Blattfall, Nekrosen an Früchten
Chlorwasserstoff (HCl)	Chemische und elektrochemische Industrie, Verbrennung von Kunststoffen (PVC)	Forstpflanzen, bes. empfindlich sind die blauen Blütenfarbstoffe	Blattbräunung, besonders an Spitze und Rand; ähnelt SO_2-Schaden, jedoch langsamere Schadausbreitung
Nitrose Gase (NO, NO_2, N_2O_3, N_2O_4)	Chemische Industrien, Düngemittelherstellung, Kraftfahrzeuge	Forstpflanzen, Luzerne, Klee, Roggen	Nadeln u. Getreideblätter werden von der Spitze her gelb, Blattrand- oder interkostale Nekrosen, ähnelt SO_2-Schaden
Smog Londoner Typ*) Los Angeles Typ**)	bei Inversionswetterlagen: Verbrennung von Kohle u. Erdöl, Eisen- und chemische Industrie, Kraftfahrzeuge	Luzerne, Zuckerrüben, Salat, Spinat, Zwiebel, Rosen, Nelke, Chrysanthemen	gelbbraune Querbänderung bei Gramineen, Silber- und Bronzeglanz bei Dikotylen. Blattfall bei Obstbäumen

*) vor allem SO_2, CO und Ruß.
**) insbesondere Kohlenwasserstoffe + Stickoxyde, die photochemisch zu Peroxyden umgewandelt werden (u. a. Peroxyacetylnitrat = PAN, Ozon).

Heute sind aufgrund vielfältiger Gegenmaßnahmen (Tab. 1.2) akut schädigende Konzentrationen selten geworden, obgleich die Gesamtimmissionen zugenommen haben. Zum Teil beruht dies auf einer besseren Verteilung der Immissionen (höhere Schornsteine), die aber möglicherweise eine Zunahme latenter Schädigungen bedingen kann. Häufige Luftverunreinigungen und ihre Auswirkungen auf Pflanzen sind in Tab. 1.3 zusammengestellt.

Weiterführende Literatur

Berge, H.: Immissionsschäden. In Sorauer, P.: Handbuch der Pflanzenkrankheiten. Bd. I. 4., 7. Aufl., Berlin 1970

Brandenburg, E., Kloke, A., Koronowski, P., Leh, H. O., Schropp, W.: Ernährungsstörungen. Allgemeine Schäden an Boden und Pflanze durch fehlerhafte Anwendung von Düngemitteln, ungünstige Bodenverhältnisse als Ursache für gestörte Pflanzenentwicklung. In Sorauer, P.: Handbuch der Pflanzenkrankheiten. Bd. I. 2., 7. Aufl., Berlin 1969

Buhl, Cl.: Wunden. In Sorauer, P.: Handbuch der Pflanzenkrankheiten. Bd. 1. 3., 7. Aufl., Berlin 1968

Guderian, R.: Air pollution. Ecological Studies 22. Berlin-Heidelberg-New York 1977

Mudd, J. B.; Kozlowski, T. T.: Responses of plants to air pollution; New York 1975

Schmidt, H.: Schäden an Kulturpflanzen durch Pflanzenschutz- und Pflanzenbehandlungsmaßnahmen. In Sorauer, P.: Handbuch der Pflanzenkrankheiten. Bd. I. 3., 7. Aufl., Berlin 1968

1.2 Biotische Krankheitsursachen

1.2.1 Viren

1.2.1.1 Allgemeines Viren (das Virus: Gift, Giftstoff, Schleim) sind obligate Parasiten so geringer Größe, daß sie Bakterienfilter passieren und im Lichtmikroskop als Einzelpartikel nicht nachweisbar sind. Sie sind unfähig, sich außerhalb der lebenden Zelle zu vermehren, ihnen fehlt ein eigener Stoffwechsel. Sie sind Parasiten, aber keine Organismen. Viren stehen auf der Grenze zwischen lebender und toter Materie. Zur Geschichte:

1885 Mayer weist die Infektiösität der Tabakmosaikkrankheit nach

1892 Iwanowski überträgt die Tabakmosaikkrankheit mit bakterienfreiem Filtrat von Preßsäften befallener Blätter

1898 Beijerinck bestätigt Iwanowski's Ergebnisse und postuliert eine von den bis dahin bekannten Erregern neue Ursache: „Contagium vivum fluidum“

1935 Stanley gelingt die Kristallisation des Tabakmosaikvirus (TMV) und der Nachweis der Proteinkomponente des Virus

1956 Gierer und Schramm sowie Fraenkel-Conrat infizieren Zellen mit isolierter RNS des TMV.

1.2.1.2 Chemie und Morphologie Viren besitzen eine wohldefinierte Struktur und treten in Form untereinander identischer Partikeln oder Virionen (Virion = komplette, vollinfektiöse Viruspartikel) auf. Das typische Virion besteht aus einem „Kern" (Core), der das genetische Material enthält und einem (oder zwei) Proteinmantel (Capsid). Viren sind also Nukleoproteine (zusätzliche Komponenten wie Lipide oder Polysaccharide können hinzukommen). Es ist ein Charakteristikum der Viren, daß sie stets nur einen Nukleinsäuretyp besitzen. Von Ausnahmen (z. B. Blumenkohlmosaikvirus, Kartoffelblattrollvirus) abgesehen, enthalten Pflanzen-Viren RNS (Bakteriophagen und tierische Viren DNS oder RNS). Die RNS kann ein- oder doppelstrangig sein. Der RNS-Anteil an der Virusmasse ist unterschiedlich, z. B. 5% bis 6% bei stabförmigen, 30% bis 40% bei isometrischen Viren, bei doppelstrangigen ist er höher als bei einstrangigen.

Die Virusproteine haben oft ein relativ kleines Molekulargewicht, ihre Zahl in ein und demselben Virus ist begrenzt. Das Virusprotein setzt sich aus identischen Untereinheiten zusammen (Capsomere), die in der Regel symmetrisch aufgebaut sind.

Die Untereinheiten sind, wenn nur eine Proteinkomponente vorliegt, entweder als Helix (Spirale) zur Bildung stäbchen- oder fadenförmiger Viren oder isometrisch zur Bildung von Viren mit Polyederstruktur angeordnet.

Die Struktur des TMV ist das klassische Beispiel einer Helix: stabförmig, 300 nm x 18 nm, 16 1/3 Capsomere je Windung der Helix, insgesamt 2130 helikal angeordnete, identische Proteinuntereinheiten (Abb. 1.3).

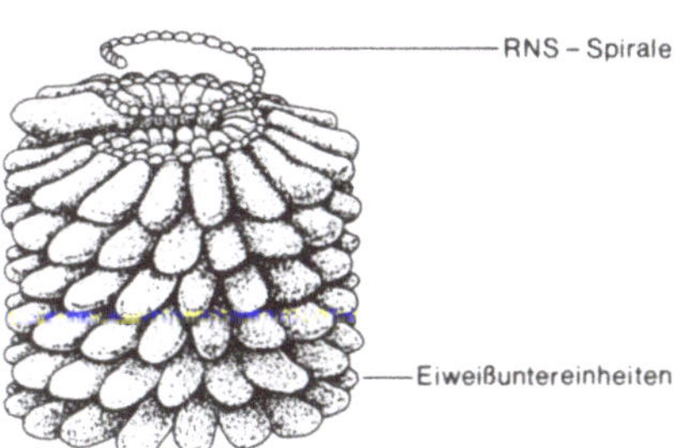

Abb. 1.3
Schematische Struktur eines Tabakmosaikvirus

Die Oberflächenform isometrischer Viren ergibt sich aus den Capsomeren des Proteinmantels, die ihrerseits wieder aus Strukturuntereinheiten (Hexamere = 6 Proteinmoleküle, Pentamere = 5 Proteinmoleküle) bestehen. Die Capsomere sind im allgemeinen in Form gleichseitiger Dreiecke angeordnet. Von den sich daraus ergebenden Körpern kommt das Ikosaeder (20-Flächner) bei weitem am häufigsten vor. Ein Beispiel ist das Wasserrübengelbmosaikvirus (Turnip yellow mosaic virus). Das Capsid besteht aus 32 Capsomeren (20 Hexamere und 12 Pentamere).

Es sind viröse, infektionsfähige Partikeln gefunden worden, denen das Hüllprotein fehlt und die offensichtlich nur aus replikationsfähiger RNS bestehen. Sie werden „Viroide", zuweilen auch „nackte Viren" genannt. Die Viroid-RNS bildet geschlossene Ringmoleküle. Der Vermehrungsmechanismus ist noch unklar. Die spindelförmige Deformation der Kartoffelknolle und die Chrysanthemenstauche sind z. B. Krankheiten, die Viroiden zugeschrieben werden.

1.2.1.3 Nomenklatur und Klassifikation Die Nomenklatur der Viren wird noch nicht einheitlich gehandhabt. Die einfachste Form der Bezeichnung besteht darin, das Virus nach einem Hauptwirt und einem charakteristischen Symptom zu benennen, z. B. Tabakmosaikvirus, Rübenvergilbungsvirus. Binäre Nomenklatursysteme sind mehrfach entworfen worden, jedoch hat sich keines durchgesetzt. Ein Klassifizierungsschema ist für stabförmige Viren nach morphologischen und serologischen Merkmalen entwickelt worden.

Der Aufstellung eines Systems dienen insbesondere folgende Eigenschaften der Viren:

– Typ der Nukleinsäure (RNS oder DNS, ein- oder doppelstrangig), Molekulargewicht der Nukleinsäure und ihr prozentualer Anteil im Virion, Konfiguration der Nukleinsäurestränge (linear, zirkulär),
– Symmetrie des Capsids (helikal, isometrisch oder komplexe Symmetrie),
– Vorhandensein oder Fehlen besonderer, das Capsid umgebender Hüllen („Envelope", vor allem bei tierischen Viren, besteht aus Bestandteilen der Zellmembranen des Wirtes),
– Quantitative Daten: Durchmesser des Nukleocapsids bei Viren mit Helixsymmetrie, Zahl der Capsomeren und Capsiddurchmesser bei isometrischen Viren,
– Übertragungsform,
– Wechselbeziehungen zwischen Virus und Wirt (Symptome, Wirtsspektrum).

Einige der Merkmale werden in „Kryptogrammen" zusammengefaßt, die aus 4 Symbolpaaren bestehen. Es bedeuten:

1. Paar: R = RNS, D = DNS, 1 = einfädig, 2 = doppelfädig;
2. Paar: 2 = ungefähres Mol. Gew. 2×10^6, 5 = 5% RNS (bzw. DNS) im Virion;
3. Paar: E = stäbchenförmiges Partikel, E = stäbchenförmiges Capsid; S = sphärisch; U = stäbchenförmig, abgerundete Enden;
4. Paar: S = Samenpflanze, J = wirbellose Tiere; O = ohne Vektor; Ap = Blattläuse; Au = Zikaden; Th = Thripse;

TMV hat z. B. folgendes Kryptogramm: R/1 : 2/5 : E/E : S/O.

Nach diesen Merkmalen sind die phytopathogenen Viren in 7 Formkreise zusammengefaßt worden, die ihrerseits wiederum in Gruppen gegliedert werden, die meist nach einem besonders gut bekannten Virus benannt sind:

– gestreckte Viren (z. B. Gruppe Potato virus X; R/1 : 2,2/6 : E/E : S/O)
– sphärische Viren (z. B. Gruppe Pea enation mosaic virus; R/1:1,6/28 + 1,3/28:S/S: S/Ap)
– Luzernemosaikvirus (Gruppe Alfalfa mosaic virus; R/1 : 1,1/16 + 0,8/16 + 0,7/16 : U/U : S/Ap)
– Viren mit doppelstrangiger RNS (z. B. Clover wound tumor virus; R/2 : E 10–16/ 11–22 : S/S : S,J/Au)
– große Viren mit Membranen (z. B. Gruppe Tomato spotted wilt virus; R/* : */* : S/* : S/Th)
– DNS-haltige Viren (Gruppe Cauliflower mosaic virus; D/2 : 4,5/1,6 : S/S : S : Ap)
– Viroide.

1.2.1.4 Infektion Viren sind Wundparasiten, die auf Übertragung angewiesen sind. Sie können nicht aktiv in die Pflanzenzelle eindringen. Auch das Plasmalemma vermögen sie nicht zu penetrieren. Es wird angenommen, daß nach dem Kontakt mit dem Plasmalemma sich die Inkorporation in die Zelle in Form einer Pinozytose vollzieht (auch Viropexis genannt). Nach Aufnahme in die Zelle befindet sich das intakte Virion zunächst noch in dem Vesikel (Bläschen), das durch die Einstülpung der Zellmembran bei der Pinozytose entstand. Es folgen die Wanderung in das Zellinnere, der Zerfall der Vesikelumgrenzung und das Abstreifen der Proteinhülle, wodurch die Virus-RNS freigesetzt wird.

Nach der Penetration beginnt die eigentliche Replikation, bei der die Wirtszelle zur Bildung neuer Viren veranlaßt wird und die im wesentlichen durch folgende Phasen gekennzeichnet ist (Abb. 1.4):

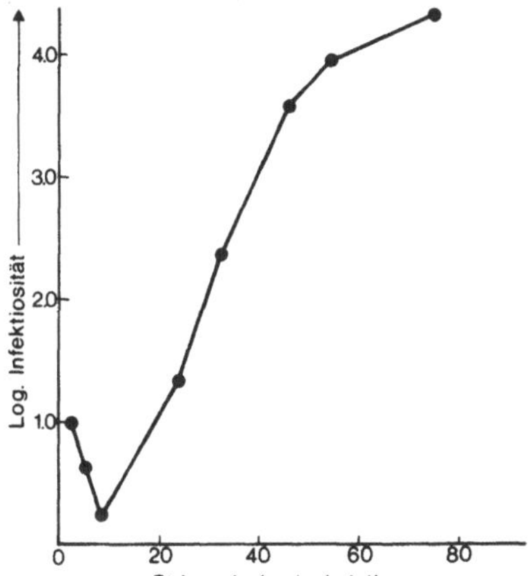

Abb. 1.4
Infektiosität von Bohnensaft zu verschiedenen Zeiten nach Inokulation der Bohnen mit TNV (nach Harrison, J. gen. Microbiol. 15, 210, 1956)

– Latenzperiode (Eklipse), während der keine infektionsfähige Viruspartikeln in den infizierten Zellen nachweisbar sind. Die Dauer ist unterschiedlich, sie hängt von der Virusart, dem Wirt und den Umweltbedingungen ab (einige Minuten bis mehrere Stunden).

– Periode der Synthese der Virus-RNS, die vielfach im Kern der Wirtszelle, hauptsächlich im Nukleolus, erfolgt.

– Periode der Synthese von virusspezifischen Proteinen, die von der Virus-RNS gesteuert wird.

– Periode der Reifung des Virions (Maturation), d. h. des Zusammenbaus der Virusteilchen aus seinen Grundkomponenten Nukleinsäure und Protein. Die Synthese des Proteins und die Reifung spielen sich im Cytoplasma oder im Kern, aber auch wohl an Membranen ab.

– die nicht generell notwendige Periode der Freisetzung des Virus aus der Wirtszelle (Liberation), verbunden mit dem Zelltod.

1.2.1.5 Übertragung Die Übertragungsform ist für viele Viren charakteristisch und von erheblichem Wert für die Diagnose und Bekämpfung. Folgende Übertragungsmöglichkeiten sind bekannt:

Übertragung durch Pfropfung: Theoretisch können alle Viren auf diesem Wege übertragen werden. Der einzige begrenzende Faktor ist die Verträglichkeit von Unterlage und Reis. Alle im Gartenbau üblichen Pfropfmethoden sind anwendbar. Sie werden durch speziell in der virologischen Technik verwendete Methoden ergänzt.

Übertragung durch Vermehrungsmaterial und Pollen: Die Samenübertragung ist bei etwa 15% der bekannten Viren möglich (z. B. Mosaikviren des Salates und der Gartenbohne, Tabakringfleckenvirus). Es sind 2 Möglichkeiten der Samenübertragung gegeben: a) Die Viruspartikeln haften an der Oberfläche der Samen, nach deren Keimung infizieren sie die junge Keimpflanze. b) Die Viren dringen während der generativen Phase ihres Wirtes in die reproduktiven Organe ein und kommen deshalb im Endosperm und/ oder Embryo, also innerhalb des Samens vor. Die Übertragungsrate variiert erheblich mit dem Virusstamm, der Wirtsart und -sorte, dem Zeitpunkt der Infektion und zahlreichen Umweltfaktoren. Die Übertragung auf der Samenoberfläche setzt eine erhebliche Stabilität der Virusteilchen voraus.

Durch vegetative Vermehrungsorgane (Stecklinge, Zwiebeln, Knollen, Ausläufer usw.) ist eine Übertragung sehr leicht möglich, wenn diese Teile von systemisch infizierten Pflanzen stammen.

Nur in wenigen Fällen sind Virusübertragungen durch Pollen bekannt geworden (z. B. Ringfleckenvirus der Kirsche, Bohnenmosaikvirus). Durch die Pollenübertragung kann es zur Sameninfektion oder auch zum Befall der ganzen Pflanze kommen.

Mechanische Übertragung: Bei dieser Übertragungsform gelangt das Virus durch eine Wunde, die aber nicht zum Zelltod führen darf, zur Zelle. Im Freiland kann durch Berührung infizierter Pflanzenteile mit gesunden eine Übertragung erfolgen (z. B. Kartoffel-X-Virus). Ein wichtiger Übertragungsfaktor sind Wunden durch Maschinen und Geräte, mit denen Bearbeitungs- und Pflegemaßnahmen durchgeführt werden. Die mechanische Übertragung hat besondere Bedeutung im Experiment, bei dem Saft einer kranken Pflanze in eine gesunde durch Wunden überführt werden soll. In der Regel werden durch vorsichtiges Abreiben mit Schleifmitteln (z. B. Karborund) an Blättern kleinste Wunden erzeugt, anschließend wird der Preßsaft aufgetragen. Für den Infektionserfolg ist der Zusatz von Phosphatpuffern (etwa pH 8,0), sowie mitunter auch von reduzierenden Substanzen von ausschlaggebender Bedeutung. Der Infektionserfolg wird nicht selten dadurch beeinträchtigt, daß der Preßsaft aus der kranken Pflanze Hemmstoffe enthält, die die Infektion der Viruspartikeln beeinflussen, u. U. inaktivieren.

Übertragung durch Vektoren: Eine große Anzahl von Viren wird im Freiland durch Insekten übertragen. Die meisten dieser Vektoren sind stechend-saugende Insekten und gehören zu den Homoptera. Innerhalb dieser Ordnung spielen die Aphidina (Blattläuse) und die Cicadina (Zikaden) die größte Rolle. Daneben sind unter den Insekten mit stechend-saugenden Mundwerkzeugen noch zu nennen: Thripse (Terebrantia), Wanzen (Heteroptera), Mottenschildläuse (Aleyrodina, vor allem die „Weiße Fliege").

Entsprechend den Übertragungsmechanismen wird zwischen nichtpersistenten, persistenten und semipersistenten Viren unterschieden. Die ersteren sind mechanisch übertragbar. Sie werden mit den Mundteilen aufgenommen und an ihnen transportiert. Die Acquisitionszeit (Saugzeit an der infizierten Pflanze) ist kurz (5–60 Sek.). Zur Übertragung ist keine Latenzzeit erforderlich (Zeit zwischen Saugbeginn und frühestem Zeitpunkt einer erfolgreichen Weitergabe). Die Viren verbleiben nur kurze Zeit im Vektor. Häutung führt zum Verlust der Viren. Nichtpersistente Viren rufen häufig Mosaiksymptome hervor.
Persistente Viren sind nicht oder nur schwer mechanisch übertragbar, im Vektor bleiben sie lange, u. U. bis an dessen Lebensende infektiös. Im Wirt sind sie meist auf das Phloem beschränkt. Die Acquisitionszeit ist lang (mindestens 1/2 Std.). Es besteht eine Latenzzeit, während der das aufgenommene Virus nicht übertragen werden kann. Während dieser Latenzzeit, auch Zirkulationszeit genannt, werden die Viren aufgenommen, im Blut transloziert und mit dem Speichelsekret wieder abgegeben. Manche Viren können im Vektor vermehrt oder sogar durch transovariale Übertragung an Nachkommen weitergegeben werden. Durch Häutung des Vektors geht die Infektiosität nicht verloren. Die semipersistenten Viren stehen hinsichtlich ihrer Übertragbarkeit zwischen den nichtpersistenten und den persistenten Viren.
Nach einem anderen Einteilungsschema werden die Viren mit kurzer Acquisitionszeit als „Stechborsten-übertragbare“ Viren, die mit ausgedehnter Latenzperiode als „zirkulative“ und diejenigen, die nicht nur zirkulativ sind, sondern sich im Vektor noch vermehren, als „propagative“ Viren bezeichnet.

Insekten mit beißenden Mundwerkzeugen (u. a. Käfer, Heuschrecken, Ohrwürmer, Schmetterlingsraupen) können Viren rein mechanisch übertragen, haben aber nur vereinzelt Bedeutung. Zwischen Virus und Vektor bestehen offenbar besondere Beziehungen: Blattlaus- oder Zikaden-übertragbare Viren können oft jeweils von mehreren Blattlaus- oder Zikadenarten übertragen werden.

Von den M i l b e n (Acari) sind Angehörige der Familien der Gallmilben (Eriophyidae) und der Spinnmilben (Tetranychidae) als Virusüberträger bekannt.

Unter den N e m a t o d e n kommt wandernden, ektoparasitisch lebenden Wurzelnematoden erhebliche Bedeutung als Virusüberträger zu (Gattungen: *Longidorus, Xiphinema, Paratrichodorus, Trichodorus*). *Longidorus* und *Xiphinema* übertragen nur polyedrische Viren (Nepoviren), *Paratrichodorus* und *Trichodorus* nur stäbchenförmige (Netuviren). Sie sind im Larven- und Adultenstadium zur Übertragung befähigt. Virusvermehrung im Vektor wurde bislang nicht beobachtet. Die Viren können jedoch mehrere Monate im Vektor infektiös bleiben. Sie sind spezifisch an die kutikuläre Auskleidung des Ösophaguslumens adsorbiert. Die Infektiosität geht damit bei der Häutung verloren.

Auch P i l z e können Viren übertragen. Die bislang beschriebenen Arten mit dieser Eigenschaft sind obligate Parasiten und gehören u. a. zu den Gattungen *Spongospora* (Kartoffel-mop-top-Virus), *Polymyxa* (Weizenmosaikvirus), *Olpidium* (u. a. Tabaknekrosevirus), *Synchytrium* (Kartoffel-X-Virus) und *Sphaerotheca* (Tabakmosaikvirus).

Unter den parasitischen Blütenpflanzen spielt die Seide (*Cuscuta* spp.) als Virusüberträger eine Rolle, allerdings mehr im Experiment als im Freiland. Nicht-mechanisch übertragbare Viren lassen sich u. U. auf verwandtschaftlich fernstehende Pflanzen dadurch übertragen, daß die Virus-verseuchte Pflanze mit vegetativen Seidetrieben umwickelt wird und später neu gebildete Triebe auf die zu infizierende Pflanze übergeleitet werden.

Im Boden bleiben nur wenige Viren ohne Wirt für längere Zeit infektiös. Diese Zeitspanne wird möglicherweise durch Adsorption an Bodenkolloide verlängert. Die Übertragung kann dadurch erfolgen, daß Wurzeln oder untere Stammteile oder Blätter geeigneter Wirte durch kleine Wunden infiziert werden (Beispiele: TMV, TNV). Auch die Möglichkeit der Übertragung „bodenbürtiger" Viren durch Nematoden ist zu berücksichtigen.

1.2.1.6 Nachweis Nur wenige Virosen sind durch so charakteristische Symptome gekennzeichnet, daß schon makroskopisch entschieden werden kann, ob ein Pflanze viruskrank ist und um welches Virus es sich dabei handelt. Die meisten Virosen können nicht mit ausreichender Sicherheit auf diese Weise diagnostiziert werden, denn verschiedene Viren rufen gleichartige oder zu wenig differenzierte Krankheitserscheinungen hervor. Auch Mischinfektionen lassen sich nicht immer als solche erkennen.

Zu den Methoden des Virusnachweises gehört vor allem die Übertragung der Krankheit von kranken auf gesunde Pflanzen durch Pfropfung oder durch Preßsaft. Auch Vektoren können als Überträger eingesetzt werden (die Art der Übertragbarkeit ist gleichzeitig ein Merkmal, das der Identifizierung dient). Rufen Viren auf den zu untersuchenden Pflanzen keine oder nur mangelhafte Symptome hervor, werden sie auf sogenannte Test- oder Indikatorpflanzen übertragen. Verhältnismäßig unspezifische, allgemein auf Viren reagierende Indikatorpflanzen sind z. B. *Chenopodium amaranticolor, Ch. quinoa, Phaseolus vulgaris.* Daneben gibt es Differentialwirte, die auf ein bestimmtes Virus mit charakteristischer Symptomausprägung reagieren (z. B. ist Kartoffel-X-Virus auf *Nicotiana glutinosa* meist systemisch und verursacht eine leichte Scheckung).

Verwandtschaftliche Beziehungen zwischen Viren lassen sich vor allem mit Hilfe der Serologie aufzeigen. Sie wird darüber hinaus zu diagnostischen Zwecken angewendet, u. a. zum Nachweis von Viren in symptomlos erkrankten Pflanzen oder in Vektoren. Das Prinzip besteht darin, daß die Zufuhr artfremden Eiweißes (Antigen, hier: gereinigtes Viruseiweiß) im Blut von Warmblütern zur Bildung von Antikörpern führt, die im Serum (= Antiserum) der immunisierten Tiere nachweisbar sind. Antikörper reagieren mit dem Antigen, das ihre Bildung hervorgerufen hat, in vitro miteinander (Antigen-Antikörperbindung). Es bildet sich ein sichtbarer Niederschlag. Eine Reihe verschiedener serologischer Methoden ist ausgearbeitet worden. Für einen schnellen Nachweis ist der Tropfentest geeignet, bei dem Antigen und Antiserum direkt zusammengegeben werden. Im Gel-Diffusionstest werden Löcher in den Agar gestanzt, in die der Pflanzenpreßsaft (Antigen) bzw. das Antiserum eingebracht werden. Durch Diffusion treten Antigen (Virus) und Antikörper in Kontakt. Der Virus-Antikörper-Komplex fällt aus, und es erscheinen nach wenigen Tagen Präzipitationslinien („Viruslinien"), die eine positive Reaktion anzeigen (Abb. 1.5).

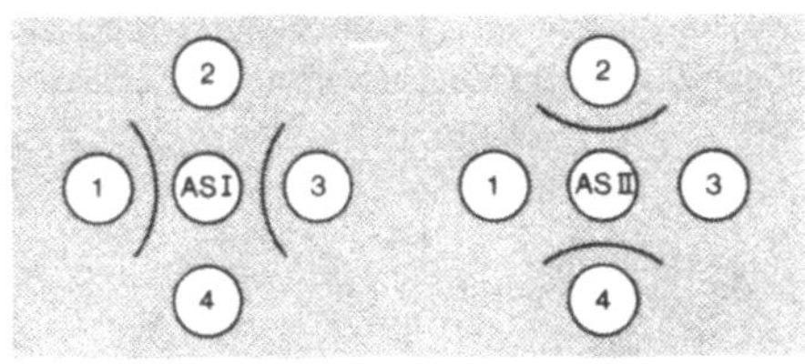

Abb. 1.5
Agargel-Diffusionstest. ASI und AS II: verschiedene Antiseren; 1–4: Preßsäfte aus den zu untersuchenden Pflanzen (Antigen). Bei positiver Reaktion bilden sich an Berührungsstellen von Antiserum und Antigen sichelförmige Präzipitationslinien (= „Viruslinien")

Mit Hilfe der Immunofluoreszenz gelingt der indirekte lichtmikroskopische Virusnachweis im Gewebe. Hierbei werden bei der Antigen-Antikörperbindung die Antikörper mit einem fluoreszierenden Farbstoff markiert. Die wichtigsten Merkmale serologischer Reaktionen sind ihre große Spezifität, die der Virusidentifikation dient, und ihre hohe Empfindlichkeit, die zur Konzentrationsbestimmung der Viren benutzt wird. Die Serologie ist mit ihren verschiedenen Verfahren zu einem wesentlichen Bestandteil der modernen Virusforschung geworden.

Mit dem Elektronenmikroskop lassen sich Viruspartikeln direkt sichtbar machen und nachweisen. Eine Identifizierung ist elektronenoptisch nur bei gestreckten Viren möglich. Dem Nachweis von Viren dienen auch spezifische Farbreaktionen von viruskrankem Gewebe. Sie sind für bestimmte Virus-Wirt-Kombinationen entwickelt und nur für diese brauchbar (z. B. Nachweis von Blattroll-Virus-Befall in Kartoffelknollen durch Anfärbung von Kallose mit Resorcin auf den Siebplatten).

Weitere Methoden und Verfahren, wie z. B. Bestimmung des Verdünnungsendpunktes und des thermalen Inaktivierungspunktes sowie Gelfiltration und Dichtegradientenzentrifugation dienen in erster Linie der Aufklärung physikalischer und chemischer Eigenschaften der Viren und damit ihrer Identifizierung.

1.2.1.7 Symptome von Virosen Viruserkrankungen an Pflanzen treten in einer Vielzahl von Symptomen in Erscheinung. Diese können allgemeiner Art und wenig spezifisch oder aber charakteristisch für das gegebene Virus oder eine Virusgruppe sein. Ein bestimmtes Virus kann an verschiedenen Wirten unterschiedliche Symptome hervorrufen. Sie können örtlich begrenzt auftreten. Die Viren bleiben dabei im wesentlichen auf die Infektionsstelle beschränkt. Sie rufen dann in der Regel chlorotische oder nekrotische L o k a l l ä s i o n e n (Abb. 1.6) hervor. Zu Allgemeinerkrankungen (systemische Infektion) kommt es, wenn sich der Erreger von einem Infektionsort mehr oder weniger über die ganze Pflanze ausbreitet.

Die häufigsten Symptome bei systemischer Infektion äußern sich in Veränderungen des Chlorophylls. Wechsel der normalen grünen Farbe mit unterschiedlich starker C h l o r o s e (teilweise oder gänzlicher Chlorophyllverlust) an einem Organ wird als M o s a i k bezeichnet. Dieses sehr häufig vorkommende Symptom tritt auf Laubblättern, aber auch an Blüten oder Früchten auf. Die Mosaikausbildung reicht von einer kaum sichtbaren Scheckung bis zum Weißmosaik.

Eine gleichmäßige Chlorose in den Blättern führt zur V e r g i l b u n g. Zahlreiche sog. Vergilbungskrankheiten, die früher Viren zugeschrieben wurden, werden nach neueren Untersuchungen durch Mycoplasma-ähnliche Organismen (Vg. Abschn. 1.2.2.7) verursacht (Vergilbungen können auch anderen, vor allem abiotischen Ursprungs sein).

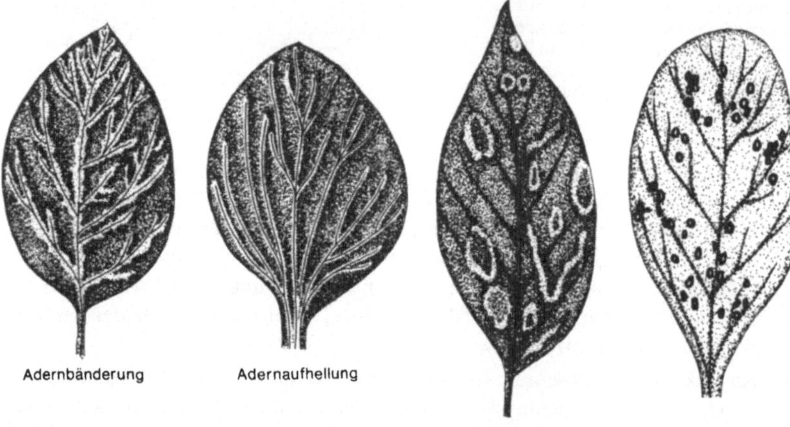

Abb. 1.6 Symptome von Virosen

Ein anderes verbreitetes Symptom an systemisch infizierten Blättern ist die A d e r n - a u f h e l l u n g (Abb. 1.6). Darunter versteht man eine Chlorose in oder unmittelbar neben den Adern. Sie kann ein Übergangssymptom sein, das zu Mosaik oder „mottle" (diffuse Fleckung) führt. A d e r n b ä n d e r u n g (Abb. 1.6) besteht aus einem breiteren, chlorotischen Band längs der Blattadern, in dem auch grünes Gewebe vorkommen kann. R i n g f l e c k i g k e i t (Abb. 1.6) ist ein Symptom, bei dem charakteristische Ringe oder Segmente eines Ringes ausgebildet werden. Wenn die Ringzeichnung chlorotisch ist, spricht man von chlorotischer Ringfleckigkeit, wenn nekrotisches Gewebe mit normalem grünem abwechselt von nekrotischer Ringfleckigkeit. Bei manchen Ringfleckenkrankheiten können die Symptome, nicht die Viren, verschwinden und bei bestimmten Umweltbedingungen wieder erscheinen.

Neben Farbänderungen sind M i ß b i l d u n g e n von Pflanzenteilen oder der ganzen Pflanze häufige Symptome, z. B. Blattrollen, Blattkräuselung, Enationen (blattähnliche Ausstülpungen der Blattunterseite), Zähnung der Blätter, Starrtracht. Vielfach sind viruskranke Pflanzen durch eine deutliche Wachstumshemmung erkennbar, die zur Verzwergung (Nanismus) führen kann (z. B. Gelbverzwergung der Gerste). Bei Internodienverkürzung spricht man von Rosettenbildung oder Stauche. Kleinblättrigkeit und Kleinfrüchtigkeit sind weitere Symptome. Internodienverlängerung, verbunden mit übermäßiger Entwicklung von Seitenknospen, führt zu Hexenbesen.

Neben makroskopisch erkennbaren Symptomen treten histologische und cytologische Veränderungen in virösen Pflanzen auf. Chlorotisches oder mosaikkrankes Gewebe ist oftmals dünn, die Zahl der Chloroplasten ist verringert, sie sind mitunter degeneriert. Häufig treten Veränderungen (Hypertrophie, Hyperplasie, Gummose) im Bereich des Phloems oder Xylems auf, die zu sekundären Veränderungen in anderen Geweben führen können.

Vorwiegend in Kombination mit Mosaiksymptomen treten Einschlußkörper auf. Man unterscheidet 3 Typen:

– intrazellulare kristalline Einschlüsse verschiedener Form. Es dürfte sich um Aggregate von Viruspartikeln handeln.

– intrazellulare amorphe Einschlüsse (X-Körper). Sie sind meist rund bis oval und kommen bevorzugt in Epidermis- und Haarzellen vor. Manche X-Körper enthalten Viruspartikeln neben Zellmaterial.

– intranukleare Einschlüsse. Sie sind bei wenigen Virosen (z. B. Tabakätzmosaik) nachgewiesen.

1.2.1.8 Besonderheiten bei der Bekämpfung von Virosen Die biologischen Eigenschaften der Viren und der biochemische Mechanismus des Wirt-Virus-Verhältnisses erschweren eine direkte Bekämpfung der Erreger auf chemischem Wege. Virizide stehen bislang noch nicht zur Verfügung. Die Verwendung virusfreien Saat- und Pflanzgutes ist die wichtigste prophylaktische Maßnahme. Die gegenwärtigen Methoden zur Verhütung von Viruskrankheiten dienen mehr der Vorbeuge als der Bekämpfung. Sie lassen sich folgendermaßen gliedern:

– Anbau resistenter Sorten: Soweit geeignete resistente Sorten verfügbar sind, ist dies die einfachste und vorteilhafteste Methode. Die Züchtung Virus-resistenter Sorten macht zwar Fortschritte, doch keineswegs sind gegen alle Virosen adaequate Resistenzgene bekannt. Hinzu kommt, daß auch Viren genetisch variabel sind und neue Stämme entstehen können, die bislang resistente Sorten infizieren können. Die Züchtung toleranter Sorten (Pflanzen werden zwar befallen, aber nicht oder wenig geschädigt) hat den Nachteil, daß sie als Infektionsquelle für nicht-tolerante Sorten dienen können.

– Bekämpfung der Infektionsquellen: Hierzu gehört vor allem die Bekämpfung von Unkräutern, denn viele von ihnen, zuweilen auch symptomlos erkrankte, dienen als Virusreservoir. Der Anbau bestimmter Arten in unmittelbarer Nachbarschaft ist zu vermeiden, z. B. sollte Klee nicht neben Bohnen oder Erbsen stehen, denn verschiedene Viren können alle 3 Pflanzen befallen, zudem überwintert *Macrosiphum pisi,* ein wichtiger Überträger von Erbsenviren, an Klee.

– Anbau in Vektor-freien Gebieten: Hier wird die Kulturpflanze in einem Gebiet angebaut, in dem die Überträger wichtiger Virosen nicht oder kaum vorkommen. Diese Maßnahme spielt besonders bei der Vermehrung von Pflanzkartoffeln eine Rolle. Bevorzugte Lagen für diese Kultur sind windoffene Küstengebiete, die von *Myzus persicae* weitgehend gemieden werden.

– Direkte Bekämpfung von Vektoren: Die Anwendung von Insektiziden kann Erfolg bringen, doch muß zwischen persistenten und nichtpersistenten Viren unterschieden werden. Die nichtpersistenten Viren werden vom Vektor so schnell in die Wirtspflanze eingebracht, daß ein systemisches Insektizid noch nicht wirkt, die Übertragung also nicht verhindert wird. Nur wenn die Passage eines Virus durch den Insektenkörper länger dauert, als die zur Abtötung benötigte Frist, wie es bei den persistenten Viren der Fall ist, ist das Insektizid ausreichend wirksam.

– Therapie infizierter Pflanzen: Die Therapie kann durch Wärme oder Chemikalien erfolgen. Die erstere hat zur Zeit noch die weitaus größere Bedeutung. Das Verfahren besteht darin, eine möglichst günstige Kombination zwischen Temperatur und Behandlungsdauer zu finden, bei denen die Viren zwar inaktiviert werden, die Pflanze aber überlebt. Man macht hiervon u. a. Gebrauch bei Reisern von Obstbäumen, bei Nelken, Erdbeeren und Zuckerrohr. Gebräuchliche Zeiten und Temperaturen sind für ruhende Organe wenige Minuten bis einige Stunden bei 40 bis 54 °C, für aktiv wachsende Pflanzen einige Tage bis Monate bei 35 bis 40 °C. Chemotherapeutische Maßnahmen sind gegenwärtig noch ohne praktische Bedeutung.

– Meristemkultur: Viren dringen kaum in meristematisches Gewebe ein. Es werden daher Vegetationskegel mit dem Meristem von dem angrenzenden Gewebe isoliert, steril kultiviert und später auf gesunde Unterlagen gepfropft. Die Meristemkultur wird in der Praxis zunehmend angewendet, z. B. bei der Vermehrung von Chrysanthemen, Nelken, Erdbeeren.

– Virosen und andere pfropfübertragbare Krankheiten an Obstgehölzen treten häufig latent auf und stellen eine besondere Gefahr dar (Verwendung als Unterlage). Man versucht die Krankheiten dadurch auszuschalten, daß Reisermaterial nur von amtlich überwachten, virusgetesteten bzw. virusfreien Ausgangspflanzen gewonnen wird. Diese werden in sogenannten Muttergärten gehalten.

Weiterführende Literatur:

Fraenkel-Conrat, H.: Chemie und Biologie der Viren. Stuttgart 1974
Gibbs, A. and Harrison, B.: Plant virology – the principles, London 1976
Hamilton, R. J.: Replication of plant viruses. Ann. Rev. Phytopathology **12** (1974) 223–245
Klinkowski, M.: Pflanzliche Virologie, Berlin 1977
Smith, K. M.: Plant viruses. London 1974

1.2.2 Bakterien

1.2.2.1 Allgemeines Die Frage, ob Bakterien Pflanzenkrankheiten hervorrufen können, hat gegen Ende des vergangenen Jahrhunderts zu einem jahrelangen wissenschaftlichen Disput geführt. Der Durchbruch gelang E. F. Smith (1895) mit der einwandfreien Aufklärung einer Tracheobakteriose an Gurkengewächsen (*Erwinia tracheiphila*), nachdem bereits im Jahre 1879 der Feuerbrand an Birne (*Erwinia amylovora*) als Bakteriose beschrieben worden war. Bis heute sind etwa 200 phytopathogene Bakterienarten bekannt. Verglichen mit Pilzen oder Viren sind Bakterien als Krankheitserreger an Pflanzen von geringerer Bedeutung. Das schließt aber nicht das Vorkommen sehr schädlicher Bakteriosen aus. Diese treten zwar auch in der gemäßigten Zone auf, von größerer Bedeutung sind sie jedoch in wärmeren Klimagebieten.

Bakterien sind sehr kleine, einzellige und kaum differenzierte Organismen (häufigster Durchmesser etwa 1 μ). Der Gestalt nach sind Kokken sowie gerade und gekrümmte Stäbchen zu unterscheiden. Alle phytopathogenen Bakterien, mit Ausnahme der Streptomyceten, sind stäbchenförmig. Bakterien sind Prokaryonten, also ohne Kernmembran. Plastiden (Chloroplasten, Mitochondrien) fehlen. Dennoch ist die Nukleinsäure (DNS) nicht diffus im Cytoplasma verteilt, sondern in diskreten Räumen oder Körpern lokalisiert, die sich vor der Zellteilung teilen. Das Cytoplasma wird von Membranen durchzogen, es ist reich an RNS, die zu etwa 80 bis 85% in den Ribosomen enthalten ist (Abb. 1.7).

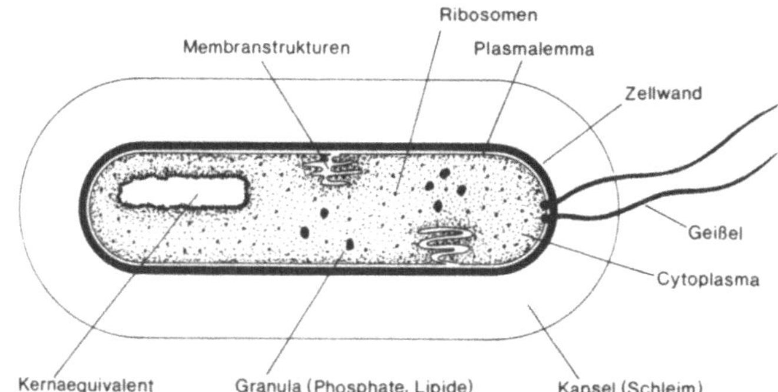

Abb. 1.7 Schema einer Bakterienzelle

Die Zellwand der Bakterien ist aus dem Glykopeptid Murein aufgebaut; sie ist dünn und elastisch. Viele Bakterien besitzen Geißeln, die offenbar unterhalb der Cytoplasmamembran entspringen. Die Anordnung der Geißeln an der Zelle ist charakteristisch und damit ein taxonomisches Merkmal (monotrich, polytrich, peritrich; monopolar, bipolar). Da phytopathogene Bakterien keine Endosporen bilden, ist das Vorhandensein von Kapseln und Schleimhüllen für das Überleben von besonderer Bedeutung. Diese mehr oder weniger dicke, sehr wasserhaltige Schicht, die im wesentlichen aus Polysacchariden und Polypeptiden besteht, verleiht den Bakterien besonderen Schutz gegen ungünstige äußere Einwirkungen (Chemikalien, Hitze, Strahlen).

Bakterien vermehren sich asexuell durch Zweiteilung der Zellen. Das Wachstum einer Bakterienpopulation verläuft exponentiell (Abb. 1.8).

g = Generationszeit (hier 30 min)

$n = \log_2 N$

$N = 2^n = 2^{t/g}$

Generationen (n)	Anzahl der Bakterien (N)	Zeit (t)
0	$1 = 2^0$	0
1	$2 = 2^1$	30 min
2	$4 = 2^2$	60 min
3	$8 = 2^3$	90 min
n	$N = 2^n$	ng

Nx

Abb. 1.8 Wachstumsschema einer Bakterienpopulation, deren Zellen sich durch Zweiteilung vermehren (nach **Berkaloff**: Biologie und Physiologie der Zelle. Braunschweig, 1973)

Alle phytopathogenen Bakterien können leicht auf und in Nährmedien kultiviert werden. Die Dynamik des Bakterienwachstums ist unter konstanten Bedingungen charakteristisch für eine Art bzw. einen Stamm. Im allgemeinen vermehren sich phytopathogene Bakterien langsamer als saprophytische, ein Umstand, der bei der Isolierung von Erregern aus erkrankten Pflanzen hinderlich sein kann. Eine typische Wachstumskurve hat bei halblogarithmischer Darstellung sigmoide Gestalt und läßt sich in mehrere Phasen aufteilen: Anlauf (lag)-Phase, exponentielle (log)-Phase, stationäre Phase, Absterbephase (Abb. 1.9).

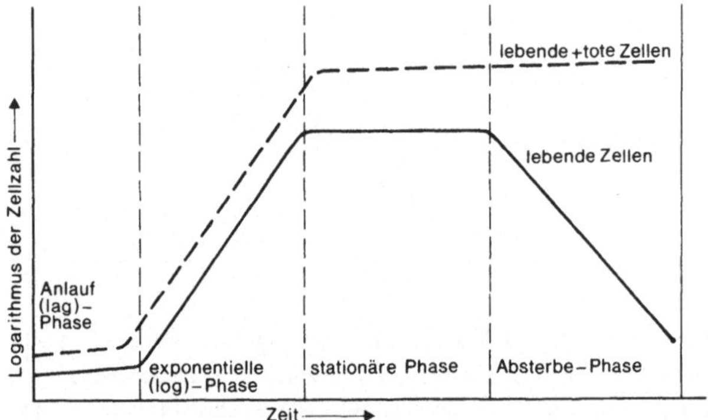

Abb. 1.9 Wachstumskurve einer Bakterienkultur

1.2.2.2 Klassifikation Bakterien werden aufgrund morphologischer, physiologischer und biochemischer Merkmale beschrieben und klassifiziert, z. B. Form (Kokken, Stäbchen, Spirillen, Vibrionen), Vorhandensein von Kapseln und Geißeln, Anordnung zu Zellverbänden, Bildung von Endosporen, Färbbarkeit nach GRAM. Ferner wird u. a. angegeben, ob sie unter aeroben, anaeroben oder unter beiden Bedingungen wachsen, ihre Fähigkeit zur Nitratreduktion, zur Bildung von H_2S, Indol und anderer Verbindungen. Ein weiteres Kriterium sind die auf festen Nährböden entstehenden Bakterienkolonien. Sie sind von bestimmter Farbe, Geruch, Konsistenz, Struktur. Die Kolonie kann erhaben oder vertieft sein, die Konsistenz glatt, faltig, gestreift, schleimig, wäßrig, glasig oder wachsartig sein. Auch serologische Beziehungen sowie die Sensibilität gegen Bakteriophagen und die Pathogenität sind Identifizierungs- und Klassifizierungsmerkmale (Tab. 1.4).

Die Aufstellung eines „natürlichen Systems" konnte noch nicht erreicht werden. Neuerdings wird mit Hilfe der „numerischen Taxonomie" versucht, die oftmals unbefriedigende Klassifikation weiter zu objektivieren. Möglichst viele Merkmale und Merkmalskombinationen werden dabei erfaßt und mit Programmrechnern ausgewertet. Die Ähnlichkeit zwischen den Stämmen ist um so größer, je größer das Verhältnis der übereinstimmenden Merkmale zu den insgesamt erfaßten Merkmalen ist.

Tab. 1.4 Merkmale phytopathogener Bakterien

Gattung	Zellform, Begeißelung und Größe in μ	Gram-Färbung	Farbbildung auf Agar	Symptome	Anzahl phytopath. Arten
Pseudomonas	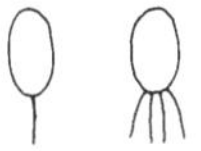 monotrich oder polytrich 0,6 x 1,5 . . . 0,8 x 2,0	–	grünlich fluoreszierend, wasserlösl.	Blattflecke, Brand, Welke	90
Xanthomonas	 monotrich 0,2 x 0,6 . . . 0,8 x 2,0	–	gelb, nicht wasserlösl.	Blatt- und Stengelflecke, Welke	60
Agrobacterium	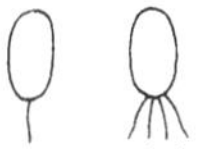 monotrich oder polytrich 0,7 x 2,5 . . . 0,8 x 3,0	–	weiß	Hypertrophie	7
Erwinia	 peritrich 0,5 x 1,0 . . . 1,0 x 3,0	–	weiß	Naßfäule, Brand, Blütenfäule, Welke	17
Corynebacterium	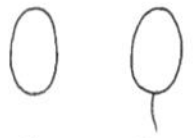 ohne oder monotrich 0,3 x 1,5 . . . 0,9 x 4,0	+	cremefarben bis gelblich	Welke, Hexenbesen, Verbänderung	11
Streptomyces	 Luftmyzel Sporengröße: 0,8 x 1,0 . . . 1,0 x 1,8	+	Pigmente verschiedener Art	Schorf an unterirdischen Sproßorganen	2

Die bislang vollständigste Klassifikation der Bakterien findet sich in „Bergey's Manual of Determinative Bacteriology“ (8. Aufl. 1974). In diesem Standardwerk werden sie in 19 große Gruppen unterteilt. Die phytopathogenen Bakterien sind dabei wie folgt eingeordnet:

7. Gruppe	Gram-negative aerobische Stäbchen und Kokken	
	Familie :	I. Pseudomonadaceae
	Gattung :	I. *Pseudomonas*
	Gattung :	II. *Xanthomonas*
	Familie :	III. Rhizobiaceae
	Gattung :	I. *Rhizobium*
	Gattung :	II. *Agrobacterium*
8. Gruppe	Gram-negative fakultative anaerobische Stäbchen	
	Familie :	I. Enterobacteriaceae
	Gattung :	XII. *Erwinia*
17. Gruppe	Actinomycetes und verwandte Organismen	
	Coryneforme Bakterien, b.) pflanzenpathogene Corynebakterien	
	Gattung :	I. *Corynebacterium*
	Ordnung :	I. Actinomycetales
	Familie :	VII. Streptomycetaceae
	Gattung :	I. *Streptomyces*
19. Gruppe	Mycoplasmen	
	Mycoplasma-ähnliche Körper in Pflanzen	
	Spiroplasmen	

Rickettsien werden in „Bergey's Manual“ in Gruppe 18 aufgeführt, sie oder Rickettsien-ähnliche Organismen sind aber nicht als Pflanzenparasiten genannt.

1.2.2.3 Eindringen Bakterien können die intakte, kutinisierte Oberfläche einer Pflanze nicht durchdringen. Sie sind auf Wunden, natürliche Öffnungen (Stomata, Lentizellen, Hydathoden, Nektarien), nicht-kutinisierte, wenig geschützte Organe (Narben, Wurzelhaare) angewiesen. Außerdem benötigen sie flüssiges Wasser.

Zu den Wunden zählen nicht nur grobe Beschädigungen, wie sie z. B. bei Pflege- und Kulturmaßnahmen, durch Tiere oder Hagel entstehen, auch feine Verletzungen, die bei Blatt- oder Fruchtfall, beim Abwerfen von Wurzelhaaren oder an leicht zerbrechlichen Trichomen auftreten, können Eintrittspforten für Bakterien sein. Die natürliche Infektion der Kirsche mit *Pseudomonas mors-prunorum* soll vor allem im Herbst über Blattnarben erfolgen. Andere Parasiten (Nematoden, Pilze) öffnen den Weg für nachfolgende Bakterien. Schließlich können Bakterien mit Insekten assoziiert sein und in das Innere der Pflanze oder auf zugängliche Organe gebracht werden (blütenbesuchende Insekten als Überträger von *Erwinia amylovora*).

Ein erfolgreicher Befall ist nur durch frische Wunden möglich, also bevor Wundperiderm gebildet ist und die Wundheilung erfolgt (vgl. Abschn. 4.9). Der Wundbefall vereinfacht und beschleunigt den Infektionsprozeß, da der Erreger meist unmittelbar tief ins Innere des Gewebes gelangt und dabei das Vordringen, z. B. von der Atemhöhle aus, über die Interzellularen umgeht. Zwei typische Wunderreger, die wirtschaftlich wichtige Krankheiten hervorrufen, sind *Agrobacterium tumefaciens* (Wurzelkopf) und *Erwinia carotovora* var. *carotovora* (u. a. Erreger der Naßfäule der Kartoffelknolle). Auch Welkekrankheiten verursachende Bakterien dringen bevorzugt über Wunden ein.

Durch Stomata können Bakterien nur eindringen, wenn ein Wasserfilm vorhanden ist, der von der Außenseite über den Zentralspalt ins Innere reicht. Die Porenfläche der Spaltöffnungen macht zwar nur 1% bis 2% der Blattfläche aus, doch treten sie in außerordentlich großer Zahl auf (50 bis 300/mm^2, zuweilen noch erheblich mehr). Ihre Größe im geöffneten Zustand wird bei Weizen mit 7 μ x 38 μ angegeben. Im Durchschnitt weist eine phytopathogene Bakterienzelle dagegen Maße von 1,0 μ x 1,5 μ auf. Die relative Feuchtigkeit in der Atemhöhle beträgt annähernd 100% und ist weitgehend unabhängig von der Feuchtigkeit der Außenluft. Von der Atemhöhle aus haben die Erreger leichten Zugang zum Interzellularsystem des Pflanzengewebes. Für zahlreiche Bakterien ist das Eindringen über Stomata beschrieben worden, erwähnt seien *Xanthomonas*- und *Pseudomonas*-Arten.

Lentizellen treten in sekundärem Abschlußgewebe an die Stelle der Stomata. Die Struktur von Lentizellen offenbart ihre Eignung als Eintrittspforten für Bakterien. Statt der wasser- und luftundurchlässigen Korkschicht (Phellem) bildet das Korkkambium (Phellogen) an den Stellen ehemaliger Stomata „Füllzellen“ aus. Unter dem Druck ständig neu gebildeter Zellen reißt schließlich die Epidermis auf. Das „Füllgewebe“ ist reich an Interzellularen. Die Luftkanäle lassen sich durch das Phellogen einwärts verfolgen, wo sie in das Interzellularsystem des Grundgewebes einmünden.

Die Eignung der Lentizellen als Eintrittspforten ist u. a. von der Schnelligkeit der Suberineinlagerung und ihrer Form (offene oder geschlossene Lentizellen) abhängig. Diese Form ist arten- und sortentypisch. Die Öffnungsweite wird aber auch von der relativen Luftfeuchtigkeit bestimmt. Die Erreger dringen zwischen den Füllzellen ein. Oftmals stimulieren sie das Phellogen zu weiteren Teilungen, so daß die Lentizellengröße zunimmt. Beispiele für Erreger, die auf diesem Wege in die Pflanze gelangen, sind *Streptomyces scabies* (Kartoffelschorf) und *Erwinia carotovora* var. *atroseptica* (Schwarzbeinigkeit der Kartoffel).

Hydathoden (Wasserspalten) dienen der Ausscheidung tropfenden Wassers (Guttation). Nektarien sind Drüsenzellen, die durch die Zellwand oder besondere Spalten zuckerhaltige Sekrete absondern. *Xanthomonas campestris* (Schwarzadrigkeit der Cruciferen) dringt z. B. bevorzugt durch Hydathoden ein. *Erwinia amylovora* (Feuerbrand) gelangt u. a. über Nektarien (insbesondere bei Birnen) in die Pflanze. Narben sind aufgrund ihrer lockeren Struktur für manche Erreger als Eintrittspforten geeignet, auch das sich anschließende Griffelgewebe bietet wenig mechanische Hindernisse. Der Erreger des Feuerbrandes kann auch auf diesem Wege eindringen.

1.2.2.4 Ausbreitung im Wirt und Symptome der Bakteriosen Nach dem Eindringen in die Pflanze breiten sich Bakterien unter Auflösung der Mittellamelle und Degradation der pflanzlichen Zellwand interzellulär aus und vermehren sich. Neben den Umweltbedingungen (vor allem Temperatur) bestimmen Anfälligkeit des Wirtes und Virulenz des Erregers die Vermehrungsrate (Abb. 1.8). Häufig schwimmen einzelne Bakterien nicht frei, sondern Bakterienmassen bewegen sich als schleimige Kolonie (Zoogloea) vorwärts. Phytopathogene Bakterien besiedeln keine lebenden Protoplasten. Diese sterben im befallenen Gewebe nach mehr oder weniger kurzer Zeit ab (die Stickstoff-bindenden *Rhizobium*-Arten dringen dagegen ins Wirtsprotoplasma ein). Das aktive Wachstum der Bakterien führt zur begrenzten Besiedlung des Wirtes. Über weitere Strecken werden sie oftmals im Xylemstrom passiv mitgeschleppt (*Agrobacterium tumefaciens* bis zu 5 cm/Std.). Manche Erreger sind auf bestimmte Ausbreitungswege spezialisiert. Das gilt insbesondere für die sich im Gefäßteil ausbreitenden Erreger von Welkekrankheiten (Tracheobakteriosen).

Nicht nur pathogene Bakterien dringen in Pflanzen ein, auch manche saprophytische sind dazu in begrenztem Umfange befähigt, ohne jedoch Krankheitssymptome zu verursachen. Eine geringe Vermehrung pathogener Bakterien findet auch in resistenten Pflanzen statt.

Symptome der Bakteriosen unterscheiden sich oftmals kaum von den durch Pilze verursachten, zuweilen ähneln sie auch Virussymptomen. Als ein allgemeines Merkmal kann gelten, daß von Bakterien befallenes Gewebe wäßrig und im durchfallenden Licht gräulich erscheint. Zuweilen werden Bakterien-reiche Exsudate abgesondert. Die Symptome lassen sich in 5 Gruppen zusammenfassen: Weich- oder Naßfäulen, Fleckenbildung, Brande, Welken und Hypertrophien.

Bei Naßfäulen wird das befallene Gewebe vom Erreger mit Hilfe pektolytischer Enzyme desorganisiert, Wasser wird dabei frei und angesammelt. Naßfäulen sind charakteristisch für wasserreiche Gewebe (Früchte, Knollen, Zwiebeln, Stengel, Blätter). Das Gewebe stellt im Endzustand eine strukturlose, breiige Masse dar. Wichtigster Erreger der Naßfäulen ist *Erwinia carotovora.* Die Naßfäulen haben als Krankheiten am lagernden Erntegut größte wirtschaftliche Bedeutung.

Bei Flecken handelt es sich zunächst um meist kleinere verfärbte Stellen, die sich ausdehnen und später unter Braunfärbung absterben. Bei stärkerem Befall fließen die Flecke zusammen. Die befallenen Areale können aus den Blättern herausfallen und zum „Schrotschußeffekt" führen. Die Flecke sind oft von einem wasserdurchzogenen, chlorotischen Hof umgeben, der von Toxinen und/oder Enzymen bakteriellen Ursprungs herrührt. Beispiele für Flecken als charakteristisches Symptom sind: Wildfeuer an Tabak (*P. tabaci*), Fettfleckenkrankheit der Bohne (*P. phaseolicola*), Ölfleckenkrankheit der Begonie (*X. begoniae*).

Einige Bakterienarten rufen Symptome hervor, die als *Brande* bezeichnet werden, z. B. *Pseudomonas mors-prunorum* (Bakterienbrand des Stein- u. Kernobstes), *Erwinia amylovora* (Feuerbrand an Birne, Apfel und anderen Rosaceen). Beide Erreger können Blüten, Blätter, Triebe, Zweige, Stamm und Früchte befallen. Die befallenen Rindenpartien schrumpfen und sinken ein. Die erkrankten Blüten und Blätter verfärben sich dunkel. Ganze Zweige und Äste vertrocknen und sterben ab.

Bei den Welken befallen die Bakterien das Xylem und das angrenzende Parenchym. Der Wasser- und Nährstofftransport wird mehr oder weniger unterbunden. Entsprechend stark sind die Welkesymptome (vgl. Abschn. 4.8 und 6.9). Schneidet man befallene Pflanzenteile und preßt sie zwischen den Fingern, tritt auf der Schnittfläche Bakterienschleim aus. Welkeerreger sind vor allem *Pseudomonas solanacearum* an Solanaceen, Banane (Moko-Krankheit) u. a., *Corynebacterium michiganense* an Tomaten, *Xanthomonas vasculorum* an Zuckerrohr, *Erwinia tracheiphila* an Gurken.

Hypertrophien entstehen, wenn meristematisches Gewebe zu abnormalem Wachstum angeregt wird. Es kommt dann zur Bildung von Kröpfen, Gallen, Tumoren vor allem an Wurzeln, Wurzelhals und Stengel. Beispiele sind *Pseudomonas savastanoi* (Tuberkelkrankheit des Ölbaumes), *Corynebacterium fascians* (Gallen an zahlreichen Wirten), vor allem aber *Agrobacterium tumefaciens*, Erreger des Wurzelkropfes (crown gall) an holzigen und krautigen Pflanzenarten aus mehr als 60 Familien. Bei dieser Mißbildung handelt es sich um einen unbegrenzt und unkoordiniert wachsenden Tumor, so daß ein desorganisiertes Gewebe aus Gefäß- und Parenchymelementen entsteht.

1.2.2.5 Epidemiologie (Überleben und Übertragung) Das Wachstum phytopathogener Organismen während eines Jahres verläuft infolge jahreszeitlicher Einflüsse auf Erreger und Wirt nicht kontinuierlich. Schaderreger müssen in der Lage sein, ungünstige Perioden zu überbrücken. Die Population des Erregers kann schrumpfen, es müssen aber genügend Individuen übrigbleiben, die ein wirksames Inokulum aufzubauen vermögen. Die Menge dieses Inokulums kann bei Bakterien verhältnismäßig klein sein, da sie nur eine kurze Generationszeit haben und sich infolgedessen schnell vermehren können. Allerdings reicht nicht allein das Überleben der Erreger aus, für den Befall ist es auch erforderlich, daß sie übertragen, also zu ihrem Wirt gebracht werden.

Abgesehen von Streptomyceten bilden phytopathogene Bakterien keine Dauersporen oder andere Dauerstrukturen wie z. B. Pilze. Dennoch können viele Bakterien, eingebettet in Schleimhüllen, trockene und kalte Perioden relativ lange überstehen. Solche Perioden überleben sie im Ruhestadium, verbunden mit einem oder mehreren der folgenden „Substrate“:

– S a m e n. Viele bakterielle Erreger überleben an oder in Samen. Die Überlebensdauer verläuft häufig synchron zu der des Samens. Sie dringen durch Wunden, natürliche Öffnungen (Hilum, Mikropyle) oder das Gefäßsystem ein, infizieren vor allem Embryo, Endosperm oder Samenschale. Auf diese Weise werden die Erreger leicht von Ort zu Ort verschleppt.

– A u s d a u e r n d e W i r t e. Einige Erreger bakterieller Brande (*E. amylovora, P. mors-prunorum*) überwintern an ihren ausdauernden Wirten. Sie überleben in dem Rindengewebe, das die Befallsstellen umgibt, oftmals auch in Rindennekrosen. Im Frühjahr werden sie in dem austretenden Schleim gefunden. Darüber hinaus sind potentielle Krankheitserreger (ebenso wie Saprophyten) nicht selten natürliche Bewohner gesunder Pflanzenorgane, z. B. wurden die oben genannten Erreger in symptomlosen Stengeln, Zweigen, Knospen nachgewiesen. Besondere Bedingungen (z. B. Hagel) können dann zum Ausbruch der Krankheit führen.

P f l a n z e n r e s t e u n d B o d e n. In befallenen Pflanzenresten, wie z. B. in Bohnen- oder Reisstroh, können Bakterien viele Monate überleben. Im allgemeinen gilt, daß sie um so eher zugrunde gehen, je schneller die Rückstände zersetzt werden. Die Mehrzahl der phytopathogenen Bakterien überlebt im freien Boden meist nur kurze Perioden. Wichtige Ausnahmen sind vor allem *Pseudomonas solanacearum* und *Agrobacterium tumefaciens,* die offensichtlich mehrere Jahre in einem natürlichen Boden ohne Wirtspflanze überdauern können.

– Insekten. Einige Bakterien, die vornehmlich durch Insekten übertragen werden, können im Insektenkörper oder in Eiern überleben, z. B. *Erwinia tracheiphila* (Gurkenwelke) im Intestinaltrakt von *Acalymma vittatum* (gestreifter Gurkenkäfer) oder *Pseudomonas savastanoi* in den Eiern von *Dacus oleae* (Olivenfliege).

– Als Epiphyten. Zahlreiche pathogene Bakterien können als Epiphyten auf ihren Wirten, aber auch auf Nichtwirten saprophytisch leben. Sie sind dann Teil der Phyllosphärenflora. Ähnliches gilt für die Rhizosphäre. Solche Organismen können das primäre Inokulum bilden.

Die Übertragung der Bakterien von erkrankten auf gesunde Pflanzen erfolgt auf verschiedenen Wegen. Die wichtigsten sind:

– Regen, Wind, Hagel, die vor allem über kurze Entfernungen den Erreger verbreiten. Bakterienexsudate können vom Wind auch über weitere Entfernungen transportiert werden.

– Insekten, die sowohl als Überträger für mittlere Entfernungen wie auch als „Inokulatoren" wirken; Kontamination der Blüten erfolgt vor allem durch Pollen-übertragende Insekten (z. B. Feuerbrand durch Bienen).

– Vögel als Überträger für weitere Strecken (wird z. B. für die Übertragung des Feuerbrandes von Südengland nach Dänemark und Holland vermutet).

– Mensch bei Pflegemaßnahmen (z. B. Obstbaumschnitt, Ausgeizen mit Werkzeugen).

1.2.2.6 Besonderheiten bei der Bekämpfung von Bakteriosen Die Bekämpfung von Bakteriosen ist schwierig und bis heute nur unbefriedigend gelöst. Bakterien wachsen und vermehren sich innerhalb des pflanzlichen Gewebes. Sie sind deshalb nur mit Pflanzenschutzmitteln zu erreichen, die in die Pflanze eindringen, also systemisch wirkenden. Bislang stehen aber dem Pflanzenschutz in der Bundesrepublik Deutschland solche Bakterizide nicht zur Verfügung. Hier dürfen Antibiotika aus humanmedizinischen Erwägungen (Entwicklung resistenter Stämme bei humanpathogenen Bakterien) im Pflanzenschutz nicht angewendet werden (im Gegensatz z. B. zu Japan oder den USA). Spritzungen mit Kupferpräparaten haben meist nicht den gewünschten Erfolg.

Auf der Oberfläche des Saatgutes vorkommende Bakterien werden bei der Beizung erfaßt. Schwieriger wird die Bekämpfung einer Infektion im Innern des Samens. Heißwasserbehandlung führt wegen des relativ hohen thermalen Tötungspunktes oft nicht zum Erfolg. So kommen zur Bekämpfung von Bakteriosen vor allem vorbeugende Maßnahmen in Betracht: Quarantäne, gesundes Saatgut, Vermeidung von Verletzungen, resistente Sorten. Darüber hinaus wird durch die Entfernung erkrankter Pflanzen oder durch die Ausrottung potentieller Wirte (z. B. *Crataegus*-Hecken bei Feuerbrandgefahr) weiterem Befall vorgebeugt. Eine solche radikale Maßnahme wird dabei nicht immer durch ihren Erfolg gerechtfertigt.

1.2.2.7 Mycoplasma-ähnliche Organismen Mycoplasmen sind die bisher kleinsten erforschten selbständig existierenden Lebewesen. Sie sind filtrierbar, zählen zu den Procaryonten und enthalten DNS und RNS. Anstelle einer festen Zellwand besitzen diese pleomorphen Organismen eine dreischichtige Membran. Ihre Größe reicht von 11 bis 200 nm kleinen, sphärischen Organismen bis zu 40000 nm langen, fädigen Strukturen.

Taxonomisch bilden Mycoplasmen die Ordnung Mycoplasmatales der Schizomycetes. Sie sind im zellfreien Medium kultivierbar. Auf Agar bilden sie charakteristische „Spiegelei"-Kolonien, ähnlich wie sie von den sogenannten L-Formen der Bakterien bekannt sind. Die früher vermutete Identität mit den L-Formen der Bakterien besteht sicherlich nicht. Als mögliche Vermehrungsmechanismen werden diskutiert: Zweiteilung, Knospung und Bildung von Elementarkörpern durch Fragmentation größerer Zellen (Abb. 1.10).

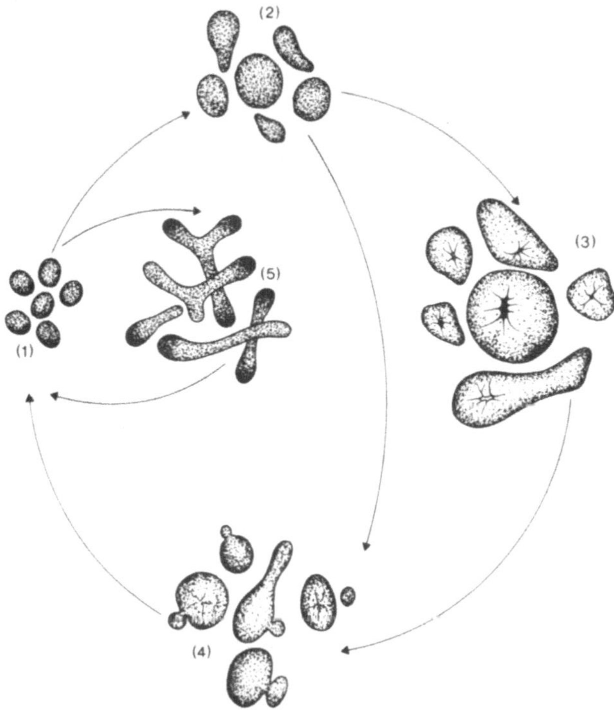

Abb. 1.10 Möglicher Kreislauf der MLO in Astern (nach Sinha und Paliwal, Virology 39, 759, 1969): Elementarkörper (1) vergrößern sich zu pleomorphen Intermediärformen (2), die sich zu reifen Zellen (3) mit einem nuklearen Zentrum weiterentwickeln. Von intermediären wie reifen Zellen können Vesikel abgetrennt werden, die zu Mutterzellen (4) heranwachsen und durch Knospung neue Elementarkörper bilden. Neue Elementarkörper können auch an den Enden auswachsender Filamente (5) durch Verdichtung des Cytoplasmas entstehen

Die in Pflanzengeweben gefundenen Strukturen ähneln sehr den Mycoplasmatales, allerdings ist ihre in vitro-Kultur noch nicht gelungen. Sie werden als „mycoplasma-like organisms" (MLO) bezeichnet. Innerhalb der Pflanze sind sie vorwiegend als obligate Zellparasiten des Phloems beschrieben. Sie treten sowohl in Siebzellen wie im Phloemparenchym und Geleitzellen auf. Ähnlich wie Viren können MLO nicht aktiv in die Pflanze eindringen, sie sind auf Übertragung angewiesen. Mechanische Übertragung ist bislang kaum gelungen. Durch Pfropfung und auch durch C u s c u t a ist sie möglich. Die größte Bedeutung aber haben zweifellos tierische Vektoren, von denen Zikaden den größten Anteil stellen, ferner andere Pflanzensaftsauger wie Blattläuse, Blattflöhe, Wanzen und Milben.

Den durch MLO hervorgerufenen Krankheiten (Mycoplasmosen) werden z. B. zugerechnet: Vergilbung (Flavescence dorée) der Rebe, Asternvergilbung, Hexenbesen an verschiedenen Pflanzen, Apfeltriebsucht, pear decline. Häufige Symptome der Mycoplasmosen sind: Vergilbung, Vergrünung, Hexenbesen, Verzwergung und andere Deformationen. Zahlreiche, früher als Virosen geltende Krankheiten werden heute zu den Mycoplasmosen gestellt. Die Penicillinresistenz und Tetracyclinempfindlichkeit der MLO werden als Diagnoseverfahren zu ihrem Nachweis benutzt.

Als weitere Erreger von Pflanzenkrankheiten müssen Spiroplasmen in Betracht gezogen werden. *Spiroplasma citri* wurde aus Siebröhren von Citrusbäumen isoliert, die an Eichelfrüchtigkeit (stubborn) erkrankt waren. Allerdings ließ sich durch Reinokulation die Krankheit noch nicht reproduzieren.

Spiroplasmen sind in „Bergey's Manual" der Gruppe 19 (Mycoplasmen) zugeordnet, obgleich ihre systematische Stellung ungeklärt ist. Es sind pleomorphe Zellen mit sphärischer bis ovaler Form. Sie können auch als helixförmige oder verzweigte Filamente auftreten. Spiroplasmen besitzen keine echte Zellwand, sie weisen eine trilaminare Membran auf, der eine zusätzliche Schicht mit regelmäßig auftretenden Projektionen aufliegt. Es sind gram-positive Organismen mit absoluter Resistenz gegenüber Penicillin und hoher Empfindlichkeit gegenüber tetracyklischen Antibiotika. Spiroplasmen sind in vitro kultivierbar.

1.2.2.8 Rickettsien-ähnliche Organismen Rickettsien (benannt nach H. T. Ricketts, dem Entdecker des amerikanischen Felsengebirgsfiebers) sind obligate intrazelluläre Parasiten. Obgleich sie einige ernste Erkrankungen bei Mensch und Tier hervorrufen können, sind sie in ihrer Mehrzahl harmlose Parasiten von Arthropoden. Es sind kugelige, stäbchenförmige oder pleomorphe Organismen, $0{,}2\,\mu \times 0{,}3\,\mu$ bis $0{,}8\,\mu \times 2{,}0\,\mu$ groß, die eindeutig als Bakterien (Ordnung: Rickettsiales) zu klassifizieren sind. Sie enthalten DNS und RNS, sind von einer echten Zellwand umgeben, der eine mit zahlreichen Ausstülpungen versehene Einheitsmembran aufgelagert ist. Elektronenoptisch wird dadurch das Bild einer typischen, wellenförmigen Umrandung hervorgerufen (Abb. 1.11). Sie sind gram-negativ, vermehren sich durch Querteilung und sind empfindlich gegenüber Antibiotika.

Zunehmend werden in erkrankten Pflanzen Rickettsien-ähnliche Organismen gefunden. Sie müssen deshalb als Erreger von Pflanzenkrankheiten in Betracht gezogen werden, auch wenn Isolierung und Reinfektion noch nicht gelungen sind. Sie wurden als obligate Zellparasiten u. a. nachgewiesen in triebsuchtkranken Apfelbäumen, in Wurzelwucherungen an *Erica gracilis*, verzweigungskranker Luzerne, rosettenkranker Zuckerrüben und Spinatpflanzen. Sie wurden meist nur im Xylem beobachtet, doch treten sie offensichtlich auch im Phloemgewebe auf. Auf welchem Wege die Rickettsien-ähnlichen Organismen in die Pflanze gelangen, ist noch nicht eindeutig geklärt. Ihre Übertragung könnte durch Pflanzensauger (Blattläuse, Wanzen, Zikaden, Nematoden) erfolgen, in denen man Rickettsien nachgewiesen hat.

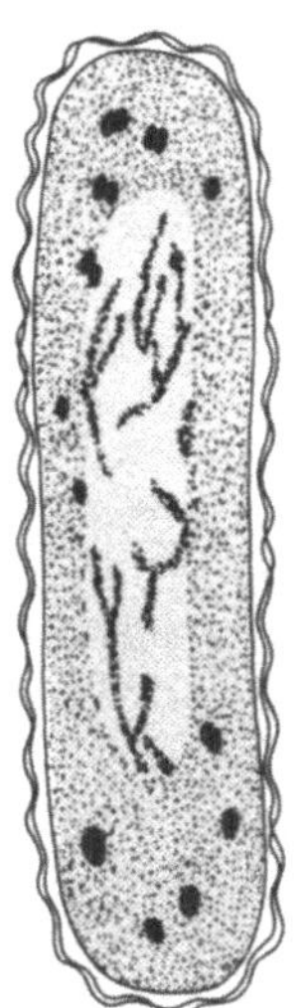

Abb. 1.11
Schematische Darstellung eines Rickettsien-ähnlichen Organismus

Weiterführende Literatur

Grunewald-Stöcker, G.; Nienhaus, F.: Mycoplasma-ähnliche Organismen als Krankheitserreger in Pflanzen. Acta Phytomedica **5**. Berlin, Hamburg 1977

Petzold, H.; Marwitz, R.: Mykoplasmen und rickettsienähnliche Bakterien als Erreger von Pflanzenkrankheiten. Mitt. BBA (Berlin) **151** (1973) 159–178.

Schlegel, H. G.: Allgemeine Mikrobiologie. Stuttgart 1976.

Stapp, C.: Pflanzenpathogene Bakterien. Berlin, Hamburg 1958.

1.2.3 Pilze

1.2.3.1 Allgemeines Pilze stellen die Mehrheit der Erreger infektiöser Pflanzenkrankheiten. Es gibt keine höhere Pflanze, die nicht von einem oder mehreren pilzlichen Krankheitserregern befallen wird. Die genaue Anzahl der phytopathogenen Pilzarten ist unbekannt, sie dürfte aber nicht weniger als 10000 betragen. Die Gesamtzahl der Pilzarten wird auf 250 bis 300000 geschätzt. Wissenschaftlich wurde erst in der Mitte des 19. Jahrhunderts bewiesen, daß Pflanzenkrankheiten durch Pilze verursacht werden können. Ausmaß und Folgen der Kraut- und Knollenfäuleepidemie in den 40er Jahren des vergangenen Jahrhunderts stimulierten die Erforschung von Pflanzenkrankheiten. Den erbittert geführten Streit um ihre parasitäre Natur beendete De Bary mit dem eindeutigen Nachweis, daß *Phytophthora infestans* der Erreger dieser Kartoffelkrankheit ist.

Pilze sind chlorophyllose, eukaryotische Thallophyten, d. h. sie sind nicht zur Photosynthese befähigt; sie besitzen echte, von Membranen umgebene Zellkerne und sind nicht in Wurzel und Sproß gegliedert, Leitelemente fehlen. Der Vegetationskörper

(Thallus) besteht meist aus Hyphen. Er kann auch von Sproßzellen oder anderen Vegetationseinheiten (z. B. Plasmodien) gebildet werden. Die Hyphen wachsen, sich vielfach verzweigend, auf oder im Nährsubstrat. Ihr Durchmesser liegt häufig bei etwa 5 μ (0,5 bis 100 μ), ihre Länge kann winzig sein oder auch mehrere Meter betragen. Die Hyphen bestehen aus der Zellwand (vor allem Chitin, bei Oomyceten Zellulose) und dem Cytoplasma nebst Zellorganellen und Plasmaeinschlüssen. Die einzelnen Zellen können einen, zwei oder, besonders häufig, viele Kerne enthalten. Die Hyphen können querwandlos oder durch Querwände (Septen) in Zellen gegliedert sein. Unseptierte Hyphen sind charakteristisch für die niederen Pilze, die frühere Klasse der Phycomyceten (u. a. Chytridiales, Oomycetes und Zygomycetes). Die höheren Pilze (Ascomycotina, Basidiomycotina, Fungi imperfecti) weisen Septen auf. Ein Porus in der Septe erlaubt das Durchströmen des Plasmas und auch den Durchtritt von Kernen. Der Feinbau der Septen und Poren ist ein weiteres Differenzierungsmerkmal.

Das Hyphenwachstum erfolgt hauptsächlich unmittelbar hinter der Hyphenspitze. Unter günstigen Umständen sind Pilzhyphen zu unbegrenztem Wachstum fähig. Die Gesamtheit der Hyphen bildet das Myzel. In bestimmten Stadien legt sich das Myzel vieler Pilze zu gewebeartig verflochtenen Verbänden zusammen. Eine solche feste, somatische, Matratzen-ähnliche Struktur ist das Stroma, in oder auf dem gewöhnlich die Fruktifikation stattfindet. Auf ähnliche Weise entstehen Sklerotien, mehrzellige, harte, widerstandsfähige Dauerkörper, die nach längerem Ruhestadium unter günstigen Bedingungen wiederholt auskeimen können. Bei manchen Pilzen geht die Individualität einzelner Hyphen verloren. Sie legen sich zu wurzelähnlichen Hyphenbündeln von erheblichem Durchmesser zusammen und bilden dann eine organisierte Einheit, die Rhizomorphen. Ihr Querschnitt läßt im Zentrum eine Markzone aus lockerem Hyphengeflecht, sich daran anschließende Gefäßhyphen und eine sehr kompakte, widerstandsfähige Rinde erkennen. Die Rhizomorphen, oftmals mehrere Meter lang, haben die Funktion von Dauerorganen und dienen auch dem Stofftransport. Sie verleihen dem Pilz eine erhebliche Energie und können auch festere Substrate durchwachsen.

1.2.3.2 Vermehrung und Fortpflanzung

1.2.3.2 Vermehrung und Fortpflanzung Pilze verfügen in ihrer Mehrzahl sowohl über sexuelle wie asexuelle Fortpflanzungsmöglichkeiten. Die ungeschlechtliche Fortpflanzung ist im allgemeinen für die Vermehrung wichtiger, da sie unter günstigen Umständen wiederholt

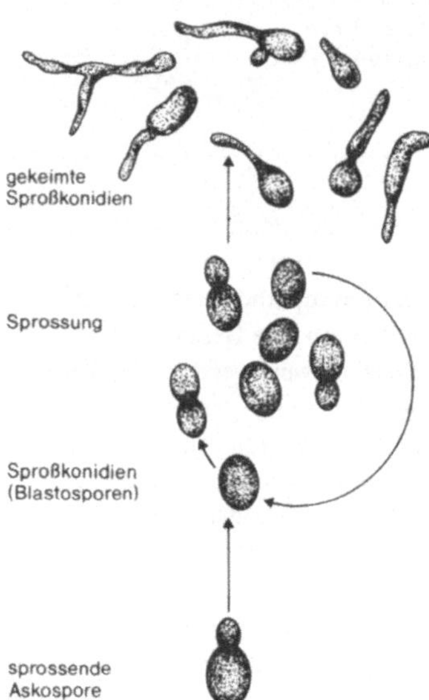

Abb. 1.12
Bildung von Sproßkonidien bei *Taphrina deformans*

während einer Vegetationsperiode zu zahlreichen neuen Individuen führt, während das sexuelle Stadium vieler Pilze nur einmal im Jahr, oftmals infolge Versiegens der Nährstoffquelle gebildet wird.

A s e x u e l l e   F o r t p f l a n z u n g: Pilze können auf verschiedene Weise asexuelle Fortpflanzungszellen erzeugen:

– Sprossung: hier entsteht ein knospenartiger Auswuchs aus einer Mutterzelle, der später abfällt oder weitere Sproßzellen bildet. So entstehen einfache oder verzweigte Ketten, an deren Enden sich jeweils die jüngsten Zellen befinden. Durch Sprossung entstandene Sporen werden Sproßkonidien oder Blastosporen genannt (z. B. Hefen, *Taphrina,* Abb. 1.12).

– Fragmentierung: Die Hyphen teilen sich durch Septen, schnüren sich ein, zerbrechen und werden so zu Konidien. Die Hyphen können normales Myzel sein oder sich von diesen durch aufrechten Wuchs unterscheiden. Diese Vermehrungsorgane werden Arthrosporen oder Oidien genannt (z. B. *Geotrichum*). Zellen, die sich mit einer dicken Wand

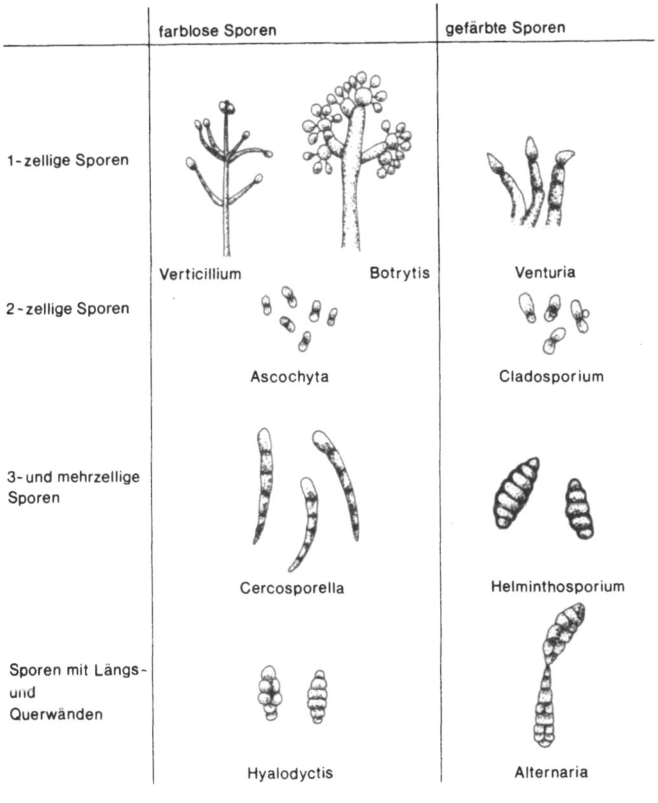

Abb. 1.13 Sporen (Konidien) einiger Pilzgattungen z. T. mit Konidienträgern

umgeben, bevor sie sich voneinander oder von benachbarten Hyphenzellen trennen, heißen Chlamydosporen.

– Sporenbildung: Sie ist die häufigste Form der ungeschlechtlichen Vermehrung. Sporen sind in ihrer Form, Farbe und Größe sehr mannigfaltig (Abb. 1.13). Diese morphologischen Merkmale dienen auch der Klassifizierung der Fungi imperfecti. An den Enden oftmals charakteristischer Träger werden auf verschiedene Weise Sporen (Konidien) erzeugt. Entstehen sie im Innern eines besonderen Behältnisses, einem Sporangium, spricht man von Sporangiosporen. Bei phylogenetisch niedrig stehenden Pilzen sind diese oftmals durch Geißeln beweglich und heißen dann Zoosporen (Abb. 1.14). Konidien können auch in besonderen Fruchtkörpern gebildet werden, die ein weiteres systematisches Merkmal sind. Am häufigsten treten Pyknidien auf (Abb. 1.15). Sie besitzen meist eine kugel- oder flaschenförmige hohle Gestalt. Die innere pseudoparenchymatische Wand ist mit Konidienträgern bedeckt (Formordnung Sphaeropsidales). Ein weiterer Fruchtkörper ist der Acervulus parasitischer Pilze (Abb. 1.16). Hier sind kurze Konidienträger unter der Epidermis oder Cuticula auf einem begrenzten Bezirk eng zusammengedrängt (Formordnung Melanconiales). Zahlreiche Pilze produzieren mehrere Sporenformen. Oftmals werden kleine, meist einzellige Konidien (Mikrokonidien) neben größeren, septierten (Makrokonidien) gebildet (Abb. 1.17).

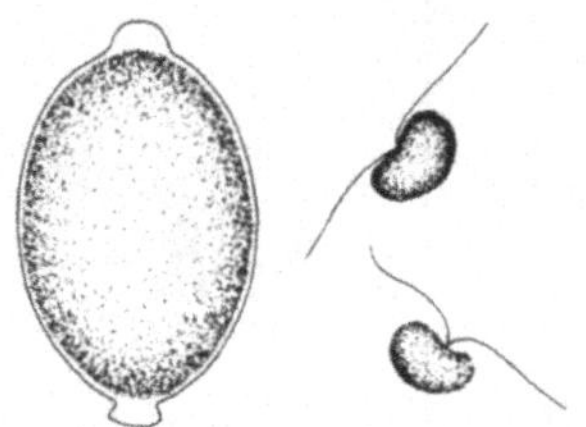

Abb. 1.14 Zoosporangium und Zoosporen von *Phytophthora infestans*

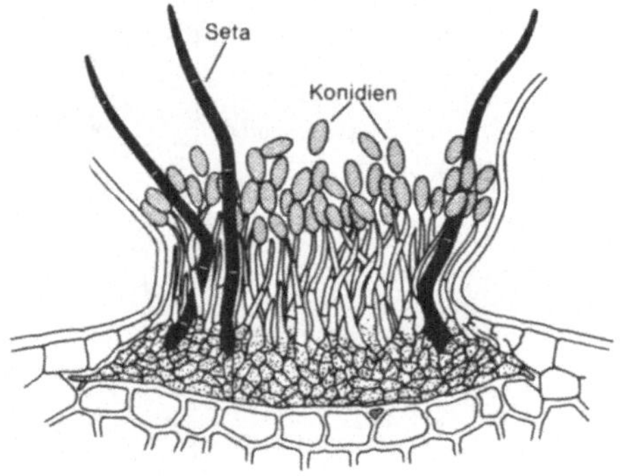

Abb. 1.16 Acervulus

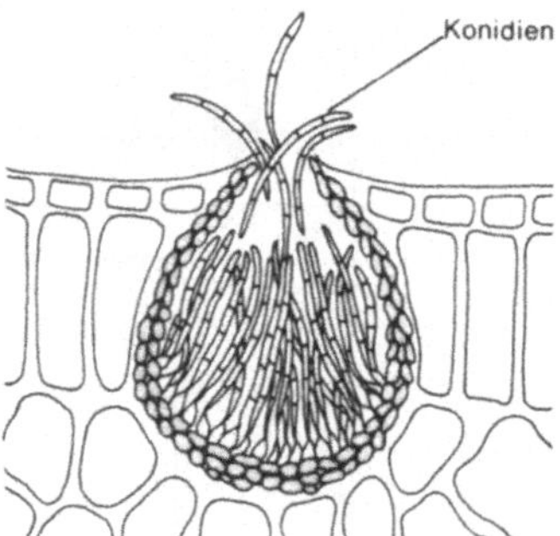

Abb. 1.15 Pyknidie

Abb. 1.17 Makrokonidien und Mikrokonidien von *Fusarium oxysporum*

S e x u e l l e   F o r t p f l a n z u n g: Eine entwicklungsgeschichtliche Besonderheit der Pilze liegt in der Aufspaltung des Sexualvorgangs in eine Plasma- und eine Kernverschmelzung mit nachfolgender Meiose. Dazwischen liegt die Paarkernphase (dikaryotisches Stadium), während der sich die Kerne gleichzeitig teilen (konjugierte Teilung). Diese Phasen folgen bei manchen Pilzen unmittelbar nacheinander, bei den höchsten Formen klaffen Plasmogamie und Karyogamie so weit auseinander, daß erstere am Anfang, letztere beim Abschluß des individuellen Lebens vollzogen wird. Pilze können homothallisch sein (jeder Thallus ist gemischtgeschlechtlich) oder heterothallisch. Hier sind für die sexuelle Fortpflanzung zwei verschiedene Thalli erforderlich.

Die Hauptfruchtform primitiver Pilze entsteht als unmittelbares Produkt der sexuellen Kopulation. Geschlechtlich differenzierte Zoosporen (Planogameten) vereinigen sich, werden zu einer Zygote, die zu einem Dauersporangium heranwächst (z. B. bei *Olpidium*).

Bei den Oomyceten sind die Gameten morphologisch differenziert. Der weibliche Teil, das Oogonium, besteht aus der Oosphäre mit einem oder mehreren Kernen, umgeben von Periplasma. Das männliche Antheridium bildet einen Befruchtungsschlauch und ergießt sich in das Oogonium. Nach der Befruchtung bildet die Oosphäre dicke, doppelte Wände und wird zur Oospore (Abb. 1.18). Das Periplasma dient der Ernährung der Oospore und führt zu äußerlichen Verdickungen.

Die charakteristische Hauptfruchtform der Zygomyceten ist die Zygospore. Sie entsteht durch Kopulation sexuell differenzierter Seitenhyphen (Gametangien).

Bei den Ascomyceten spaltet sich der Geschlechtsvorgang in Plasmogamie und Karyogamie. Das charakteristische Organ dieser Pilze, der Ascus, ist ein Sporenbehälter, der

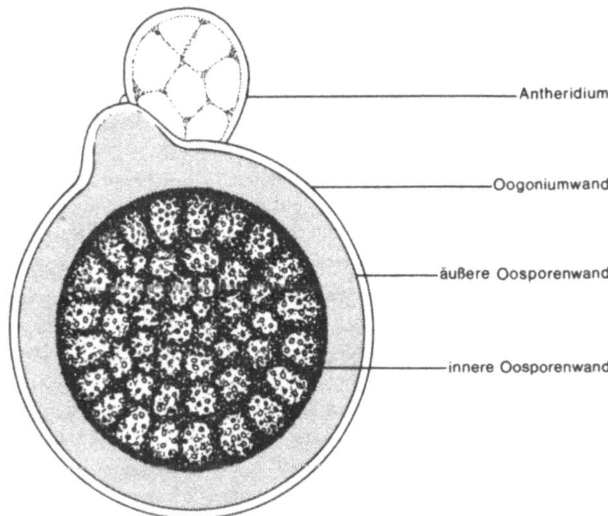

Abb. 1.18 Oospore (*Phytophthora cactorum*)

gewöhnlich eine bestimmte Anzahl von Ascosporen (typischer Weise acht) enthält. Vor der Ascusausbildung werden einzelne Hyphen zum weiblichen Ascogon, auf dem eine längliche Zelle, die Trichogyne sitzt, bzw. zum männlichen Antheridium. Durch die Trichogyne wandern die männlichen Kerne zum Ascogon, wo sie sich mit den weiblichen paarweise zusammenlegen, ohne zu verschmelzen.

Aus dem befruchteten Ascogon wachsen zahlreiche Schläuche aus, die ascogenen Hyphen, in die die Kerne einwandern. Die Kernpaare teilen sich konjugiert, es bilden sich Querwände, so daß Zellen mit geschlechtlich differenzierten Kernen entstehen. Aus den Endzellen der askogenen Hyphen bildet sich nach mehreren Teilungen (Hakenbildung) je ein einkerniger Ascus. Aus dem diploiden Kern gehen nach dreimaliger Teilung, einschließlich Meiose, 8 Kerne hervor, die sich durch Membranen abgrenzen (freie Zellteilung) und die 8 Ascosporen bilden, die ein Ascus in der Regel enthält. Die die Sexualorgane umspinnenden Hüllhyphen bilden auf verschiedene Weise die Fruchtkörper (Abb. 1.19).

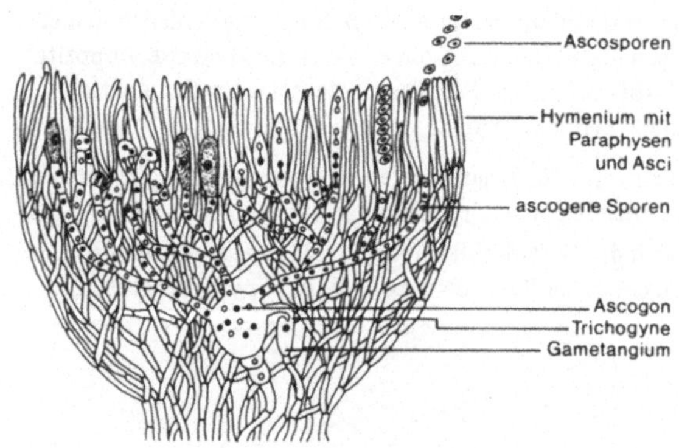

Abb. 1.19
Schematische Darstellung eines Apotheziums der Discomycetidae (nach E s s e r, Kryptogamen, Berlin 1976)

Bei den Basidiomyceten fehlen zwar die Geschlechtsorgane, doch bleibt die sexuelle Differenzierung erhalten. Während bei den Ascomyceten das Myzel haploid ist und erst der Fruchtkörper dikaryotisch wird, dominieren bei den Basidiomyceten die Paarkernhyphen. Sie bilden das eigentliche Pilzmyzel, spezifische Sporenträger, in der die Meiose stattfindet und aus der die Basidiosporen von der Basidie exogen abgeschnürt werden.

Diese Entwicklung verläuft im Prinzip wie folgt: Die haploiden Basidiosporen bilden haploides Myzel. Trifft verschieden geschlechtliches aufeinander, fusionieren zwei vegetative Zellen, die nach Plasmogamie zu einem dikaryotischen Myzel auswachsen. Ein besonderer Mechanismus, Schnallenbildung genannt, stellt sicher, daß die bei der konjugierten Teilung entstehenden Kerne getrennt werden und jede neue Zelle ein Paar verschieden geschlechtlicher Kerne enthält. In dieser Form kann das Myzel jahrelang wachsen, bis unter dem Einfluß bestimmter Außenbedingungen durch Hyphenverflechtungen Fruchtkörper entstehen. Meist an der Unterseite der Fruchtkörper ordnen sich die Hyphen zu einer palisadenartigen Schicht (Hymenium) an. Die Endzellen der Hyphen schwellen zu Basidien an. In ihnen erfolgen Karyogamie und mehrere Teilungen, einschließlich der Meiose. Aus der Basidie sprossen 4 kurze Auswüchse (Sterigmen), an deren Enden Basidiosporen entstehen, in welche die 4 haploiden Kerne einwandern. Von den 4 Sporen sind je zwei gleichgeschlechtlich.

1.2.3.3 Nomenklatur und Klassifikation Die Benennung der Pilze folgt international vereinbarten Regeln. Jede Pilzart trägt einen Doppelnamen (Binom). Das erste Wort, ein Hauptwort, bezeichnet die Gattung, das zweite, oft ein beschreibendes Eigenschaftswort, kennzeichnet die Art.

Eine besondere Regelung ist für Pilze mit mehreren Entwicklungsstadien erforderlich. Viele parasitische Ascomyceten trifft man viel eher in ihrem Konidienstadium als in ihrer Hauptfruchtform an. Die Nebenfruchtform wurde in der Regel auch früher entdeckt. Vor allem zahlreiche Ascomyceten haben deshalb zwei Namen, z. B. *Venturia inaequalis* und *Fusicladium dendriticum* für den Erreger des Apfelschopfes. Gültig ist der Name, der zuerst im Zusammenhang mit der Hauptfruchtform veröffentlicht wurde. Die Benennung der Nebenfruchtformen ist jedoch häufig so allgemein verbreitet, daß der Gebrauch von Formgattungen und -namen in manchen Fällen selbst dann üblich ist, wenn die Hauptfruchtform bekannt ist.

Stammesgeschichtlich bilden die Pilze keine natürliche Einheit und die Phylogenie zahlreicher Pilzordnungen ist noch keineswegs geklärt. Da ein „natürliches System" auf den Verwandtschaftsverhältnissen aufgebaut ist, bereitet die Klassifizierung der Pilze zahllose Schwierigkeiten und führt unter den Mykologen zu erheblichen Meinungsverschiedenheiten. Die klassische Gliederung in Archimyceten, Phycomyceten, Ascomyceten, Basidiomyceten und Fungi imperfecti wird den natürlichen Verhältnissen nicht gerecht und ist – obwohl sie aus phytopathologischer Sicht Vorteile aufweist – in diesem Buch weitgehend durch das von Ainsworth (Ainsworth und Bisby, 1971) vorgeschlagene System ersetzt. In der Tab. 1.5 sind ausgewählte Pilzgruppen von phytopathologischem Interesse zusammengestellt.

Tab. 1.5 Systematik und Charakteristika phytopathogener Pilze[1)]

Klassifizierung	Merkmale, Hinweise auf Krankheiten
Abtlg.: **Myxomycota**	Schleimpilze, ohne Myzel, nackter, amöboider, vielkerniger Protoplast (Plasmodium), meist Saprophyten
Kl.: *Plasmodiophoromycetes* Ordng.: Plasmodiophorales Fam.: Plasmodiophoraceae	obligate Endoparasiten an Algen, Pilzen und Gefäßpflanzen, rufen meist Hypertrophien hervor. Plasmodium zerfällt zu Zoosporangien oder Dauersporen, Zoosporen mit 2 ungleich langen Peitschengeißeln
Gattg.: Plasmodiophora Spongospora	Hernie an Kruziferen (*P. brassicae*) (Abb. 1.20) Pulverschorf an Kartoffeln (*Sp. subterranea*)
Abtlg.: **Eumycota**	Pilze im engeren Sinne, Thallus fast immer mit Zellwand

1) Die zu Tab. 1.5 gehörigen Abb. 1.20 bis 1.25 befinden sich auf den Seiten 54 und 55

Tab. 1.5 (Forts.)

Klassifizierung	Merkmale, Hinweise auf Krankheiten
U.-Abtlg.: **Mastigomycotina**	Pilze mit beweglicher Phase, Klassifizierung aufgrund der Zoosporenbegeißelung
Kl.: *Chytridiomycetes* Ordng.: Chytridiales Fam.: Olpidiaceae	mikroskopisch klein, echte Hyphen fehlen, Zoosporen mit einer nachstehenden Peitschengeißel. Der ganze Thallus geht in der Fruktifikation auf (Zoosporangium oder Dauerspore). Vielfach endobiotisch lebende Parasiten an Wasser- und Landpflanzen
Gattg.: Olpidium	Umfallkrankheit an Kohl (*O. brassicae*)
Fam.: Synchytriaceae	Thallus teilt sich in mehrere Fortpflanzungsorgane auf, endoparasitisch
Gattg.: Synchytrium	Kartoffelkrebs (*S. endobioticum*)
Kl.: *Oomycetes*	Zellwand aus Zellulose, vielkernig, echtes Myzel, ohne Septen. Zweigeißelige Zoosporen (vorstehende Flimmer- und nachstehende Peitschengeißel). Oosporen. Übergang vom Leben im Wasser zum Landleben.
Ordng.: Saproleginales	in ihrer Mehrzahl submers, saprophytisch
Gattg.: Aphanomyces	Wurzelkrankheiten (*A. laevis, A. raphani, A. euteiches*)
Ordng.: Peronosporales	höchste Entwicklungsstufe der Oomyceten
Fam.: Pythiaceae Gattg.: Pythium Phytophthora	vielfach fakultative Parasiten von großer wirtschaftlicher Bedeutung; *Pythium*, noch primitiv; *Phytophthora*, schon stärker spezialisiert, Erreger von Keimlingskrankheiten, Fäulen (Kraut- und Knollenfäule der Kartoffel – *Phytophthora infestans*)
Fam.: Peronosporaceae	Die Falschen Mehltaupilze, obligate Parasiten, bei *Bremia* und *Peronospora* Zoosporen durch Konidien ersetzt. Morphologische Differenzierung durch Konidienträger (Abb. 1.21)
Gattg.: Sclerospora	an Mais, Hirse – *S. graminicola*
Plasmopara	an Weinrebe – *P. viticola*
Bremia	an Salat – *B. lactucae*
Pseudoperonospora	an Hopfen – *P. humuli*
Peronospora	an Erbse – *P. pisi*
Fam.: Albuginaceae	Keulige Zoosporangienträger unter der Epidermis mit kettenartigen, ovalen Zoosporangien, obligate Parasiten, meist an Kruziferen (Weißer Rost) (Abb. 1.21)
Gattg.: Albugo	an Schwarzwurzeln – *A. tragopogonis*
U.-Abtlg.: **Zygomycotina**	Zellwände aus Chitin, bewegliche Sporen fehlen, Jochpilze, Gametangie, Hyphen meist unseptiert
Ordng.: Mucorales	
Fam.: Mucoraceae Gattg.: Mucor Rhizopus	Köpfchenschimmel, asexuelle Sporen in terminalen Sporangien, meist Saprophyten, einige Schwächeparasiten an wasserreichen Pflanzenteilen, z. B. *R. stolonifer* an Erdbeeren, Bataten

Tab. 1.5 (Forts.)

Klassifizierung	Merkmale, Hinweise auf Krankheiten
Fam.: Endogonaceae	einige, obligat symbiontisch lebende Gattungen bilden endotrophe Mycorrhiza
Ordng.: Entomophthorales	leben meist als Parasiten auf Insekten
Fam.: Entomophthoraceae	(„Fliegenschimmel“ – *Entomophthora muscae*)
U.-Abtlg.: **Ascomycotina**	Sporangium der Hauptfruchtform ist der Ascus mit meist 8 Ascosporen. Myzel regelmäßig septiert.
Kl.: *Hemiascomycetes*	spärliches oder fehlendes Myzel, keine Fruchtkörper, Asci entstehen frei am Myzel (Abb. 1.22)
Ordng.: Taphrinales	Parasiten auf zahlreichen Pflanzen, rufen Mißbildungen hervor (Blattkräuselungen, Narrentaschen, Hexenbesen)
Gattg.: Taphrina	Kräuselkrankheit des Pfirsich – *T. deformans*
Kl.: *Plectomycetes*	meist kugelige, geschlossener Fruchtkörper (Cleistothezium) (Abb. 1.23)
Ordng.: Erysiphales	Echte Mehltaupilze, obligate Parasiten, meist ektoparasitisches Myzel, Haustorien in Epidermiszellen, asexuelle Konidien in Ketten. Zahl der Asci je Cleistothezium und Form der Appendices sind taxonomische Merkmale
Fam.: Erysiphaceae	
Gattg.: Podosphaera	an Apfel – *P. leucotricha*
Sphaerotheca	an Stachel- u. Johannisbeeren – *S. mors-uvae*
Erysiphe	an Getreide – *E. graminis*
Microsphaera	Europäischer Stachelbeermehltau – *M. grossularia*
Uncinula	an Reben – *U. necator*
Phyllactinia	ektoparasitisch, aber Verbindung zum Mesophyll; vor allem an Gehölzen (*P. guttata*)
Leveillula	endoparasitisch im Mesophyll; in wärmeren Klimaten (Sammelart *L. taurica* an mehr als 700 Wirtsarten)
Ordng.: Microascales Fam.: Ophiostomataceae	Perithezien mit sehr lang ausgezogenem Schnabel, meist Saprophyten, einige Holzzerstörer und Erreger von Welkekrankheiten
Gattg.: Ceratocystis	Ulmensterben (*C. ulmi*), Eichenwelke (*C. fagacearum*)
Kl.: *Pyrenomycetes*	Fruchtkörper mit flaschenförmiger Mündung (Perithezium) (Abb. 1.23). Verwandtschaftsverhältnisse noch vielfach ungeklärt
Ordng.: Hypocreales	Perithezien lebhaft gefärbt, sitzen auf oder im Stroma. Soweit Hauptfruchtformen der Fusarien bekannt sind, gehören sie hierher
Gattg.: Nectria	Obstbaumkrebs (*N. galligena*)
Calonectria	Schneeschimmel (*C. nivalis*)
Gibberella	*G. fujikuroi* – Bakanae-Krankheit an Reis
Polystigma	Blattflecken an Pflaume, Mandel (*P. rubrum*)
Sphaerostilbe	Wurzelfäulen an Tee und anderen tropischen Pflanzen (*S. repens*)
Ordng.: Clavicipitales	lange, schmale Asci, fadenförmige Ascosporen, meist parasitisch

Tab. 1.5 (Forts.)

Klassifizierung	Merkmale, Hinweise auf Krankheiten
Gattg.: Claviceps	Parasiten an Gramineenblüten (Mutterkorn – *C. purpurea*)
Epichloë	Erstickungsschimmel der Gräser (*E. typhina*)
Ordng.: Sphaeriales	Pyrenomyceten mit dunklen, kugel- oder birnenförmigen Perithezien
Gattg.: Ophiobolus	Schwarzbeinigkeit an Gramineen (*O. graminis*)
Endothia	Edelkastaniensterben in Nordamerika (*E. parasitica*)
Valsa	Zweigsterben bei Steinobst (*V. leucostoma*)
Leptosphaeria	Parasiten an Stengeln, Trieben; Triebsterben der Himbeere und Rose (*L. coniothyrium*)
Pyrenophora	Streifenkrankheit der Gerste (*P. graminea*)
Cochliobolus	Blattflecken an Gramineen (*C. sativus = Helminthosporium sativum*)
Glomerella	Fruchtfäulen (*G. cingulata*)
Diaporthe	Fruchtfäulen (Stielendfäule bei Citrus, *D. citri*)
Gnomonia	Blattflecken; Platanenanthraknose (*G. platani*)
Kl.: *Discomycetes*	offener Fruchtkörper (Apothezium) (Abb. 1.18), meist Saprophyten, unter ihnen auffallende Waldpilze, parasitische Formen mit inoperculaten Asci
Ordng.: Phacidiales	heterogene Ordnung, Apothezien zunächst von Stroma bedeckt
Gattg.: Lophodermium	Blatt- und Nadelparasiten (Kiefernnadelschütte – *L. pinastri*)
Rhabdocline	rostige Douglasienschütte (*R. pseudotsugae*)
Rhytisma	Teerflecken an Ahorn (*R. acerinum*)
Ordng.: Helotiales	becher- oder scheibenförmige Apothezien
Gattg.: Sclerotinia	Spitzendürre an Obstgehölzen, Fäulen (*S. laxa*)
Pseudopeziza	Blattfall der Johannisbeere (*P. ribis*)
Diplocarpon	Sternrußtau an Rosen (*D. rosae = Marssonina rosae*)
Trichoscyphella	Lärchenkrebs (*T. willkommii*)
Kl.: *Loculoascomycetes*	Ascostromata, d. h. die Asci stehen in stromatischen Hohlräumen (Loculi), meist Parasiten auf höheren Pflanzen in den Tropen
Ordng.: Myriangiales	Ascosporen vielzellig
Gattg.: Elsinoe	Verbräunungen an Himbeerruten (*E. veneta*)
Ordng.: Pleosporales	Ascostroma einkammerig (Pseudothezium) oder vielkammerig
Gattg.: Venturia	Schorf an Apfel, Birnen (*V. inaequalis, V. pirina*)
Pleospora	Flecken an Gemüse, Lagerobst (*P. herbarum*)
Ordng.: Dothideales	Asci gewöhnlich in Büscheln angeordnet
Gattg.: Mycosphaerella	über 500 Arten, Blattfleckenkrankheiten, Sigatoka-Krankheit der Banane (*M. musicola*)
Didymella	Stengel- und Fußfäulen (Tomate, Erbse), Himbeerrutensterben (*D. applanata*)

(Tab. 1.5 (Forts.)

Klassifizierung	Merkmale, Hinweise auf Krankheiten
U.-Abtlg.: **Basidiomycotina**	endständige Hyphenzellen als Basidie, auf der nach Karyogamie und Meiosis exogen Basidiosporen gebildet werden. Vielgestaltige Fruchtkörper
Kl.: *Teliomycetes*	
Ordng.: Uredinales	Rostpilze, obligate Parasiten, häufig wirtswechselnd, bilden im vollständigen Entwicklungsgang Basidiosporen, Spermatien, Aecidiosporen, Uredosporen, Teleutosporen (Abb. 1.24, 1.25)
Fam.: Melampsoraceae	Teleutosporen in der Regel einzellig, ungestielt, subepidermal, einzeln oder in Gruppen
Gattg.: Melampsora	autözisch, Flachsrost (*M. lini*)
Melampsorella	Teleutosporen mit dünner, fast farbloser Wand, Hexenbesen an Tanne (*M. caryophyllacearum*)
Coleosporium	Uredosporen oft in Ketten, Kiefernnadelblasenroste (*C. senecionis* u. a.)
Cronartium	Säulenrost der Johannisbeere und Blasenrost der Weymouthskiefer (*C. ribicola*)
Chrysomyxa	Aecidien auf Fichten, Uredo-, Teleutosporen auf Rhododendron, Erica u. a. (Alpenrosenrost – *C. rhododendri*)
Fam.: Pucciniaceae	Teleutosporen gewöhnlich gestielt, einzeln oder in Gruppen auf einem Stiel
Gattg.: Uromyces	einzellige Teleutosporen, Erbsenrost (*U. pisi*)
Gymnosporangium	Teleutosporen zweizellig mit langem Stiel, Birnengitterrost (*G. sabinae*)
Puccinia	zweizellige Teleutosporen, Getreideroste (z. B. *P. graminis, P. striiformis*)
Phragmidium	Teleutosporen vielzellig, langgestielt, Rosenrost (*P. mucronatum*)
Hemileia	Spermatien und Aecidiosporen unbekannt; Kaffeerost (*H. vastatrix*)
Ordng.: Ustilaginales	Brandpilze, Parasiten auf höheren Pflanzen, bilden dickwandige, diploide Dauer- (Brand)sporen, die den Teleutosporen der Rostpilze entsprechen
Fam.: Ustilaginaceae	Promyzel (Basidie) meist septiert, Meiosis im Promyzel, Sproßzellen lateral
Gattg.: Ustilago	Brand an Weizen, Gerste, Mais u. a. (*U. nuda, U. maydis*)
Fam.: Tilletiaceae	einzelliges Promyzel, Meiosis in Brandspore, die ins Promyzel einwandern; Sproßzellen als terminaler Kranz
Gattg.: Tilletia	Weizensteinbrand (*T. caries*)
Entyloma	Blattflecken an Ringelblume (*E. calendulae*), Dahlie (*E. dahliae*)
Urocystis	Roggenstengelbrand (*U. occulta*), Zwiebelbrand (*U. cepulae*)
Kl.: *Hymenomycetes*	Basidien in einem Hymenium

Tab. 1.5 (Forts.)

Klassifizierung	Merkmale, Hinweise auf Krankheiten
U.-Kl.: Phragmobasidiomycetidae	Basidie septiert
Ordng.: Auriculariales	meist Saprophyten auf Holz oder Schwächeparasiten
Gattg.: Helicobasidium	*H. purpureum* (*Rhizoctonia violacea*), violette Wurzelfäuleerreger, polyphag
U.-Kl.: Holobasidiomycetidae	Basidie unseptiert
Ordng.: Exobasidiales	vor allem Ericaceen befallende Parasiten, ohne Fruchtkörper, Basidien als Lager auf der Wirtsoberfläche
Gattg.: Exobasidium	Ohrläppchenkrankheit der Azalee (*E. japonicum*)
Ordng.: Aphyllophorales	makroskopisch sichtbare Fruchtkörper, Hymenium flach oder löcherige, stachelförmige, faltige Teile der Fruchtkörper überziehend
Gattg.: Serpula	Hausschwamm (*S. lacrimans*), Unterformen auch an lebenden Gehölzen
Corticium	*C. solani* (*Rhizoctonia solani*), Wurzeltöter der Kartoffel, polyphag
Stereum	*S. purpureum*, Blei- oder Silberglanz der Obstbäume
Typhula	Typhulafäule an Getreide (*T. incarnata*)
Fomes	Rotfäule an Nadelbäumen (*F. annosus*)
Ordng.: Agaricales	viele Hutpilze, meist Saprophyten, Mycorrhizabildner
Gattg.: Armillaria	Wurzelfäule an zahlreichen Gehölzen (*A. mellea* – Hallimasch)
Marasmius (Crinipellis)	Feenringe auf Rasen (*M. oreades*), Hexenbesen an Kakao (*C. perniciosus*)
Pleurotus	Weißfäule an Laubhölzern (*P. ostreatus* – Austernseitling)
U.-Abtlg.: **Deuteromycotina**	Fungi imperfecti, Hauptfruchtform unbekannt. In ihrer Mehrzahl Konidienstadien von Ascomyceten, Klassifizierung vor allem nach Form, Farbe, Septierung der Konidien und Art der Fruktifikation
Kl.: *Blastomycetes*	hefeartige Pilze, die sich durch Knospung vermehren
Ordng.: Sporobolomycetales	saprophytisch; verbreitete Phyllosphärenpilze, gelten
Gattg.: Sporobolomyces	als imperfekte Form von Basidiomyceten
Kl.: *Hyphomycetes*	myzelbildende Pilze; zahlreiche wichtige pathogene Arten
Ordng.: Agonomycetales	bilden keine Konidien (*Mycelia Sterilia*)
Gattg.: Rhizoctonia	vor allem an unterirdischen Pflanzenteilen (*R. solani*), polyphag
Gattg.: Sclerotium	Wurzel- und Stengelfäulen (z. B. *S. tuliparum*)
Phymatotrichum	Wurzelfäule an Baumwolle (*P. omnivorum*)
Ordng.: Hyphomycetales	Konidien auf hyalinen Hyphen oder auf nicht zusammengelagerten Konidienträgern
Fam.: Moniliaceae	hyalines Myzel, Konidien ein- oder mehrzellig (Abb. 1.13)
Gattg.: Verticillium	Welkeerreger (*V. albo-atrum, V. dahliae*)

Tab. 1.5 (Forts.)

Klassifizierung	Merkmale, Hinweise auf Krankheiten
Botrytis	Grauschimmel an vielen Pflanzenarten (*B. cinerea, B. tulipae*)
Piricularia	Blattflecken an Reis (*P. oryzae*)
Cercosporella	Halmbruch an Getreide (*C. herpotrichoides*)
Fam.: Dematiaceae	Myzel und Konidien meist dunkel (Abb. 1.13)
Gattg.: Cladosporium	Blattflecken auf zahlreichen Pflanzen (*C. fulvum*), Schwärzepilz (*C. herbarum*)
Helminthosporium	vor allem Blattflecken auf Gramineen (*H. gramineum*)
Alternaria	Blattflecken und Fäulen (*A. solani*)
Cercospora	Blattflecken (*C. beticola, C. musae, C. apii*)
Thielaviopsis	Wurzelfäule (*T. basicola*), weit verbreitet, polyphag
Ordng.: Stilbellales	Konidienträger zusammengelagert (Synnema)
Gattg.: Graphium	*G. ulmi*, Nebenfruchtform von *Ceratocystis ulmi*
Ordng.: Tuberculariales	Konidienträger in Sporodochien
Gattg.: Tubercularia	*T. vulgaris*, Nebenfruchtform des Rotpustelpilzes *Nectria cinnabarina*
Fusarium	große Gattung mit vielen wichtigen Pathogenen; nach Vorkommen von Mikrokonidien, Größe und Form der Makrokonidien und Chlamydosporen sowie nach Kulturmerkmalen in Sektionen gegliedert (*F. oxysporum, F. culmorum, F. sambucinum, F. graminearum, F. avenaceum, F. equiseti, F. solani; F. oxysporum* ist in mehr als 60 formae speciales unterteilt, vergl. 6.9)
Cylindrocarpon	Sporen unterscheiden sich durch zylindrische, abgerundete Form von *Fusarium; C. mali*, Nebenfruchtform von *Nectria galligena*
Kl.: *Coelomycetes*	Sporen entstehen in Sporenbehältern
Ordng.: Sphaeropsidales	Sporen in Pyknidien, unterschieden nach Form, Farbe u. Anordnung der Pyknidien und Form, Größe u. Farbe der Pyknosporen (Abb. 1.15)
Gattg.: Ascochyta	Blattflecken, Wurzel- und Stengelfäulen (*A. pisi*)
Coniothyrium	Flecken u. Fäulen an *Helleborus* (*C. hellebori*)
Phoma	Umfallkrankheiten (Strunkfäule bei Kohl, *P. lingam*)
Septoria	Blattflecken an zahlreichen Pflanzen, Spelzenbräune des Weizens (*S. nodorum*)
Ordng.: Melanconiales	bilden Acervuli (dichtstehende Konidienträger unter Kutikula oder Epidermis), brechen bei Reife hervor (Abb. 1.16). Brennflecken (Anthraknose) auf zahlreichen Pflanzen
Colletotrichum	Brennflecken an Gartenbohne (*C. lindemuthianum*)
Gloeosporium	Fruchtfäulen an Apfel (*G. perennans, G. album*)
Marssonina	Blattflecken an Walnuß (*M. juglandis*)
Pestalotia	Blattflecken an Rhododendron (*P. macrotricha*)

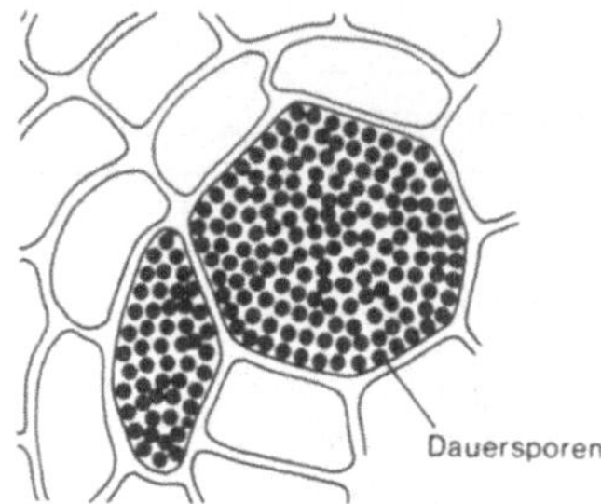

Abb. 1.20
Kohlhernie, hypertrophierte Wirtszelle mit Dauersporen von *Plasmodiophora brassicae*

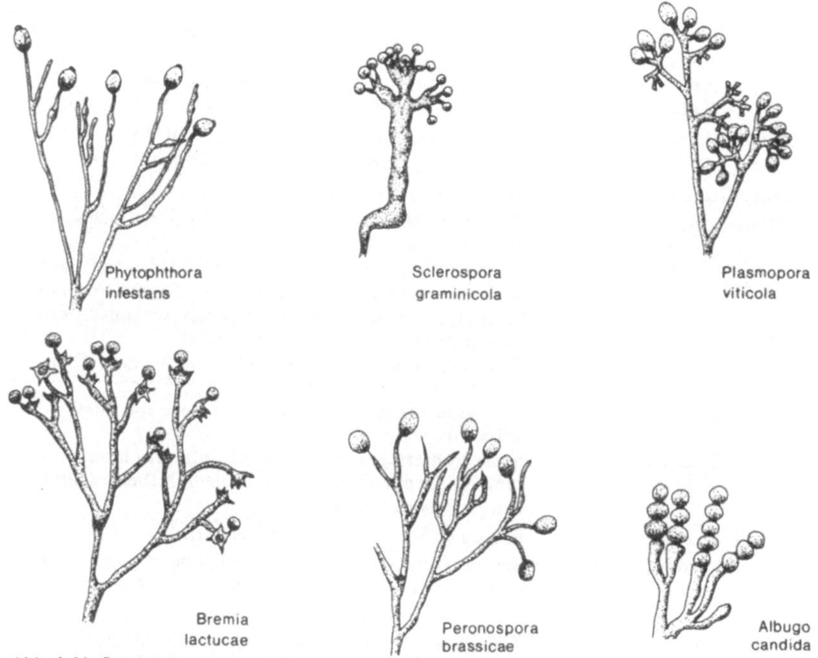

Abb. 1.21 Sporangienträger und Sporangien bei Peronosporales

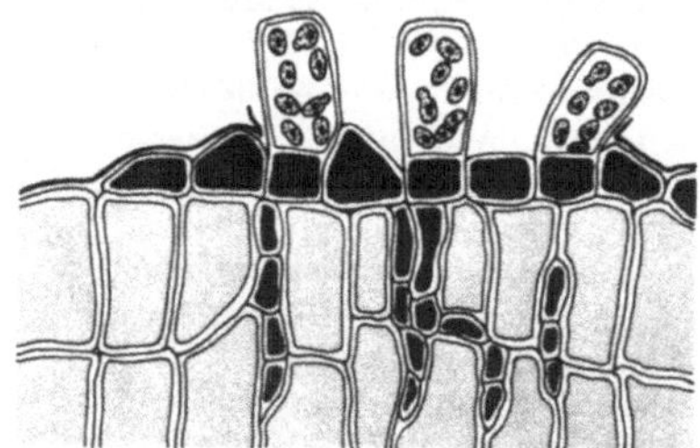

Abb. 1.22 Freistehende Asci (*Taphrina*)

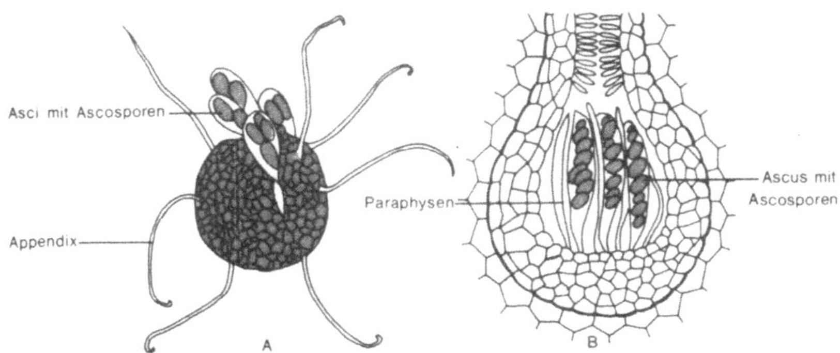

Abb. 1.23 Fruchtkörperformen bei Ascomyceten.
A Cleistothezium; B Perithezium

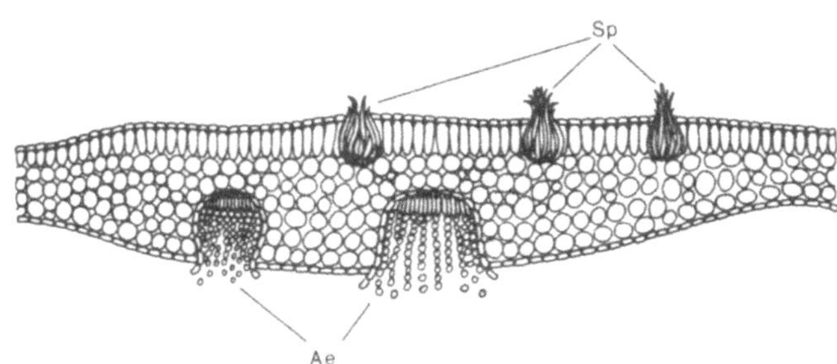

Abb. 1.24 *Puccinia graminis* an Berberitze. Spermogonien (Sp) mit Spermatien auf der Blattoberseite. Blattunterseits Aecidien (Ae) mit Aecidiosporen

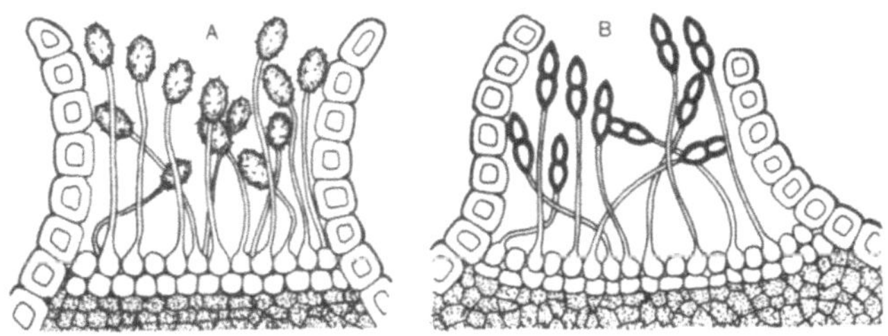

Abb. 1.25 Uredo- (A) und Teleutolager (B) von *Puccinia graminis* an Getreide

1.2.3.4 Parasitische Lebens- und Ernährungsweise Hinsichtlich ihres Parasitismus lassen sich die pilzlichen Erreger trennen in

– obligate Parasiten. Sie leben und vermehren sich ausschließlich auf lebendem Substrat (z. B. Echte und Falsche Mehltaupilze, Rostpilze). Ökologisch obligate Parasiten können zwar saprophytisch wachsen, treten in der Natur aber fast ausschließlich als Parasiten auf (z. B. *Phytophthora infestans*).

– fakultative Saprophyten. Sie verbringen den größten Teil ihres Lebens auf dem Wirt. Sie können zwar auch saprophytisch leben, ihren vollen Lebenszyklus aber nicht ohne ihren Wirt vollenden (z. B. *Taphrina deformans, Venturia inaequalis*).

– fakultative Parasiten können sowohl auf der Pflanze wie saprophytisch ihre volle Entwicklung abschließen. Es sind wenig spezialisierte Pilze, die meist ein weiteres Wirtsspektrum aufweisen (z. B. *Botrytis cinerea*). Die sogenannten Schwächeparasiten zählen dazu (z. B. *Rhizopus stolonifer*).

– obligate Saprophyten besitzen keine pathogenen Potenzen. Sie ernähren sich ausschließlich von totem Substrat.

Nach der Ernährungsform unterscheidet man Biotrophie, Perthotrophie und Nekrotrophie:

– Biotrophie liegt vor, wenn der Erreger sich nur von lebendem Substrat ernährt (obligate Parasiten),

– von Perthotrophie spricht man, wenn der Pilz lebendes Gewebe befällt, die Zellen abtötet und ihren Inhalt erst dann als Nahrung verwertet,

– bei Nekrotrophie ernährt sich der Pilz von totem Substrat, das er aber nicht selbst abgetötet hat.

1.2.3.5 Ökologie und Übertragung Infektionskrankheiten können sich nur durch fortlaufende Neuinfektionen halten, die durch Infektketten sichergestellt sein müssen. In tropischen Gebieten (oder im Gewächshaus) sind Wirtspflanzen oft während des ganzen Jahres vorhanden, so daß die Infektion unmittelbar von einem Wirt zum anderen erfolgt (kontinuierliche Infektkette). In der gemäßigten Zone liegt normalerweise eine diskontinuierliche Infektkette vor, da außerhalb der Vegetationsperiode die Übertragung des Erregers von Wirt zu Wirt unterbrochen sein kann. In ähnlicher Weise wirkt die Fruchtfolge, wenn der Anbau einer bestimmten Kulturpflanze auf einem bestimmten Standort zeitweise unterbleibt. Das Fehlen eines geeigneten Wirtes muß dann durch eine Ruheperiode oder durch eine saprophytische Phase überbrückt werden.

Einige parasitische Pilze verbringen ihr aktives, vegetatives Leben auf einer Pflanzenart. Die Sporen fallen zu Boden und bleiben dort inaktiv, bis sie wieder Kontakt zu einer Pflanze finden, an der sie wachsen und sich vermehren können (z. B. die Erreger des Maisbeulenbrandes und des Zwergsteinbrandes). Andere Pilze verbringen einen Teil ihres Lebens am Wirt als Parasiten, einen anderen als Saprophyten auf abgestorbenen Teilen dieses Wirtes (z. B. *Venturia inaequalis*).
Eine heterogene Infektkette liegt vor, wenn der Pilz nicht wirtstreu (autözisch), sondern wirtswechselnd (heterözisch) ist. Das gilt z. B. für *Puccinia graminis,* der in der gemäßigten Zone zum Überleben auf *Berberis*-Arten als Wechselwirt angewiesen ist.

Mit Hilfe eines Wechsels auf andere Wirte oder auf Neben- oder Ausweichwirte überleben auch zahlreiche, mehr oder weniger spezialisierte Erreger (z. B. *Ophiobolus graminis* an Ungräsern, *Plasmodiophora brassicae* an Unkraut-Cruciferen).

Andere Pilze wachsen aus befallenem Wirtsgewebe in den Boden aus und besiedeln saprophytisch anderes totes Pflanzenmaterial. Hierher gehören vor allem die bodenbürtigen Erreger, die oftmals einen weiten Wirtspflanzenkreis haben. Sie können sich im Boden meist viele Jahre ohne Wirt halten. Um ihre Populationsdichte aber zu erhalten, benötigen sie von Zeit zu Zeit einen geeigneten Wirt, da das fortwährende saprophytische Wachstum – wegen der starken Konkurrenz der reinen Saprophyten – zu einer mehr oder weniger raschen Verminderung der Populationsdichte führt. U. U. ist auch eine Vermehrung in der Rhizosphäre von Pflanzen möglich, die nicht von ihnen infiziert werden, oder die Pilze befallen die Wurzeln von Nicht-Wirten während der Seneszenz. Ein solcher Fall liegt bei der Vermehrung des Welkeerregers an Baumwolle (*Fusarium oxysporum* f. sp. *vasinfectum*) an Gerste und einem Ungras vor (Tab. 1.6).

Tab. 1.6 Vermehrungseinheiten (Teile je g Pflanzenmaterial oder Boden) von *F. oxysporum* f. sp. *vasinfectum* in Ernterückständen von Gerste und in Wurzeln und Wurzelhals von *Cyperus esculentus* sowie im Boden (nach S m i t h et al. Phytopathology **65**, 190, 1975)

		Anzahl der Vermehrungseinheiten des Pilzes			
Standort Nr.	Pflanze	Stroh	Wurzelhals	Wurzeln	Boden
18, 19, 20	Gerste	36000		85000	825
8, 9, 10	Gerste	8800		20000	44
1	*Cyperus*		30200		1577
2	*Cyperus*		64000		3170

Die wirtslosen Perioden werden von Pilzen in Form von Dauerstadien überbrückt, denn freies Myzel überlebt meist nur kurze Zeit in verhältnismäßig engen Temperatur- und Feuchtigkeitsbereichen. Zu den Dauerstadien, die trockenheitsfest, widerstandsfähig gegen Temperaturextreme, aber auch gegen Chemikalien sind, gehören:

– Dauersporen (z. B. von *Plasmodiophora, Synchytrium*), Oosporen, Teleutosporen, Brandsporen.

– Ascocarpien, die innerhalb des Pflanzengewebes unter einem stromatischen Geflecht erzeugt werden (z. B. *Venturia* spp., *Rhytisma acerinum, Lophodermium pinastri*)

– vegetativ entstandene Sporen (manche Chlamydosporen, dickwandige Konidien)

– Dauermyzelien (Sclerotien, Rhizomorphen).

Der Befall einer Pflanze setzt voraus, daß Infektionspartikeln zu ihr gelangen, Wirt und Erreger Kontakt finden. Prinzipiell kann das auf 3 Wegen erfolgen. Entweder findet der Erreger den Wirt oder der Wirt findet den Erreger oder der Kontakt zwischen ihnen wird nie unterbrochen. Die dabei beteiligten Mechanismen sind in Tab. 1.7 zusammengestellt.

Tab. 1.7 Möglichkeiten der Übertragung phytopathogener Pilze (nach G ä u m a n n 1951)

Übertragungsvorgang	Beispiele
1. Direkte Keimübertragung (direkt vom Spender zum Empfänger)	
– germinative Keimübertragung (von Mutterpflanze auf generative Nachkommen)	*Ustilago nuda*
– vegetative Keimübertragung (von Mutterpflanze auf vegetative Nachkommen)	*Verticillium spp.* (in Fechsern des Meerrettichs)
– adhärente Keimübertragung (der Oberfläche des Vermehrungsmaterials anhaftend, sehr verbreitet)	*Tilletia caries, Ustilago avenae, Helminthosporium gramineum*
2. Indirekte Keimübertragung (über ein Transportmittel)	
– autonome Ausbreitung (Zoosporen, aktives Wachstum)	Zoosporen-bildende Erreger; *Rhizoctonia solani*
– Anemochorie (Windübertragung, wichtigste Form der Ausbreitung, auch Übertragung in verwehten Regentropfen gehört hierher)	Brand-, Rost-, Mehltaupilze, *Venturia inaequalis*
– Hydrochorie (Übertragung durch Wasser, insbesondere Beregnungswasser)	*Pythium* spp., *Phytophthora* spp., *Gloeosporium fructigenum*
– Zoochorie (Übertragung durch Tiere)	*Ceratocystis ulmi* durch Ulmensplintkäfer, *Claviceps purpurea* durch zahlreiche Insekten
– Anthropochorie (Übertragung durch den Menschen, vor allem bei der Verfrachtung von Pflanzen und Pflanzenteilen, sehr wichtig für die Verschleppung von Krankheiten)	*Phytophthora infestans, Plasmopara viticola, Uncinula necator, Ceratocystis ulmi*

Im Boden breitet sich die Mehrzahl der Pilze durch aktives Wachstum nur langsam aus, manche (z. B. *Plasmodiophora brassicae*) praktisch überhaupt nicht. Sie sind darauf angewiesen, daß Wurzeln anfälliger Pflanzen in ihre Nähe gelangen. In erheblichem Umfange werden Bodenpilze durch die Tätigkeit des Menschen (Bodenbearbeitung, Transport des Saat- und Pflanzgutes, Bewässerung) verbreitet.

Für die Ausbreitung von Pilzen, die an oberirdischen Pflanzenteilen parasitieren, ist der Wind von überragender Bedeutung (Anemochorie). Bereits geringe Luftbewegungen, horizontale wie vertikale, reichen aus, um die aktiv oder passiv freigesetzten Sporen zu befördern. Ein m^3 Luft kann viele tausend Sporen enthalten. In geringen Mengen kommen sie noch in großen Höhen vor (über 10000 m). Die Sporen gelangen aufgrund der Schwerkraft auf die Erde zurück oder sie werden mit dem Wind oder mit Regentropfen auf die Pflanzen getragen.

Theoretisch sind der Verbreitung von Pilzsporen in der atmosphärischen Luft kaum Grenzen gesetzt. Praktisch aber nimmt schon wenige Meter vom Spender entfernt die Streudichte der Sporen steil ab, so daß eine Infektionskrankheit um ihren Ausgangsort am stärksten auftritt. Epidemiologisch sind jedoch die wenigen Sporen, die über weite Strecken transportiert werden, von Interesse, wenn sie infektionstüchtig einen geeigneten Wirt erreichen und einen neuen Infektionsherd verursachen.

1.2.3.6 Eindringen Das Zusammentreffen des Erregers mit seinem Wirt, also die letzte Phase der Übertragung wird als Inokulation bezeichnet. Die Erreger- oder Infektionspartikeln bilden das Inokulum. Bei Pilzen besteht es aus Konidien, Dauersporen, Sklerotien, Zoosporen, wachsendem oder ruhendem Myzel, Hyphensträngen (Rhizomorphen). Die Mehrzahl der Pilze dringt mit einzelnen Hyphen (Penetrationshyphen), die aus dem Inokulum hervorgehen, in den Wirt ein. Bei niederen Pilzen entlassen Zoosporen ihren gesamten Protoplasten in das Innere der Wirtszelle (z. B. *Synchytrium endobioticum*). Von Vektoren übertragene Sporen keimen auch innerhalb des Wirtes (z. B. *Ceratocystis ulmi*).

Eine einzelne Partikel kann u. U. zur Infektion ausreichen. Im allgemeinen steigt aber der Infektionserfolg bis zu einer bestimmten Grenze mit der Inokulumdichte. Die optimale Inokulumdichte schwankt von Wirt-Parasit-Paar zu Wirt-Parasit-Paar. Innerhalb einer gegebenen Kombination kann sie von der Aggressivität des Erregers, den Umweltbedingungen, u. U. auch vom Resistenzgrad der Wirtssorte mitbestimmt werden.

Viele Sporen oder Dauerorgane wie Sklerotien sind nach ihrer Bildung sofort keimfähig; andere benötigen eine Reifezeit. Die äußeren Bedingungen, insbesondere Feuchtigkeit, Temperatur, pH-Wert, Licht, müssen den Ansprüchen entsprechen, die Keimung und erfolgreiche Penetration stellen. Diese können außerordentlich unterschiedlich sein. Für die Mehrzahl der Pilze ist hohe Feuchtigkeit eine unerläßliche Voraussetzung zur Sporenkeimung. Die Keimungsrate fällt meist stark ab, wenn die relative Luftfeuchtigkeit unter 95% sinkt. Sporangien der Falschen Mehltaupilze benötigen zur indirekten Keimung flüssiges Wasser. Die Blätter müssen eine bestimmte, von der Temperatur abhängige Zeit feucht bleiben. Die Eindringungsrate von *Cercospora beticola* wird z. B. merklich erhöht, wenn die Blattnässe von Trockenperioden unterbrochen ist. Die Keimung mancher Pilze kann im Wasser infolge Sauerstoffmangels unterbleiben. Einige Echte Mehltaupilze benötigen, da sie selbst sehr wasserreich sind, keine äußere Feuchtigkeit zur Keimung. Sporen mancher Arten keimen nur, wenn das Keimungsmedium Nährstoffe enthält. Keimung und Hyphenwachstum können von der Phyllosphärenflora beeinflußt werden.

Die Eintrittswege der Pilze führen über die natürlichen Öffnungen des Pflanzenkörpers (vor allem Stomata und Lentizellen), Wunden oder die intakte Oberfläche, die zahlreiche Pilze im Gegensatz zu Viren und Bakterien durchdringen können. Durch Vektoren können Sporen oder Hyphen auch direkt ins Gewebe eingeführt werden. Der Weg in die Pflanze ist nicht nur für zahlreiche Erregerarten, manchmal auch für bestimmte Formen einer Art charakteristisch, zuweilen hängt er auch von Umweltbedingungen ab.

Durch Stomata dringen z. B. ein: *Plasmopara viticola*, der Falsche Mehltaupilz der Reben, *Puccinia*-Arten in der Uredoform; Lentizellen als Eintrittspforte benutzt *Gloeosporium perennans,* Erreger einer Apfelfruchtfäule. Durch die intakte Oberfläche dringen z. B. die Keimschläuche der Basidiosporen von *Puccinia graminis,* die Echten Mehltaupilze oder der Erreger der Krautfäule der Kartoffel, *Phytophthora infestans* ein. Es gibt zahlreiche Pilze, die auf verschiedenen Wegen in die Pflanze gelangen können (z. B. *Botrytis cinerea, Helminthosporium sativum*). Typische Wundparasiten sind z. B. *Nectria galligena* (Obstbaumkrebs), *Leptosphaeria coniothyrium* (Rutensterben der Himbeere) und *Stereum purpureum* (Bleiglanz). Blattnarben sind als Eintrittspforten besonders bei holzigen Gewächsen von außerordentlicher Bedeutung.

Entsprechend der Natur der Sporen erfolgt ihre Keimung auf verschiedenen Wegen, für die zuweilen äußere Faktoren maßgebend sind. Die Sporangien einiger Oomyceten bilden stets Zoosporen (z. B. *Plasmopara viticola*). Andere (z. B. *Peronospora* spp.) keimen immer direkt mit einem Keimschlauch. *Phytophthora infestans* entläßt bei niedrigen Temperaturen Zoosporen (indirekte Keimung), bei höherer Temperatur keimt das Sporangium mit einem Keimschlauch (direkte Keimung). Die Teleutosporen der Rostpilze und Brandsporen der Brandpilze bilden bei ihrer Keimung eine Basidie (Promyzel), an der die Basidiosporen entstehen.

Zoosporen werden mitunter von Ausscheidungen der Pflanze spezifisch angezogen. Das gilt z. B. für Zoosporen von *Phytophthora cinnamomi,* die sich gerichtet auf die Streckungszone der Wurzelspitze von Avocado hin bewegen. Die Zoosporen von *Plasmopara viticola* schwimmen aufgrund chemischer und physikalischer Reize zu den Spaltöffnungen der Rebblätter, wo sie enzystieren und dann mit einem Keimschlauch eindringen.

Der Befallsvorgang durch intakte Oberflächen läßt sich am Beispiel einer auf einem Blatt auskeimenden Spore darstellen. Der aus der Spore hervorgehende Keimschlauch wächst auf der Blattoberfläche in engem Kontakt mit der Cuticula. Dabei kann mitunter ein teilweises Auflösen der oberen Wachsschicht beobachtet werden. Bei manchen Erregern (z. B. *Fusarium*-Arten) fusionieren häufig die Keimschläuche (Abb. 1.26). Diese werden dadurch kräftiger und offensichtlich infektionstüchtiger. Auch auf der Pflanzenoberfläche vorhandene Nährstoffe können Erreger begünstigen. Dem Eindringen von Pilzen in die Pflanze geht meist die Ausbildung von Haftorganen (Appressorien) voraus. Ihre

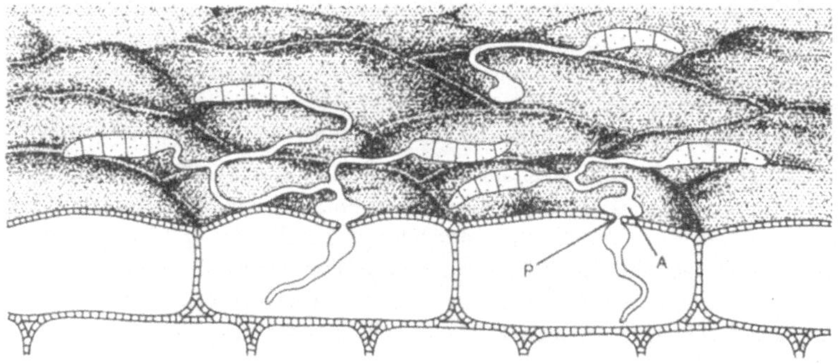

Abb. 1.26 Keimende *Fusarium*-Sporen auf einer Pflanzenoberfläche. Die Keimschläuche fusionieren und bilden Appressorien (A); Penetrationshyphen (P) dringen in die Zelle ein

Bildung kann durch chemische oder physikalische Reize, die von der Cuticula ausgehen, angeregt werden. Bei manchen Wirt-Parasit-Kombinationen werden an resistenten Sorten keine Haftorgane ausgebildet.

Das Appressorium entsteht durch Anschwellung der Spitze des Keimschlauchs. Umgeben von einer schleimigen Masse wird es meist tief und fest in die cuticulären Wachsschichten eingebettet. Nach einer gewissen Reifezeit wird an der Unterseite des Appressoriums eine keilförmige, spitze Penetrationshyphe gebildet, welche die Cuticula durchstößt. Analoge Organe sind die sogenannten Infektionskissen (infection cushions), die entweder von Einzelhyphen oder von einer Aggregation zahlreicher Hyphen gebildet werden (z. B. von *Rhizoctonia, Sclerotium, Sclerotinia, Botrytis*).

Der genaue Mechanismus dieses Eindringungsprozesses ist noch nicht in allen Einzelheiten geklärt. Insbesondere ist die Beteiligung von Enzymen bei der Durchdringung der Cuticula noch offen. Cutinasen wurden bislang nur bei wenigen phytopathogenen Pilzen nachgewiesen. Möglicherweise beruht das darauf, daß die Enzyme nur zeitlich begrenzt während des Penetrationsvorgangs und lokalisiert um die Hyphenspitze herum gebildet werden. Penetrationshyphen können erhebliche Drücke (mehr als 7 atm) ausüben, ausreichend für das mechanische Durchstoßen der Cuticula. Elektronenoptische Bilder zeigen, daß die Cuticula durch die Penetrationshyphe mechanisch nach innen eingedrückt werden kann. Wahrscheinlich sind bei dem Penetrationsvorgang, der oft in wenigen Minuten beendet ist, sowohl mechanische wie chemische Prozesse beteiligt. Nach dem Durchdringen der Cuticula nimmt die Penetrationshyphe wieder normale Größe an.

Die folgenden Schichten (Mittellamelle, äußere Zellwand der Epidermis) werden vom Erreger enzymatisch degradiert und dann durchstoßen. Es ist mehrfach beobachtet worden, daß die Zellwand um die Hyphenspitze sich verdünnt oder sogar ganz fehlt. Um die Penetrationsstelle in der Zellwand treten häufig Hofbildungen auf, ein Hinweis auf Änderungen in der Zusammensetzung der Zellwand. Auf das Eindringen mancher Parasiten reagiert die Epidermiszelle zuweilen mit einem Anschwellen der epidermalen Wand und dem Aufbau einer pathogen-induzierten Wandverdickung an der Innenseite der Zellwand unmittelbar unter dem apikalen Ende des Appressoriums (vgl. Abschn. 4.1).

Eine besondere Form des direkten Eindringens liegt bei *Polymyxa betae* und *Plasmodiophora brassicae* vor. Der nackte Erregerprotoplast wird dabei direkt in die Wirtszelle injiziert: Die an die Wurzelhaare gelangten Zoosporen enzystieren innerhalb weniger Minuten und verbleiben dort für etwa drei Stunden. In dieser Zeit bilden sie den Eindringungsapparat, der im wesentlichen aus Rohr und Stachel besteht. Etwa 15 Minuten vor der Penetration dehnt sich die Vakuole in der Zyste aus. Es entsteht eine knollenförmige Ausstülpung, mit der die Spore fest an der Oberfläche des Wurzelhaares haftet. Das Rohr mit dem Stachel wird in die Ausstülpung vorgeschoben. Von hier aus dringt der Stachel innerhalb von 1 Sekunde durch die Wurzelhaarwand ein und bringt den amöboiden Parasiten in den Wirtsprotoplasten. Dieses Eindringen wird als ein im wesentlichen mechanischer Vorgang angesehen.

1.2.3.7 Ausbreitung in der Pflanze Nach dem Eindringen breiten sich die Pilze in der Pflanze mehr oder weniger stark aus. Sie unterscheiden sich dabei in ihrem Ausbreitungsweg und in ihrer Affinität zu bestimmten Pflanzenteilen. Bestimmt wird dies in erster

Linie von der Ernährungsweise des Pilzes und von bislang noch kaum ergründeten Besonderheiten der Wirt-Parasit-Beziehungen.

Vom Infektionsort aus breiten sich die Pilze interzellulär und/oder intrazellulär in der Pflanze aus. Bei interzellulärem Wachstum, zu dem manche Pilze nur befähigt sind, wird durch Degeneration der Mittellamelle der Zellverband gelockert, so daß die Hyphen zwischen den Zellen wachsen können.

Andere Pilze, vor allem obligate Parasiten, wachsen interzellulär, senden aber Seitenäste in die Zellen hinein, in denen sie zu besonderen Organen, den Haustorien umgebildet werden. Diese enthalten gewöhnlich alle wesentlichen Bestandteile einer Pilzzelle. In Abhängigkeit von Erreger- und Wirtsart treten Unterschiede in Größe und Form auf. Auch mehrere Haustorien können in einer Zelle vorkommen. Die Struktur eines Haustoriums gibt Abb. 1.27 wieder. Das Cytoplasma des Wirtes wird vom Pilz nicht penetriert, sondern invaginiert. Eine sackähnliche Schicht, die sich zwischen Haustorium und Wirtsprotoplasma ausbildet (extrahaustoriale Matrix, Encapsulation oder Scheide), verhindert den unmittelbaren Kontakt zwischen ihnen. Vermutlich wird sie überwiegend von der Wirtszelle gebildet. Die Funktion des Haustoriums ist darin zu sehen, die Wirtszelle der Ernährung des Pilzes nutzbar zu machen, sie aber dennoch über eine längere Zeitdauer funktionsfähig zu erhalten, da der Erreger auf eine lebende Zelle angewiesen ist.

Auch in einem symbiontischen Verhältnis, wie es die endotrophe Mycorrhiza darstellt, bildet der Pilz haustorienähnliche Strukturen. Das temporäre Gleichgewicht zwischen

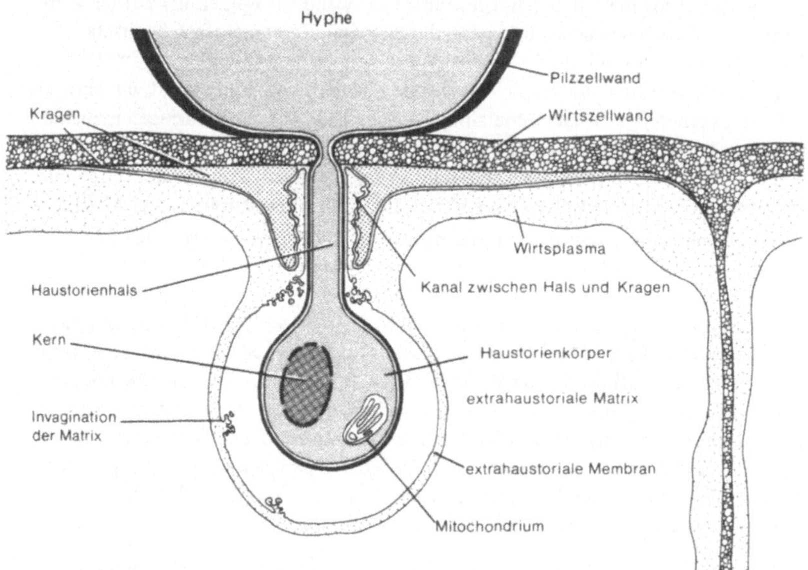

Abb. 1.27 Schema eines Haustorium von *Erysiphe graminis* (nach Bracker, Phytopathology 58, 12, 1968)

den Partnern verschiebt sich hier jedoch zugunsten des Wirtes, der Teile des Pilzes im Plasma resorbiert.

Einzelheiten über Entwicklung und Leistung sind z. B. an Haustorien von *Erysiphe graminis* f. sp. *hordei* untersucht worden (Hirata 1973). Sie benötigen ungefähr 4 Tage zur Reife. Etwa 10 Std. nach Beginn des Wachstums eines Haustoriums überführt es Nährstoffe an die Hyphen. Die Fähigkeit zur Nährstoffabsorption nimmt mit seiner Reife zu. Später trennt sich die extrahaustoriale Matrix von der Haustorienoberfläche, das Wirtsprotoplasma wird weggedrückt, so daß kaum noch Nährstoffe absorbiert werden können. Ein Haustorium ernährt schätzungsweise 1 bis 1,3 Konidienträger, die jeden Tag 8 bis 10 Konidien bilden, d. h. ein Haustorium ermöglicht die Bildung von etwa 50 Konidien.

Eine besondere Form intrazellulären Wachstums findet sich bei endobiotisch lebenden niederen Pilzen (z. B. *Plasmodiophora brassicae*). Das zellwandlose Plasmodium kriecht amöboid von Zelle zu Zelle weiter, es kann sich gleichzeitig mit der Zelle teilen und auf die Tochterzellen verteilt werden.

Zahlreiche Pilze breiten sich in ihrem Wirt nur wenig aus, sie bleiben im wesentlichen auf eine schmale Zone um die Eintrittspforte begrenzt. Andere Pilze durchwuchern die Pflanze über weitere Strecken oder durchwachsen gar den größten Teil ihres Wirtes, ohne jedoch notwendigerweise in allen befallenen Teilen Symptome zu verursachen (diese, auch systemische Infektion genannte Form der Besiedlung ist bei Virosen häufiger als bei Mykosen).

Nur wenige Pilze durchwuchern wahllos den ganzen Pflanzenkörper. Die Mehrzahl hat eine mehr oder weniger stark ausgeprägte Affinität zu bestimmten Pflanzenteilen, Geweben oder Organen. Einige Beispiele solch spezifischer Besiedlung sind in Tab. 1.8 aufgeführt.

Tab. 1.8 Beispiele besonderer Affinität von Pilzen zu bestimmten Pflanzenorganen und -teilen

Pflanzenteile	Pilze
Wurzeln	*Aphanomyces* spp., *Glomus* spp., *Plasmodiophora brassicae*, *Thielaviopsis basicola*
Stengel- und Stammbasis	*Cercosporella herpotrichoides*, *Phytophthora cactorum* (an *Apfel*)
Blätter	*Puccinia recondita*, *Cercospora beticola*, *Cladosporium fulvum*, *Pseudopeziza* spp.
Abschlußgewebe	Echte Mehltaupilze, *Venturia inaequalis*, *Diplocarpon rosae*
Gefäße	*Fusarium oxysporum*, *Verticillium* spp., *Ceratocystis ulmi*
Generative Organe	*Claviceps purpurea*, *Ustilago nuda*, *U. violacea*, *Tilletia caries*

Sehr strenge organspezifische Infektionen, wie sie z. B. beim Mutterkorn vorliegen, sind verhältnismäßig selten. In der Regel infizieren Erreger zwar mehrere Organe oder Pflanzenteile, dennoch können spezifische Affinitäten vorliegen. Rost- und Echte Mehltaupilze z. B. sind oftmals nicht auf bestimmte Pflanzenteile beschränkt. Die Gewebespezifität liegt darin, daß Rostpilze nur assimilierendes Parenchym, die Mehrzahl der Echten Mehltaupilze nur die Epidermiszellen besiedeln. Zahlreiche Krankheiten an holzigen Gewächsen sind auf die Rinde beschränkt (z. B. *Nectria* spp., *Endothia parasitica, Dothichiza populea*).

1.2.3.8 Symptome Eine von Krankheitserregern befallene Pflanze zeigt in der Regel Abweichungen vom normalen Bild einer gesunden Pflanze. Diese Krankheitserscheinungen (Symptome) sind die Grundlage des Erkennens einer Krankheit (siehe Diagnose, 7.1). Die von Pilzen verursachten Krankheitssymptome lassen sich im wesentlichen zusammenfassen in: Welken, Verfärbungen, Absterbeerscheinungen, Formveränderungen.
Als W e l k e wird eine auf Turgorverlust beruhende Gewebeerschlaffung bezeichnet, die auf Störungen im Wasserhaushalt der Pflanzen zurückgeht (vgl. Abschn. 4.8 und 6.9).
V e r f ä r b u n g e n sind alle Abweichungen von der normalen Färbung einer Pflanze. Sie können sich auf ganze Pflanzenteile, auf einzelne Organe oder einzelne Zellkomplexe erstrecken. Verfärbungen treten vor allem als Folge der Veränderungen der Plastiden, insbesondere der Chloroplasten auf. Eine charakteristische Verfärbung ist die Weißährigkeit bei Getreide, u. a. bedingt durch Fußkrankheiten. Eine rötlich-violette Färbung des Laubes am Apfel ist u. a. die Folge des Befalls durch *Phytophthora cactorum*. Der Milch-, Silber- oder Bleiglanz der Obstbäume (*Stereum purpureum*) ist eine weitere Allgemeinverfärbung. Sie wird hervorgerufen durch den Eintritt von Luft ins Blatt als Folge einer pathologisch bedingten Trennung der Epidermis von den Mesophyllzellen. Bräunungen und Schwärzungen deuten tiefergehende pathologische Eingriffe an und treten beim Absterben des Pflanzenteils auf und leiten zu den Absterbeerscheinungen über.

Der Merkmal der A b s t e r b e e r s c h e i n u n g e n (Nekrosen) ist, daß einzelne Zellen, Zellgruppen, Gewebepartien, Organe oder Pflanzenteile unter dem Einfluß des Erregers zugrunde gehen. Der Begriff wird hier sehr weit gefaßt und schließt so unterschiedliche Krankheitserscheinungen ein wie:

– Umfallkrankheiten der Keimpflanzen (Befall von Wurzelhals, Wurzeln und Hypokotyl, z. B. durch *Pythium* spp., *Olpidium brassicae*),

– Wurzel- und Stengelbasisfäule (z. B. durch *Fusarium* spp., *Cercosporella herpotrichoides*),

– Flecken an Blättern, Stengel, Blüten, Früchten. Die Flecken lassen sich durch ihre Farbe (z. B. braun, schwarz, weiß), durch ihre Größe, die Art ihres Saumes (diffus, scharf abgegrenzt, gefärbte Randzone) näher beschreiben. Brennflecken sind braune, vertrocknete, etwas eingesunkene Flecke (Anthraknosen),

– Weich- und Trockenfäulen. Sie sind nach der Konsistenz der zerstörten Gewebe benannt. Diese Fäulen werden oftmals nach ihrer Farbe (Weiß-, Braun-, Grünfäule u. a.)

oder nach den betroffenen Organen (Frucht-, Wurzel-, Knollen-, Krautfäule) unterschieden,

– Brande, Zweigsterben. Unter Brand versteht man Krankheiten, bei denen in bestimmten Geweben dunkles „brandiges“ Pulver sichtbar wird (Dauersporen der Ustilaginales, vor allem an Getreide). Beispiele für Zweigsterben: Spitzendürre an Obstbäumen (*Sclerotinia* spp.), Ast- und Baumsterben des Steinobstes (*Valsa* spp.).

Unter Formveränderungen werden anormales Wachstum sowie alle Abweichungen vom normalen Habitus der Pflanze oder einzelner Pflanzenteile verstanden. Sie lassen sich gliedern in einfache Formveränderungen, z. B. Blattrollen (sind nur selten ein charakteristisches Symptom bei Pilzbefall), Hypertrophien und Hypoplasien. Übernormale Zellvergrößerung oder Zellvermehrung führt zu Wachstumsprogressionen (Hypertrophien), Symptome, die nach Pilzbefall verhältnismäßig häufig sind. Hierher gehören insbesondere:

– Gallen- und krebsartige Wucherungen (z. B. Kohlhernie, Kartoffel- und Obstbaumkrebs, Maisbeulenbrand, Blasenroste)
– Blattkräuselungen (z. B. nach *Taphrina*-Befall)
– Hexenbesen, ein deformiertes Sproßsystem, das nach pathologisch gesteigerter Verzweigung auftritt (verursacht z. B. durch manche Rostpilze oder *Taphrina* spp.)

Wachstumshemmungen (Hypoplasien) sind ein häufiges Symptom und treten als Stauchungen, Verzwergungen, Verkrümmungen oder andere Hemmungen des normalen Wachstums- und Entwicklungsablaufes in Erscheinung. Beispiele sind die Halmverkürzung des Weizens bei Zwergsteinbrandbefall (*Tilletia contraversa*), der Erstickungsschimmel der Gräser (*Epichloe typhina*), Kümmerwuchs von Mais und Hirse nach Befall mit *Sclerospora sorghi* (Falscher Mehltau), verkümmerte Kartoffelknollen bei *Rhizoctonia*-Befall, Schmachtkörner bei Getreide nach Befall mit *Ophiobolus graminis, Septoria nodorum, Cercosporella herpotrichoides, Fusarium* spp. oder anderen Pilzen.

Weiterführende Literatur

Ainsworth, G. C.: Ainsworth & Bisby's Dictionary of the fungi. 6 Ed. Commonwealth Mycolog. Inst. Kew 1971
Alexopoulos, C. J.: Einführung in die Mykologie. Stuttgart 1966
Gäumann, E.: Pflanzliche Infektionslehre. Basel 1951
Gäumann, E.: Die Pilze. Basel 1964
Hirata, K.: Some aspects of the hyphal growth of the barley powdery mildew fungus, *E. graminis* f. sp. *hordei*. Forsch. auf dem Gebiet der Pfl. krankh. (1973) **8**, 85 bis 101
Müller, E.; Loeffler, W.: Mykologie. Stuttgart 1968
Wood, R. K. S.: Physiological Plant Pathology. Oxford, Edinburgh 1967

1.2.4 Parasitische Blütenpflanzen

Parasitische Samenpflanzen treten nur in bestimmten Familien der Dikotyledonen auf, bei Gymnospermen und Monokotyledonen fehlen sie (Tab. 1.9). Nur wenige sind als Schaderreger an Kulturpflanzen von wirtschaftlicher Bedeutung. Zu diesen gehören vor allem Arten folgender Gattungen: *Alectra, Arceuthobium, Cuscuta, Orobanche, Striga.*

Tab. 1.9 Übersicht über Merkmale parasitischer Samenpflanzen

Familie und Gattung	Formen des Parasitismus	wichtige Wirtspflanzen	Bekämpfung, Bemerkungen
Santalaceae *Thesium*	Wurzelparasiten, Halbparasiten	mono- u. dikotyle Pflanzen (Europa), Zuckerrohr *(T. australe)*	Kulturmaßnahmen, (Herbizide); in Europa ohne besondere wirtschaftliche Bedeutung
Loranthaceae		zahlreiche	mechanische Entfernung befallener Pflanzen oder Pflanzenteile; Arceuthobium spp. verursachen erhebliche Schäden
Viscum	Epiphyten,	Laubhölzer	
Loranthus	Halbparasiten	Eiche (S-Europa)	
Arceuthobium	Epiphyten, Vollparasiten	Nadelgehölze (Nord- u. Mittelamerika)	
Convolvulaceae *Cuscuta*	windend, Vollparasiten	Klee, Luzerne, Lein, Hopfen u. a.	Saatgutreinigung, Fruchtfolge (Herbizide)
Scrophulariaceae *Rhinanthus* *Euphrasia* *Lathraea* *Pedicularis* u. a.	Wurzelparasiten, überwiegend Halbparasiten (*Lathraea* ist Vollparasit)	monokotyle und dikotyle Grünlandpflanzen	Kulturmaßnahmen, (Herbizide)
Striga		Mais, Hirse (Afrika, Asien, Amerika)	Fangpflanzen, Fruchtfolge, Herbizide, Kulturmaßnahmen; verursachen erhebliche Schäden
Alectra		Leguminosen, Zuckerrohr (Afrika)	
Orobanchaceae *Orobanche*	Wurzelparasiten, Vollparasiten	Klee, Kartoffel, Tomate, Tabak, Hanf u. a.	Fruchtfolge, Saatgutreinigung, Einsammeln der Blütenstände (Herbizide)
Aeginetia		Zuckerrohr	

Hinsichtlich der parasitischen Form sind zu unterscheiden:

– Halbparasiten: Sie besitzen voll ausgebildete Laubblätter, sind also zur Assimilation befähigt. Ihr Parasitismus beschränkt sich auf Wasser- und Nährsalzentnahme.

– Vollparasiten: Assimilationsorgane fehlen weitgehend. Entweder ist überhaupt keine

Beblätterung vorhanden oder die Blätter sind zu sehr chlorophyllarmen, wenn nicht chlorophyllfreien Schuppen reduziert.

Nach ökologischen Gesichtspunkten lassen sich die parasitischen Spermatophyten unterteilen in:

– Wurzelparasiten: Sie wachsen im Boden auf den Wurzeln ihrer Wirtspflanzen und bilden oberirdisch Stengel, Blätter und Blüten.

– Sproßparasiten (Epiphyten): Sie befallen die Rinde und Zweige vor allem holziger Gewächse.

– Windende Parasiten: Der Same keimt im Boden. Der winzige Sproß sucht mit kreisenden Bewegungen einen Wirt, der spiralig umwunden wird. Der untere Teil des Parasitenstengels stirbt ab, so daß die Verbindung zum Boden unterbunden ist.

Charakteristisch für parasitische Pflanzen ist ihre Fähigkeit zur Haustorienbildung. Diese Haustorien unterscheiden sich erheblich in Entstehung, Struktur und im Funktionsmechanismus von den pilzlichen (vgl. Abschn. 1.2.3.7). Man kann sie als stark modifizierte Wurzeln betrachten, die als physiologische Brücke zwischen Wirt und Parasit dienen, über die Stoffe vornehmlich in Richtung Parasit „fließen". Halbparasiten zapfen meist nur das Xylem an und entnehmen Wasser und Nährsalze, während die auf Assimilate angewiesenen chlorophyllfreien Vollparasiten auch in das Phloem Haustorien schicken. Der Nährstoff- und Wasserentzug führen zur Wachstumshemmung, in schweren Fällen zum Absterben des Wirtes. Nutzholz kann durch Haustorien (bei Mistel „Senker" genannt) entwertet werden. *Cuscuta*-Arten spielen als Virusüberträger eine Rolle.

Weiterführende Literatur

K ö h l e r, E.: Parasitische Samenpflanzen. In: S o r a u e r, P., Handbuch der Pflanzenkrankh. 3. Bd., II. Berlin 1932, S. 866–897

K u i j t, J.: The biology of parasitic flowering plants. Los Angeles 1969

2 Enzyme, Toxine, Wachstumsregler

2.1 Allgemeines

Phytopathogene Organismen ernähren sich von ihren Wirtspflanzen. Dazu müssen sie sich Zugang zu deren Nährstoffreservoir verschaffen. Die Pflanze wird dabei mehr oder weniger stark strukturell geschädigt, ihr Stoffwechsel gestört und durch Entzug von Nährstoffen weiterhin beeinträchtigt. Die Erreger verfügen über Hilfsmittel, um die Pflanze den eigenen Bedürfnissen dienstbar zu machen. Zu ihnen zählen vor allem Enzyme und Toxine, daneben auch Wachstumsregulatoren. Daraus darf aber nicht verallgemeinernd gefolgert werden, daß sie einzeln oder gemeinsam die Faktoren darstellen, die das Wesen der Pathogenität ausmachen. Ihre Rolle bei der Krankheitsentstehung ist größtenteils noch ungeklärt.

Pflanzliche Zellen sind von festen Wänden umgeben, die aus einer porösen, amorphen Grundmasse bestehen, in die Zellulose-Mikrofibrillen eingebettet sind. Nur eine relativ geringe Anzahl polymerer Komponenten bilden die Hauptbestandteile der Zellwand (Tab. 2.1). Man unterscheidet drei Schichten: primäre und sekundäre Zellwand, Mittellamelle. Die in wachsenden und lebenden Zellen vorhandene Primärwand besteht im wesentlichen aus Zellulose und anderen Polysacchariden (Hemizellulosen, Pektine).

Tab. 2.1 Polymere Bestandteile der Zellwände von *Acer pseudoplatanus* (nach Albersheim et al.: Biogenesis of plant cell wall polysaccharides. New York 1973)

Komponente	% Anteil an Zellwand	
Cellulose	23	
Hemicellulose		
Xyloglucan		21
Pektine	36	
Rhamnogalacturonan		16
Arabinan		10
4-Galactan		8
3,6-Arabinogalactan		2
Glycoprotein	19	
Protein		10
Hydroxyprolinarabinosid		9

Auch Protein, das meist reich an Hydroxyprolin ist, kommt hier vor. Lignin kann später eingelagert werden. Die innen angelagerte sekundäre Wand tritt in physiologisch nicht aktiven Zellen auf. Sie ist sehr dick, nicht dehnbar, geschichtet und mit Lignin inkrustiert. Dort ist der Anteil an Zellulose größer, an Pektinstoffen und Hemizellulosen geringer als in der Primärwand. Benachbarte Zellen sind durch eine interzellulare Schicht, die Mittellamelle, voneinander getrennt, die aus Derivaten der Polygalacturonsäure und einigen Pentosan- und Glucosan-Polymeren besteht. Die Carboxylgruppen der Uronsäure sind mehr oder weniger stark mit Methanol verestert. Bei einem Methylierungsgrad von mehr als 75% spricht man von Pektin, bei geringerer bzw. fehlender Methylierung von Pektininsäure bzw. Pektinsäure. Die Carboxylgruppen können Kalzium-, Magnesium-, Eisensalze bilden. Durch Brückenbildung der bivalenten Kationen entsteht ein Netzwerk untereinander verbundener Pektinmoleküle.

Oberirdische Pflanzenteile sind fast immer von einer mehrschichtigen Kutikula bedeckt. Die Verbindung zur epidermalen Zellwand bildet eine aus Kutin, Zellulose und Pektin bestehende Lage. Es schließt sich nach außen eine Kutinschicht (Polymere aus Fetten und Hydroxyfettsäuren) an. Den Abschluß bildet oftmals eine Wachsschicht, die strukturiert sein kann.

2.2 Enzyme

Wenn Krankheitserreger auf die Zellwand stoßen, erkennen sie deren chemische Struktur. Sie haben die Fähigkeit zur Bildung geeigneter Enzyme entwickelt, die die Wand durchlässig machen. Eine Schlüsselrolle nehmen hierbei Enzyme mit pektolytischen Aktivitäten ein. Von diesen gibt es zwei Hauptformen, die Ketten-spaltenden Enzyme und die Pektin-Methyl-Esterasen (Abb. 2.1). Letztere (PME) spalten die Esterbindungen zwischen Carboxyl-Gruppen und Methanol. Es entstehen Pektinsäure und Methanol.

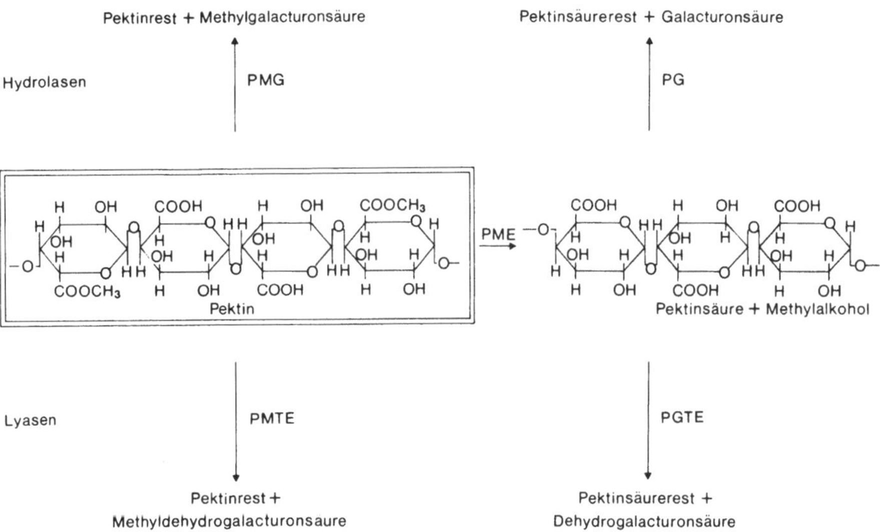

Abb. 2.1 Schema des Pektinabbaus (Abkürzungen siehe Text)

Diese Enzyme sind maßgebend für die Entstehung freier, zur Reaktion befähigter Carboxylgruppen. Die Ketten-spaltenden Enzyme lösen die α-1,4-glykosidische Bindung zwischen angrenzenden Galakturonsäureresten. Nach dem Mechanismus der Spaltung lassen sie sich einteilen in:

– Hydrolasen, die durch Hydrolyse die glykosidische Bindung spalten; Polymethylgalakturonasen (PMG) spalten Pektine in Pektinrest und Methylgalakturonsäure; Polygalakturonasen (PG) spalten Pektinsäure in Pektinsäurerest und Galakturonsäure,

– Transeliminasen oder Lyasen: hier entsteht durch Transelimination eines Protons von C_5 eine Doppelbindung zwischen C_4 und C_5 des abgespaltenen Pektinbausteines. Die Pektinmethyltranseliminasen (PMTE) spalten Pektin, während die Pektinsäure von den Polygalakturonaltranseliminasen (PGTE) gespalten wird. Es entstehen Pektinrest plus Methyldehydrogalakturonsäure bzw. Pektinsäurerest plus Dehydrogalakturonsäure.

Innerhalb der Hydrolasen und Transeliminasen gibt es also Unterschiede in der Substratspezifität. Eine weitere Differenzierung besteht in der Position, an der das Molekül angegriffen wird: entweder terminal oder an einem beliebigen Ort. Danach unterscheidet man innerhalb der pektinspaltenden Enzyme zwischen der Exo- und Endoform.

Pektin-Methyl-Esterasen, die das Pektin demethylieren, kommen auch in den Zellwänden gesunder Pflanzen vor. Ihr Gehalt wird nach Befall erhöht (Abb. 2.2). PME führen zwar weder zur Mazeration des Gewebes noch zum Zelltod, dennoch ändert die Demethylierung die Eigenschaften der Zellwände. Sie werden vor allem durch Endo-Polygalakturonasen und Endo-Transeliminasen degradiert. Durch ihren Angriff wird die Zellwandstruktur gelockert, so daß andere Enzyme (Hemizellulasen, Zellulasen, Proteasen) wirken können. Die mazerierende Wirkung der pektolytischen Enzyme ist mit dem Tod der betroffenen Zellen verbunden. Diese Enzyme sind toxisch für die Pflanzenzelle, sie beschädigen die Zellmembranen (vermutlich infolge osmotischer Veränderungen) und sie sind für den Zelltod verantwortlich.

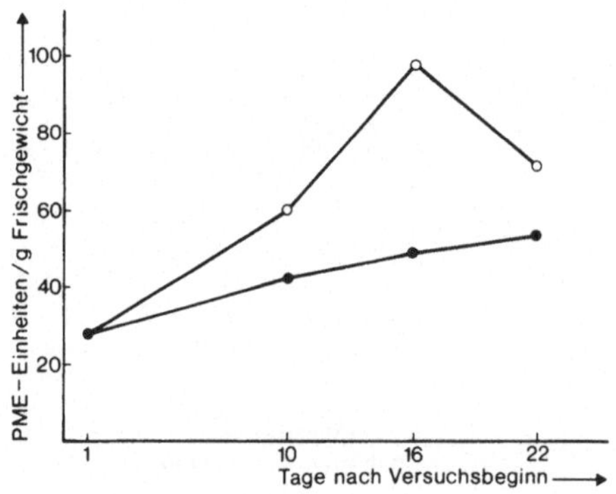

Abb. 2.2
Pektinmethylesterasegehalt in Tomatenstengeln. –○–○– infiziert mit *Fusarium oxysporum* f. sp. *lycopersici*; –●–●– nicht infizierte Kontrollpflanzen (nach L a n g c a k e et al. Physiol. Pl. Pathology 6, 247, 1975)

Die Aktivität der Pektinsäure-spaltenden Hydrolasen wird – vermutlich infolge der Bildung unlöslicher Ca-Pektate – oft durch Ca^{++} reduziert. Die Transeliminasen werden dagegen durch Ca^{++} aktiviert, durch Chelatbildner aber inaktiviert.

Phytopathogene Organismen bilden meist weitere Enzyme (Zellulasen, Hemizellulasen, Proteasen), die befähigt sind, einzelne Zellwandbestandteile abzubauen. Keines dieser Enzyme vermag aber in gereinigtem Zustand die ganze Zellwand nennenswert zu degradieren. Die zeitliche Reihenfolge, in der Zellwand-abbauende Enzyme gebildet werden, ist in Tab. 2.2 am Beispiel des Erregers der Korkwurzelkrankheit der Tomate wiedergegeben. Dabei zeigt sich, daß der Pilz die Enzyme etwa gleich gut am Zellwandmaterial von anfälligen wie von toleranten Tomaten produziert.

Ligninabbauende Enzyme (Lignasen) werden vor allem von holzzerstörenden Basidiomyceten gebildet. Die „Braunfäuleerreger“ bevorzugen Zellulose und hemizelluloseartige Bestandteile des Holzes und lassen Phenylpropanpolymere zunächst zurück. Sie verwandeln das Substrat in eine rotbraune Masse. „Weißfäuleerreger“ formen das Holz

Tab. 2.2 Enzymbildung durch *Pyrenochaeta lycopersici* an Zellwandmaterial von *Lycopersicon esculentum* (anfällig) und von *L. hirsutum* var. *glabratum* (tolerant) (nach Goodenough et al.: Physiol. Pl. Pathol. 8, 243, 1976)

Enzyme	Enzym-Konzentration (Einheiten/50 ml Kulturfiltrat) nach					
	4 Tagen		10 Tagen		25 Tagen	
	L. escu.	*L. hirs.*	*L. escu.*	*L. hirs.*	*L. escu.*	*L. hirs.*
Polygalacturonase	5,0	4,0	9,0	11,0	18,0	7,5
Pektat-Lyase	0,5	0,0	0,5	1,0	1,0	1,5
Cellulase	0,0	0,0	1,5	1,0	14,0	3,0
β-Glucosidase	0,0	0,0	8,0	7,0	16,0	22,0
α-Galactosidase	0,0	0,0	6,0	5,0	16,0	16,0
β-Xylosidase	0,0	0,0	0,5	2,0	1,0	6,0

in eine nahezu weiße Masse um. Sie greifen bevorzugt Lignin und weniger die Zellulosekomponente des Holzes an. Zweifellos kann Lignin auch von Bakterien, wenn auch nur sehr langsam, abgebaut werden. Die enzymatische Degradation des Lignins ist infolge seiner komplexen Struktur im einzelnen wenig aufgeklärt.

2.3 Toxine

Toxine sind Substanzen, die von Organismen gebildet werden und die noch in geringen Konzentrationen schädlich wirken. Eine weitergehende, allgemein gültige Definition ist schwierig. Hier werden unter dem Begriff „Toxine" Stoffwechselprodukte von Schaderregern zusammengefaßt, die spezifisch oder unspezifisch die Wirtszelle schädigen. Auch Substanzen aus dem Zusammenwirken von Wirt und Erreger, sowie Pflanzeninhaltsstoffe können dazu gehören. Oftmals wird zwischen Phytotoxinen, Vivotoxinen und Pathotoxinen unterschieden. Die Bezeichnungen werden aber nicht einheitlich gebraucht. Chemisch gehören sie verschiedenen Gruppen an (Abb. 2.3). Häufig handelt es sich bei den Erregertoxinen um Glykopeptide oder terpenoide Verbindungen.

Eine Vielzahl von Erregern bildet, zumindest in Reinkultur, solche Stoffe. Damit ist ihre kausale Rolle im Krankheitsprozeß aber noch nicht belegt. Dazu muß

- das Toxin auch in der befallenen Pflanze nachgewiesen werden,
- die Applikation des reinen Toxins oder Toxingemisches an der Pflanze zumindest die für die Krankheit charakteristischen Frühsymptome auslösen,
- die Pathogenität des Erregers mit seiner Fähigkeit zur Toxinproduktion korreliert sein.

Toxine lassen sich nach verschiedenen Gesichtspunkten gliedern (Tab. 2.3). Der aus phytopathologischer Sicht wichtigste ist die Wirtsspezifität. Ein wirtsspezifisches Toxin schädigt nur diejenigen Pflanzen, die auch als Wirte für den Toxinbildner selbst geeignet sind. Solche Toxine sind mit der Pathogenität des Erregers engstens verbunden. Sie wer-

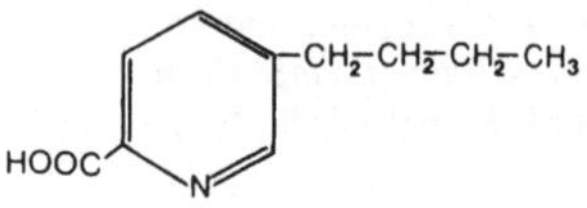

$-CH_2-CH_2-CH_2-CH_3$
HOOC
N

Fusarinsäure

gebildet von:
Fusarium spp.

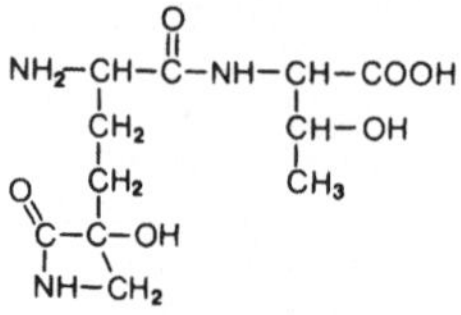

$NH_2-CH-C(=O)-NH-CH-COOH$
CH_2 $CH-OH$
CH_2 CH_3
$C-C-OH$
$NH-CH_2$

Wildfeuertoxin

Pseudomonas tabaci

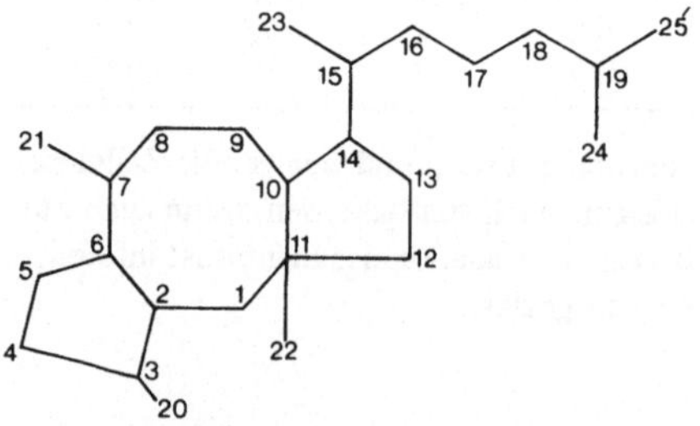

23 16 18 25 15 17 19 21 8 9 14 24 7 10 13 6 11 5 12 2 1 4 22 3 20

Ophiobolan

Helminthosporium oryzae

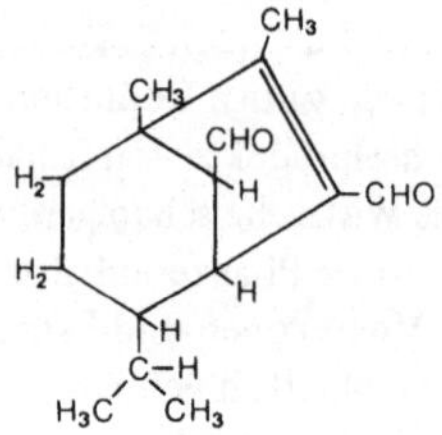

CH_3
CH_3
CHO
H_2
H
CHO
H_2
H
H
C–H
H_3C CH_3

Helminthosporal

Helminthosporium sativum

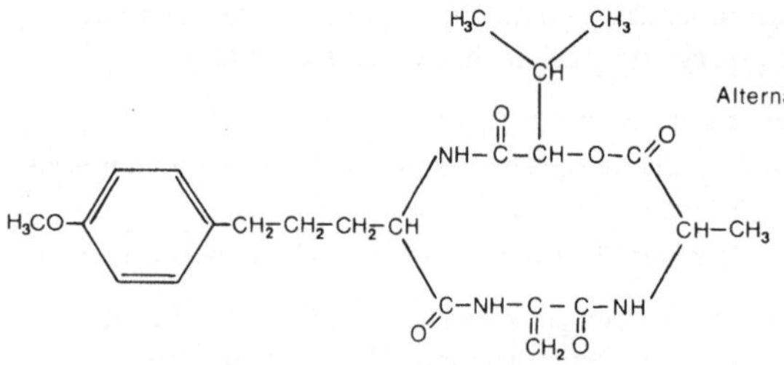

H_3C CH_3
CH
O
NH–C–CH–O–C=O
H_3CO $-CH_2-CH_2-CH_2-CH$ $CH-CH_3$
O=C–NH–C – C–NH
CH_2 O

Alternariolid

Alternaria mali

Abb. 2.3
Strukturformeln einiger Toxine

Tab. 2.3 Klassifikation von Pathotoxinen (verändert nach Wheeler. In: Wood et al.: Specificity in plant diseases. New York 1976)

Klasse I. Vom Erreger gebildet

Unterklasse A. spezifisch

Beispiele: AK-Toxin (*Alternaria kikuchiana*), Alternariolid (*A. mali*), HC-Toxin (*Helminthosporium carbonum*), HM-Toxin (*H. maydis*), Helminthosporosid (*H. sacchari*), Victorin (*H. victoriae*), PC-Toxin (*Periconia circinata*), PM-Toxin (*Phyllosticta maydis*)

Unterklasse B. nicht spezifisch

Beispiele: Taboxin (*Pseudomonas tabaci*), Syringomycin (*P. syringae*), Phaseotoxin (*P. phaseolicola*), Tentoxin (*Alternaria tenuis*), Fusicoccin (*Fusicoccum amygdali*), Fumarsäure (*Rhizopus* spp.), Marticin (*Fusarium* spp.)

Klasse II. Vom Wirt-Erreger-Komplex gebildet

Unterklasse A. spezifisch

Beispiel: Amylovorin (*Erwinia amylovora* an Rosaceen)

Unterklasse B. nicht spezifisch

Beispiel: Juglon (*Juglans nigra*)

den auch als „primäre Determinanten" der Krankheit bezeichnet. Die hohe Anfälligkeit von Hybridmais mit dem sogenannten „Texas male sterile cytoplasm" gegenüber *Helminthosporium maydis* und von Victoria-Hafer gegenüber *H. victoriae* geht auf die extrem hohe Empfindlichkeit der Wirtspflanzen gegenüber den Toxinen der Erreger zurück. Nichtwirtsspezifische Toxine rufen dagegen auch Krankheitssymptome an Pflanzen hervor, die normalerweise nicht von dem Toxin-produzierenden Erreger befallen werden. Manche solcher Toxine spielen ebenfalls in der Pathogenese eine Rolle. Toxine beeinträchtigen meistens die Semipermeabilität der Plasmamembranen. Sie stören weiterhin normale Stoffwechselprozesse (z. B. Antimetaboliten-Wirkung, Koagulation protoplasmatischer Proteine, Blockierung von Enzymen). Häufig lösen Toxine eine unspezifische Atmungssteigerung aus.

Victorin dürfte das am intensivsten bearbeitete Toxin sein. Selbst bei einer Verdünnung von $1:10^{-7}$ ruft es bei der anfälligen Pflanze Symptome hervor. Es wurde in den USA bei Untersuchungen über eine Blattfleckenkrankheit des Hafers entdeckt (*Helminthosporium victoriae*), die nur an Sorten auftrat, in welche die Sorte „Victoria" (*Avena bycantina*) eingekreuzt war. Das Toxin ruft die gleichen charakteristischen Symptome hervor wie die Erreger selbst. Anfällige Sorten sind gegenüber dem Toxin 400.000-fach empfindlicher als resistente. Die Pathogenität verschiedener Erregerstämme ist mit der Fähigkeit zur Toxinproduktion korreliert.

Alternaria kikuchiana ruft an der Sorte Nijisseiki der japanischen Birne (*Pyrus serotina*) eine Schwarzfleckenkrankheit hervor. Sporenkeimung und Myzelwachstum erfolgen auf anfälligen und resistenten Sorten. Unmittelbar nach der Keimung scheiden die Sporen virulenter Stämme ein Toxin aus, das die Zellen schädigt. Die Toxinmenge einer

Spore reicht aus, um etwa 100 Wirtszellen zu nekrotisieren (Abb. 2.4). Bereits 2 bis 6 Stunden nach Inokulation ist die Funktion der Plasmamembranen beeinträchtigt, woraus ein starker Elektrolytverlust resultiert. Avirulente Stämme dringen nur in das Wirtsgewebe ein, wenn das Toxin zusätzlich gegeben wird. Das Toxin spielt demnach eine wesentliche Rolle für das Zustandekommen der Infektion.

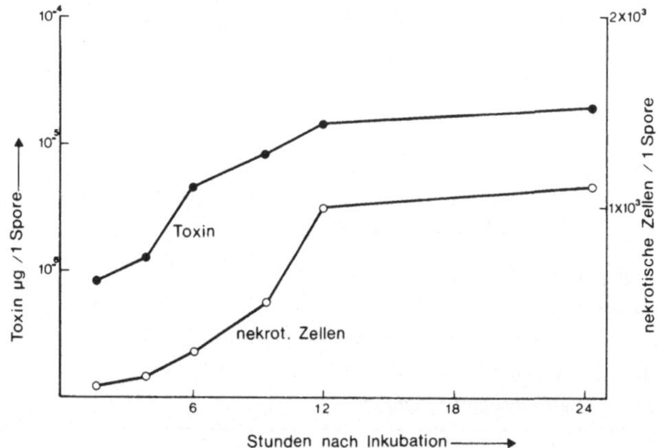

Abb. 2.4 Toxinmenge, die von einer keimenden *Alternaria kikuchiana*-Spore ausgeschieden wird und Anzahl der von dieser Toxinmenge nekrotisierten Zellen (nach Otani et al. Phytopath. Soc. Japan **41**, 467, 1975)

Amylovorin ist das erste bekannt gewordene wirtsspezifische Toxin eines Bakteriums. Es wird von *Erwinia amylovora,* dem Erreger des Feuerbrandes, gebildet, und zwar nur von virulenten Stämmen in grünen Äpfeln und nicht in künstlichen Medien. Es wird als ein Produkt angesehen, das aus dem Zusammenwirken von Erreger und Wirt hervorgeht.

2.4 Wachstumsregler

Pflanzen oder Pflanzenteile reagieren auf Schaderregerbefall nicht selten mit Wachstumsanomalien. Abnormes Längenwachstum, Wucherungen, Kräuselungen, Gallen, Hexenbesen, Krebs, Enationen, aber auch Kümmerwuchs und Verzwergungen gehören dazu. Diese Krankheitserscheinungen gehen auf Störungen im Stoffwechsel der Wachstumsregulierenden Stoffe zurück. Zu diesen zählen Indolderivate, Gibberelline, Cytokinine, Aethylen (die Abscisine bleiben hier unberücksichtigt, da über ihre Rolle in der Pathogenese kaum etwas bekannt ist). Sie sind entscheidend an der korrelativen Steuerung der Organentwicklung bei Pflanzen beteiligt. Sie werden vor allem im Leitungsbahnsystem der Pflanze transportiert. Die Funktionen der einzelnen Wachstumsregulatoren überlappen sich teilweise. Auch bestehen zwischen ihnen Wechselbeziehungen. Ihre Wirkung hängt vermutlich weniger von einer einzelnen Substanz als vielmehr vom Mengenverhältnis der Komponenten zueinander ab.

2.4.1 Indolderivate

Der wichtigste Vertreter dieser Gruppe ist die β-Indolylessigsäure (IES, Heteroauxin), deren Biosynthese bei Mikroorganismen und vermutlich auch bei höheren Pflanzen von Tryptophan aus über den Shikimisäureweg erfolgt (Abb. 4.5). Zu den Funktionen der IES gehören: Regulation des Streckungswachstums, Stimulierung der Zellteilungen und Wurzelbildung, Hemmung der Entwicklung von Seitenknospen (apikale Dominanz), Verhinderung des vorzeitigen Blatt- und Fruchtfalls, Beeinflussung der Aktivität von Enzymen. Weiterhin wirkt die IES auf die Methylierung der Pektine, die Lignifizierung der Zellwände, die Permeabilität der Membranen, auf die Atmung und den N-Stoffwechsel. Diese Vielzahl wichtiger, von der IES beeinflußter Funktionen deutet an, daß eine Veränderung in ihrer Konzentration mit erheblichen Konsequenzen für die Pflanze verbunden sein muß.

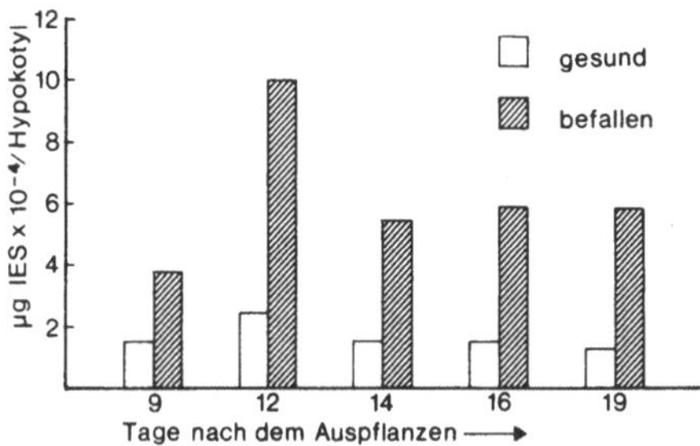

Abb. 2.5
Auxingehalt in gesunden und mit Rost (*Puccinia carthami*) befallenen Hypokotylen von *Carthamus tinctorius* (Saflor) (nach D a l y et al.: Phytopathology 48, 91, 1958)

Der IES-Gehalt kranker Gewebe unterscheidet sich häufig von dem gesunder. Nach Bakterien- oder Pilzbefall ist er oftmals erhöht (Abb. 2.5), nach Virusinfektionen ist dagegen nicht selten eine Erniedrigung festgestellt worden (z. B. bei Kräuselschopf der Rübe). Als Ursachen der Veränderung des IES-Gehaltes werden vor allem angesehen:

– IES-Bildung durch die Erreger. In Kultur sind viele pathogene und saprophytische Bakterien und Pilze zur IES-Synthese befähigt. Es gibt aber kaum Beweise, daß Erreger-IES in der befallenen Pflanze zur Symptomausprägung beiträgt.

– Vermehrte Synthese von IES durch die Pflanze. In krankem Gewebe ist die Produktion aromatischer Verbindungen allgemein stimuliert (vgl. Abschn. 4.5). Dabei werden in erhöhtem Umfange auch Vorstufen für die IES-Biosynthese bereitgestellt.

– Veränderungen in der Aktivität der IES-Oxydase. Die IES wird durch oxydierende Enzyme degradiert, insbesondere durch die IES-Oxydase. Ihre Konzentration und Aktivität regulieren weitgehend den IES-Gehalt der Pflanze. Die Oxydase enthält neben Mn^{++} phenolische Verbindungen als Co-Faktoren. Stoffwechselprodukte des Erregers und Substanzen, die das erkrankte Pflanzengewebe vermehrt produziert, beeinflussen die Aktivität des Enzyms. Monophenole (z. B. p-Cumarsäure, p-Hydroxybenzoesäure) stimulieren das Enzym, Diphenole (z. B. Kaffeesäure, Scopoletin) hemmen seine Aktivität. Diese vielschichtigen Wirkungen phenolischer Komponenten (manche wirken je nach Konzentration hemmend oder fördernd) erschweren die Interpretation ihrer Rolle im IES-Stoffwechsel. Hinzu kommt, daß dieses Enzym auch auf abiotische Schädigungen und Wassermangel mit Aktivitätssteigerung reagiert. Die veränderte IES-Oxydase-Aktivität nach Erregerbefall könnte eine Reaktion auf physiologischen Streß und gar nicht unmittelbar mit dem Erreger gekoppelt sein.

Es ist bislang nicht gelungen, diese komplizierten Vorgänge zu entwirren und zu ordnen, um allgemein gültige Aussagen über Ursache und Wirkung des pathologisch veränderten IES-Stoffwechsels zu machen.

2.4.2 Gibberelline

Die Gibberelline wurden bei Arbeiten über die Bakanae-Krankheit an Reis entdeckt, deren charakteristisches Symptom in einer auf Zellstreckung beruhenden auffallenden Internodienverlängerung besteht. Der Erreger, *Gibberella fujikuroi* (*Fusarium moniliforme*), bildet Gibberellinsäure (Abb. 2.6). Daneben sind noch etwa 40 weitere Gibberelline bekanntgeworden. Gibberelline sind inzwischen nicht nur in zahlreichen saprophytischen wie pathogenen Bakterien und Pilzen nachgewiesen worden, auch in gesunden Pflanzen kommen sie vor. Sie regulieren, ähnlich wie die IES, Entwicklungs- und Wachstumsprozesse, lösen Blütenbildung aus, brechen die Samenruhe und die Winterruhe der Knospen. Sie regulieren die Bildung von Hydrolasen und beeinflussen auf diese Weise den IES-Gehalt. Der eigentliche Wirkungsmechanismus ist noch unbekannt. Es wird vermutet, daß sie entweder direkt auf Lipide und Membranen wirken oder aber über Gen-Regulation, d. h. Synthese spezifischer RNS, physiologische Prozesse steuern.

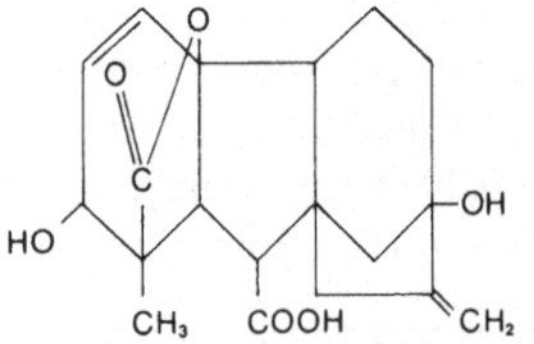

Abb. 2.6
Gibberellinsäure

Auch wenn die Applikation von Gibberellinen bei Pflanzen zu exzessivem Wuchs führt, Wachstumssteigerungen oftmals mit einem erhöhten Gibberellingehalt, Wachstumshemmungen mit einem verminderten einhergehen, eine Beteiligung dieser Wirkstoffe an pathogenetischen Prozessen also sicher scheint, so ist doch der Beweis, daß vom Erreger gebildete Gibberelline die Krankheitsursache sind, noch in keinem Fall geführt worden. Die Kenntnisse über Synthese, Abbau der Gibberelline und ihre Wechselbeziehungen mit anderen Wachstumsfaktoren in kranken Pflanzen sind z. Zt. noch ungenügend erforscht.

2.4.3 Cytokinine

Cytokinine sind meist Derivate des Adenins, in denen die Aminogruppe in Position 6 substituiert ist. Heute sind etwa 1000 synthetische oder native Cytokinine bekannt, z. B. Zeatin, ein 6-Aminopurin (Abb. 2.7). Sie werden in Mikroorganismen, pflanzlichen und tierischen Geweben gefunden. Sie wirken in der Pflanze von der ersten Zellteilung bis zur Blüten- und Fruchtbildung. Viele Stoffwechselprozesse, einschließlich der Enzymaktivitäten und der Bildung von Wachstumsfaktoren werden von ihnen beeinflußt. Sie steuern Bildung und den Transport der Assimilate und Nährstoffe. Cytokinine verzögern die Seneszenz, ein Vorgang, der auf der Stimulation der RNS- und Proteinsynthese beruhen soll. Der eigentliche Mechanismus jedoch, auf den diese verschiedenen Effekte zurückgehen, ist noch nicht bekannt.

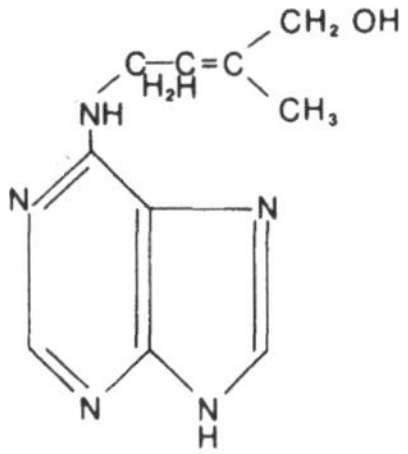

Abb. 2.7 Zeatin

Die Vermutung liegt nahe, daß Substanzen mit so starken Wirkungen auf die Pflanzenentwicklung auch bei pathologischen Prozessen eine Rolle spielen, denn häufig nimmt die Cytokinin-Aktivität nach Infektion zu. Bei Rost- oder Mehltaubefall kann beobachtet werden, daß in der Umgebung befallener Zellen ein besonders lebhafter Stoffwechsel stattfindet, der zur Ausbildung der „Grünen Inseln" führen kann. Zahlreiche Metaboliten reichern sich an diesen Stellen an. Da Cytokinine Stoffwechselprodukte mobilisieren können, wird vermutet, daß von Erregern oder von Pflanzen als Reaktion auf den Erregerbefall gebildete Cytokinine für den Transport und die Ansammlung der Metaboliten um den Infektionsort verantwortlich sind.

Bei einigen Krankheiten, deren Symptome Formveränderungen sind, konnte die Beteiligung von Cytokininen wahrscheinlich gemacht werden, z. B. Verbänderung der Erbse (*Corynebacterium fascians*), Wurzelkropf (*Agrobacterium tumefaciens*), Kohlhernie (*Plasmodiophora brassicae*). Es ist allerdings kaum wahrscheinlich, daß diese Formveränderungen lediglich die Folge der Bildung von Cytokininen durch die Erreger sind. Der in diesen Geweben auftretende höhere Cytokiningehalt könnte auch aus dem veränderten Stoffwechsel des Wirtes resultieren.

2.4.4 Aethylen

Aethylen ($H_2C = CH_2$) ist ein natürliches, in fast allen Pflanzengeweben, wenn auch in unterschiedlichen Mengen vorkommendes Gas. Es löst bereits in geringen Konzentrationen zahlreiche Effekte an höheren Pflanzen aus. Dazu gehören u. a. Beeinflussung von Wachstum, Wurzelbildung, Blüte, Fruchtreife, Blatt- und Fruchtfall, Seneszenz. Die Applikation von Aethylen ruft an Pflanzen Symptome hervor, wie sie oft für manche Krankheiten typisch sind (Epinastie, Blattfall, vorzeitiges Altern). Es steht in Wechselwirkung mit anderen Wachstumsregulatoren. IES und Cytokinin aktivieren, Gibberellin hemmt die Aethylensynthese. Aethylen reduziert die IES-Synthese.

Pflanzen reagieren allgemein auf Beschädigungen oder sonstigen Streß (z. B. hohe Temperaturen, Wassermangel) mit vermehrter Aethylenproduktion. Der Aethylen-Gehalt steigt auch in kranken Geweben meist an, so daß eine erhöhte Produktion zweifellos ein charakteristisches Merkmal zahlreicher Wirt-Parasit-Interaktionen ist (Abb. 2.8).

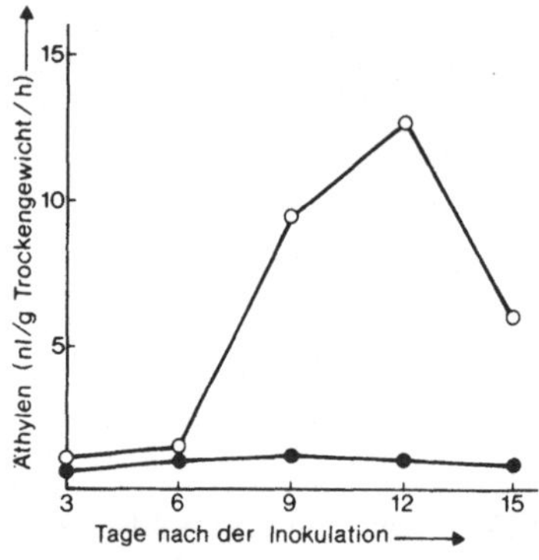

Abb. 2.8
Äthylenbildung in dem 1. Internodium von resistenten •–•–•– und anfälligen ○–○–○ Tomaten nach Inokulation mit *Verticillium albo-atrum*, (nach Pegg et al. Physiol. Pl. Pathol. 8, 179, 1976)

Auch manche pathogene Bakterien und Pilze bilden in Kultur Aethylen, jedoch ist ein erhöhter Gehalt auch bei Erkrankungen gefunden worden, deren Erreger in vitro nicht zur Aethylenproduktion befähigt sind. Man kann annehmen, daß der pathologisch erhöhte Gehalt an Aethylen im allgemeinen pflanzlichen Ursprungs ist.

Untersuchungen über eine von *Ceratocystis fimbriata* verursachte Krankheit an Süßkartoffeln führten zu der Hypothese, daß Aethylen eine Schlüsselrolle bei der Abwehr des Erregers im resistenten Gewebe spiele. Aethylen soll danach die Synthese von Phytoalexinen und anderen aromatischen Stoffen stimulieren, indem es die Phenylalanin-Ammoniumlyase (PAL) aktiviert, die eine Schlüsselrolle bei der Synthese aromatischer Stoffe einnimmt. Zusätzlich erhöht Aethylen die Peroxydase- und Polyphenoloxydase-Aktivität, Vorgänge, die häufig mit Resistenzreaktionen korreliert sind.

Die Induzierung der Phytoalexinproduktion ebenso wie die Steigerung der Enzym-Aktivitäten sind jedoch keine spezifischen Wirkungen des Aethylens, sondern auch andere, bei der Pathogenese entstehende Produkte können diese Vorgänge stimulieren. Es ließ sich zudem zeigen, daß Aethylen auch Resistenz brechen kann: Weizen, der normalerweise resistent gegen *Puccinia graminis* ist, wurde nach Aethylen-Behandlung trotz sehr hoher Peroxydase-Aktivität Rost-anfällig. In Tulpenzwiebeln wird die Synthese von Hemmstoffen (Tuliposide) durch Aethylen verhindert, so daß *Fusarium oxysporum* f. sp. *tulipae* eindringen kann. Die Beobachtung, daß mit Aethylen behandelte Früchte meist schneller von Fäulniserregern befallen werden, dürfte eher eine Folge der schnelleren Reife sein, als ein direkter Effekt des Aethylens selbst.

Erhöhte Aethylenproduktion kann als eine allgemeine Reaktion der Pflanze auf Beschädigungen und Streß angesehen werden. Auch wenn die einzelnen stoffwechselphysiologischen Schritte noch unbekannt sind, so weist doch die Wirkung des Aethylens drei Tendenzen auf: a) es induziert Krankheitssymptome, b) es fördert Abwehrreaktionen, c) es bricht natürliche Resistenz. Welche Rolle das Aethylen in einer gegebenen Wirt-Parasit-Kombination spielt, ist auch in hohem Maße von seiner Konzentration abhängig.

Weiterführende Literatur

A b e l e s, F. B.: Ethylene in plant biology. New York, London 1973
H e i t e f u s s, R., W i l l i a m s, P. H.: Physiological plant pathology. Berlin-Heidelberg-New York 1976
N e u m a n n, K.-H.: Phytohormone und Entwicklung der höheren Pflanze. Z. Pflkrankh. Sonderheft **VII** (1975) 309 bis 331
S e q u e i r a, L.: Hormone metabolism in diseased plants. Ann. Rev. Plant Physiology **24**, 353–380, 1973
W o o d, R. K. S.; B a l l i o, A.; G r a n i t i, A.: Phytotoxins in plant diseases. New York, London 1972

3 Einfluß von Umweltfaktoren auf den Krankheitsverlauf

3.1 Allgemeines

Umweltfaktoren sind für das Auftreten von Pflanzenkrankheiten von überragender Bedeutung. Erreger und Wirt können nebeneinander vorhanden sein, über das Zustandekommen des parasitischen Verhältnisses entscheiden letzten Endes die Umweltbedingungen. Zur Erkrankung, vor allem aber zu epidemischem Befall kommt es nur, wenn sie es gestatten. In vielen Fällen sind Erreger auf ihren Wirten das ganze Jahr über gegenwärtig. Krankheiten aber treten im Freiland im wesentlichen nur während der wärmeren Jahreszeit auf, denn die phytopathogenen Erreger beginnen, von Ausnahmen abgesehen, ihre Entwicklung außerhalb der Pflanze, also praktisch im Freien, wo sie den Umwelteinwirkungen mehr oder weniger schutzlos ausgesetzt sind. Die Literatur zu diesem wichtigen Teilgebiet der Phytomedizin ist unübersehbar geworden. Verallgemeinerungen lassen sich oftmals nicht formulieren, denn ob zum Beispiel hohe oder niedrige Temperatur, Lichtintensität bzw. Feuchtigkeit die Erkrankung fördert oder hemmt, hängt weitgehend vom jeweiligen Wirt-Parasit-Paar ab.

Die Umwelt wirkt sowohl auf Erreger wie auf den Wirt ein. Nur unter bestimmten Umweltbedingungen ist der Erreger in der Lage, die Pflanze zu infizieren. Auf ihre besondere Bedeutung für die einzelnen Erreger außerhalb des Wirtes wurde bereits im Abschn. 1.2 eingegangen. Hier soll im wesentlichen der Einfluß der Umwelt auf die Krankheitsbereitschaft des Wirtes und den Krankheitsverlauf behandelt werden. Selbst bei gegebener genetischer Konstitution ist die Krankheitsbereitschaft der Pflanze keine feste Größe. Umweltfaktoren verschiedenster Art und das Alter können sie verschieben, ebenso vorhergehende Infektionen (vgl. Abschn. 5.3.2.4). Diese genetisch fixierte Variationsbreite, innerhalb der sich die Krankheitsbereitschaft in Richtung vermehrter Anfälligkeit oder vermehrter Resistenz reversibel verändern kann, wird als Prädisposition bezeichnet. Die Schwankungsweite der Krankheitsbereitschaft ist je nach Wirt-Erreger-Kombination verschieden, jedoch für bestimmte Krankheiten charakteristisch.

Mitunter wird noch zwischen Infektions- und Erkrankungsbereitschaft unterschieden. Im ersteren Falle ermöglicht der Wirt dem Erreger das Eindringen und die Etablierung. Diesen Vorgängen folgt aber nicht immer zwangsläufig die Erkrankung. Nur wenn die Bereitschaft dazu gegeben ist, der Wirt also pathologisch auf den Erreger reagiert, kommt es zur Erkrankung. Andernfalls ruft der eingedrungene Erreger einen latenten Infekt hervor, der möglicherweise in einem späteren Lebensabschnitt oder unter veränderten Bedingungen zum Ausbruch kommt (z. B. *Botrytis*-Infektionen an Erdbeeren, *Gloeosporium perennans* an Apfel).

3.2 Klimafaktoren

3.2.1 Temperatur

Sie hat einen besonders ausgeprägten Einfluß auf den Krankheitsverlauf, denn im Gegensatz zu Organismen mit konstanter Körpertemperatur bestimmt bei Pflanzen die Außentemperatur den Wärmezustand. Nicht nur die Geschwindigkeit der einzelnen Prozesse ist temperaturabhängig, unterschiedliche Temperaturen können zu qualitativ unterschiedlichen Reaktionen führen. Die Ursachen dieses Effektes sind im einzelnen weitgehend unbekannt. Neben Temperatur-abhängigen Abwehrreaktionen der Pflanze, spielen möglicherweise auch die Temperatur-abhängige Bildung und Aktivität von Toxinen und Enzymen eine Rolle.

Die Dauer der Inkubationszeit hängt entscheidend von der Temperatur ab. Beim Weizenbraunrost beträgt sie z. B. 6 Tage, wenn eine Lufttemperatur von 20 °C herrscht, dagegen 11 Tage bei 10 °C. Tabak-Mosaik-Virus verursacht an *Nicotiana glutinosa* bei 20 °C mehr und schneller Läsionen als bei 15 °C. Auch die Symptomausprägung kann temperaturabhängig sein: bei diesem Wirt-Parasit-Paar treten bei 20 °C Lokalläsionen auf, bei 36 °C bildet sich hingegen eine systemische Infektion aus. Die Gelbverzwergung der Gerste ist maskiert bei 37 °C, bei 16 °C treten dagegen Symptome auf. Umgekehrt ist es bei der Asternvergilbung (aster yellow) an Gerste: hier treten bei 32 °C schwere Symptome auf, dagegen nicht bei 16 °C.

Tab. 3.1 Beispiele für den Einfluß der Temperatur auf die Fruktifikationszeit

Krankheit und Erreger	Temperatur	Fruktifikationszeit in Tagen
Falscher Mehltau an Hopfen	0 °C	23
(*Pseudoperonospora humuli*)	21···25 °C	3
	28 °C	11
Schwarzrost an Weizen	0 °C	85
(*Puccinia graminis* var. *tritici*)	4 °C	22
	17 °C	12
	24 °C	5

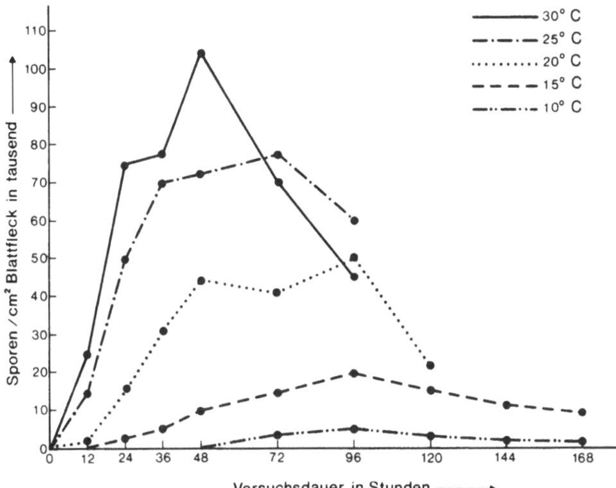

Abb. 3.1 Konidienbildung bei *Cercospora beticola* auf Zuckerrüben in Abhängigkeit von Temperatur und Zeit (nach Bleiholder, Diss. Bonn 1971)

Für die Zeitdauer von der Inokulation bis zur Reproduktion des Erregers ist die Temperatur von ausschlaggebender Bedeutung (Tab. 3.1). Diese, Fruktifikationszeit genannte Periode bestimmt entscheidend die Schwere einer Epidemie. Auch die Intensität der Sporenproduktion ist temperaturabhängig. Sie erreicht ihr Maximum bei den verschiedenen Temperaturen nach unterschiedlichen Zeiten (Abb. 3.1).

Die Synthese von TMV in Tabak wird merklich gesteigert, wenn die Pflanzen nach der Inokulation zunächst 10 Tage bei 12 °C, anstatt direkt bei 25 °C gehalten werden. Erklärt wird dies dadurch, daß während der 12 °C-Periode die Viren im Gewebe gewandert sind und mehr Zellen infiziert haben.

Das Resistenzverhalten der Pflanzen sowie auch das Ausmaß der Schädigung unterliegen in hohem Maße dem Temperatureinfluß. Die Wirkung der verschiedenen Temperaturbereiche ist bei den einzelnen Krankheiten unterschiedlich. Auch typische Sortenunterschiede existieren. Es ist häufig gezeigt worden, daß eine kurze Einwirkungszeit hoher, aber nicht tödlicher Temperaturen Pflanzen für einen Befall mit Bakterien, Pilzen oder Viren prädisponieren. Bei niedrigen Temperaturen sterben nach Befall mit *Fusarium nivale* junge Getreidepflanzen ab, während sie bei höheren Temperaturen zu einem viel größeren Prozentsatz überleben. Einige Tabaksorten sind nur bei höheren Temperaturen gegen *Thielaviopsis basicola* resistent. Die Wirkung des Resistenz-Gens Sr 6 (gegen *Puccinia graminis* var. *tritici*) ist temperaturabhängig: Sorten, die bei 20 °C gegen Rasse 56 hochresistent sind, werden bei 25 °C stark anfällig. Die Resistenz von bestimmten Baumwollsorten gegenüber *Xanthomonas malvacearum* ist nicht wirksam, wenn die Temperatur nachts unter 20 °C sinkt, bei Tage aber auf über 36 °C ansteigt.

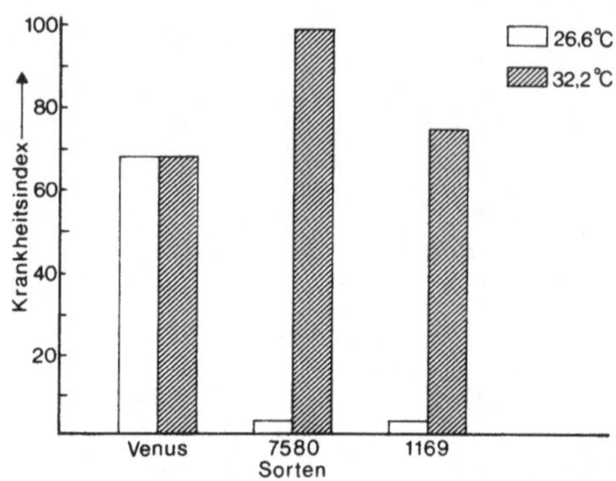

Abb. 3.2
Einfluß der Temperatur auf das Ausmaß der Welke (*Pseudomonas solanacearum*) bei den Tomaten-Sorten „Venus", „7580", „1169" (nach Krausz et al., Phytopathology **65**, 1272, 1975)

Während das Resistenzverhalten der Tomatensorte „Venus" gegen den Welkeerreger *Pseudomonas solanacearum* weitgehend temperaturunabhängig ist, sind andere Sorten bei höherer Temperatur sehr viel empfindlicher als bei niedriger (Abb. 3.2).

Die Temperatur beeinflußt auch die Tumorbildung durch *Agrobacterium tumefaciens*. Der Prozeß wird in die Vorbereitung (Konditionierung) der Zellen und ihre Transformation in Tumorzellen getrennt. Die Konditionierung kann als eine Reaktion auf einen Stimulus, der von verwundetem Gewebe ausgeht, gedeutet werden. Sie ist unabhängig vom bakteriellen Erreger und tritt in einem weiten Temperaturbereich bis über 32 °C auf. Im Gegensatz dazu ist die Transformation eine Reaktion von konditionierten Zellen auf Substanzen, die vom Erreger produziert werden (vgl. Abschn. 4.7), und findet nur bei Temperaturen unter 29 °C statt.

3.2.2 Feuchtigkeit

Während die Feuchtigkeit für das Zustandekommen einer Infektion durch Mikroorganismen meist ein ausschlaggebender Faktor ist, werden Anfälligkeit des Wirtes und Krankheitsverlauf in der Regel weniger deutlich beeinflußt. Bei reichlicher Wasserversorgung und geringer Transpirationsintensität ist das Pflanzengewebe sehr wasserreich. Die Interzellularen enthalten flüssiges Wasser. Solches Gewebe ist oftmals anfälliger gegenüber Bakterien (z. B. Feuerbrand, Wildfeuer des Tabaks). Ähnliches ist für *Botrytis* an Kartoffeln und Bohnen beschrieben. Jedoch kann bei anderen Wirt-Parasit-Kombinationen eine gegenteilige Wirkung auftreten: Bohnen sind nach Wasserinfiltration resistenter gegen *Uromyces appendiculatus*, und verminderter Wassergehalt erhöht die Anfälligkeit dieser Pflanze gegenüber TMV und TNV. Ebenso werden Bäume bei anhaltender Trockenheit oftmals anfälliger gegen gewisse Pilzkrankheiten (z. B. Douglasie gegen *Phomopsis pseudotsugae*).

Die befallsfördernde Wirkung erhöhten Wassergehaltes könnte darauf beruhen, daß Bakterien bessere Vermehrungsmöglichkeiten haben, daß Enzyme und Toxine sich leichter ausbreiten können oder daß über eine allgemeine Schwächung des Wirtes seine Anfälligkeit gegenüber Perthophyten erhöht wird. Bei verändertem Wassergehalt ändert sich auch der O_2-Gehalt des Gewebes mit möglichen Rückwirkungen auf Erreger und Reaktionen des Wirtes. In feuchtem Boden ist der Wassergehalt neu gebildeter Kartoffelknollen höher als in trockenem. Das führt zur Öffnung der Lentizellen, durch die *Erwinia carotovora* eindringen kann. In weniger wasserreichen Knollen schließen sich die Lentizellen dagegen und verkorken.

3.2.3 Licht

Verglichen mit Temperatur und Feuchtigkeit ist die Wirkung des Lichts unter natürlichen Bedingungen auf Befall und Krankheitsverlauf weniger auffallend, dennoch ist sie vorhanden. Licht wirkt u. a. auf die Sporenkeimung, Eindringung, den Infektionstyp sowie auf Bildung und Freilassung von Sporen. Der Effekt kann auf der Intensität der Belichtung, ihrer Dauer oder der Qualität des Lichtes beruhen.

Die Reaktion auf die Lichtintensität ist oftmals für bestimmte Wirt-Parasit-Beziehungen charakteristisch. Vielfach sind durch Lichtmangel geschwächte und vergeilende Pflanzen anfälliger gegenüber Perthophyten (z. B. Salat – *Botrytis;* Tomaten – *Fusarium*-Welke), während sich biotrophe Parasiten (z. B. Rostpilze) und Symbionten (Abb. 3.3) im allgemeinen um so besser entwickeln, je mehr Licht die Wirtspflanzen erhalten. Inkubations- und Fruktifikationszeiten werden bei hoher Lichtintensität meist verkürzt. Die Anfälligkeit gegenüber Viren wird allgemein erhöht, wenn die Pflanzen ein bis zwei Tage vor der Inokulation im Dunkeln gehalten werden. Diese Wirkung tritt aber nicht ein, wenn das Licht erst nach der Inokulation reduziert wird.

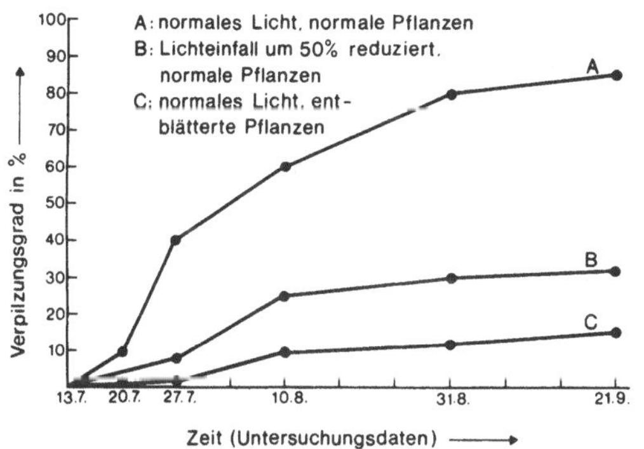

Abb. 3.3
Einfluß der Belichtungsintensität und Assimilationsfläche auf den Verlauf der Verpilzung von Tabakwurzeln mit *Glomus mosseae* (endotrophe Mycorrhiza) (nach P e u s s, Arch. Mikrobiol. **29**, 112, 1958)

Die Belichtungsdauer kann über den Photoperiodismus wirksam werden: Langtagspflanzen erreichen im Kurztag, Kurztagspflanzen im Langtag erst spät das Stadium der Altersresistenz. Doch auch die Reaktion der Pflanze auf einen Erregerbefall kann durch die Photoperiodik beeinflußt werden. Tabak verliert im Kurztag und unter reduzierter Lichtintensität seine Resistenz gegen Rasse 2 von *Pseudomonas solanacearum.* In mancher Hinsicht wirkt kurze Belichtungszeit ähnlich wie geringe Lichtintensität. Die Zahl gebildeter Uredolager von *Puccinia graminis* an Weizen verläuft in bestimmten Grenzen parallel zur Belichtungsdauer. Erhöhte Anfälligkeit in Kurztagen zeigen z. B.: Tomaten gegenüber *Fusarium oxysporum* und *Cladosporium fulvum;* Weizen gegenüber *Ophiobolus graminis* und *Septoria tritici; Phaseolus* spp. gegenüber Tabakmosaikvirus; *Helianthus annuus* gegenüber *Sclerotinia sclerotiorum* (Tab. 3.2). *H. annuus* weist im Kurztag ein succulentes Hypokotylgewebe auf, das im Langtag zunehmend lignifiziert – eine mögliche Erklärung für die größere Anfälligkeit im Kurztag.

Tab. 3.2 Einfluß der Photoperiode auf die Anfälligkeit einiger Sorten von *Helianthus annuus* gegenüber dem Stengelfäuleerreger *Sclerotinia sclerotiorum* (nach Orellana: Phytopathology **65**, 1293, 1975)

Belichtungsdauer (Std.)	Krankheitsindex*) Krasnodarets	Manchurian	CM 144	CM 162
8	4,8	4,5	4,1	5,0
14	4,1	2,6	2,0	4,3
18	2,7	2,0	1,5	2,5
24	0,9	0,8	0,4	1,0

*) 0 = symptomlos, 5 = abgestorben.

Tab. 3.3 Einfluß verschiedenfarbigen Lichtes auf den Befall von Gerstensorten durch Biotypen von *Helminthosporium gramineum* (nach Isenbeck, Kühn-Archiv **44**, 1, 1937)

Sorte	Biotyp	Befallshäufigkeit in % bei rot 625 nm	grün 525 nm	blau 460 nm	weiß
Nacktgerste	3501–11	27,2	10,2	0	52,6
	68–1	61,5	2,7	0	78,5
	118–2	25,7	2,9	43,4	0
Heines Hanna	3501–11	20,0	1,8	0	27,2
	68–1	0	0	0	1,4
	118–2	4,6	3,2	0	7,0

Die Wirkung des Lichtes auf die Erkrankung ist auch von der Wellenlänge abhängig. Die in Tab. 3.3 wiedergegebenen Daten zeigen, daß die Reaktion der Wirt-Erreger-Paare auf die Lichtqualitäten sehr verschieden sein kann. Selbst auf dem Niveau Sorte-Biotyp treten deutliche Unterschiede auf.

3.3 Ernährung der Pflanze

Wachstum und Entwicklung einer Pflanze hängen entscheidend von ihrer Ernährung ab. Auch Anfälligkeit und Krankheitsverlauf werden vom Ernährungszustand beeinflußt, jedoch läßt sich nicht verallgemeinernd sagen, daß besonders gut ernährte Pflanzen auch besonders widerstandsfähig gegenüber Krankheiten sind. Eher ist die Feststellung begründet, daß die Ernährungsbedingungen, die das Pflanzenwachstum begünstigen, auch Krankheiten fördern. Das gilt insbesondere für Krankheiten, die von biotrophen Organismen und Viren verursacht werden. Überschuß oder Mangel an einem Nährstoff führt mitunter zu deutlichen Auswirkungen auf die Prädisposition. Mit den folgenden Aussagen werden nur allgemeine Tendenzen aufgezeigt, der Einzelfall kann erhebliche Abweichungen aufweisen.

Anfälligkeit der Pflanze gegenüber Krankheitserregern steigt gewöhnlich bei Stickstoffüberschuß oder Kalimangel. Ein nicht zu extremer Stickstoffmangel oder Kaliüberschuß begünstigt dagegen die Widerstandsfähigkeit. Phosphorsäure bestimmt im allgemeinen die Reaktionslage der Pflanze weniger deutlich als die beiden anderen Hauptnährstoffe, jedoch korrelieren erfolgreiche Virusinfektion und -vermehrung mit verbesserter Phosphaternährung. In ähnlicher Weise wirken Stickstoff und Kali auf die Widerstandsfähigkeit der Pflanze gegen Kälteschäden. Die Wirkung eines Nährstoffes darf nicht isoliert betrachtet werden. Abgesehen davon, daß sie in verschiedenen Konzentrationsbereichen unterschiedlich sein kann, hängt die Wirkung eines Nährstoffes auf die Resistenz weitgehend vom Fehlen oder Vorhandensein anderer Nährstoffe ab.

Die Auswirkung der Ernährung auf die Reaktion der Pflanze nach Erregerbefall ist auch von ihrem jeweiligen Entwicklungszustand abhängig. Höhere Stickstoffgaben können z. B. Jugendanfälligkeit verlängern und Altersresistenz verzögern. Umgekehrt wirkt ein Kaliumüberschuß.

Auch die Stickstofformen wirken unterschiedlich. Durch sie können die Krankheitsbereitschaft der Pflanze, die Virulenz des Erregers, Wechselbeziehungen zwischen Schaderregern und anderen Mikroorganismen oder auch Bodenfaktoren wie der pH-Wert beeinflußt werden. Es gibt eine Reihe von Krankheiten, die nach NH_4-Düngung stärker als nach NO_3-Gaben auftreten. Bei anderen ist es umgekehrt. *Citrus*-Sämlinge werden nach NH_4-Düngung sehr viel stärker von *Phytophthora citrophthora* befallen als nach NO_3-Düngung. Nach Nitrat-Gaben tritt dagegen *Helminthosporium sativum* an Gerste stärker auf als nach Ammonium-Gaben (Abb. 3.4). Die Stickstofform kann sich auch auf die Exsudate der Pflanze auswirken und den Befall beeinflussen (Tab. 3.4).

Das geringere Auftreten der Schwarzbeinigkeit an Weizen (*Ophiobolus graminis*) nach NH_4-Düngung gegenüber NO_3-Düngung beruht offensichtlich auf einer Verminderung des pH-Wertes. Die Aufnahme von NO_3-Stickstoff erhöht etwas den pH-Wert in der Rhizosphäre, während die NH_4-Resorption einen erheblichen Abfall des pH-Wertes in der Rhizosphäre verursacht. Der scharfe Wechsel des pH-Wertes zwischen Rhizosphäre und Boden beeinträchtigt den Erreger, so daß ein geringerer Befall resultiert.

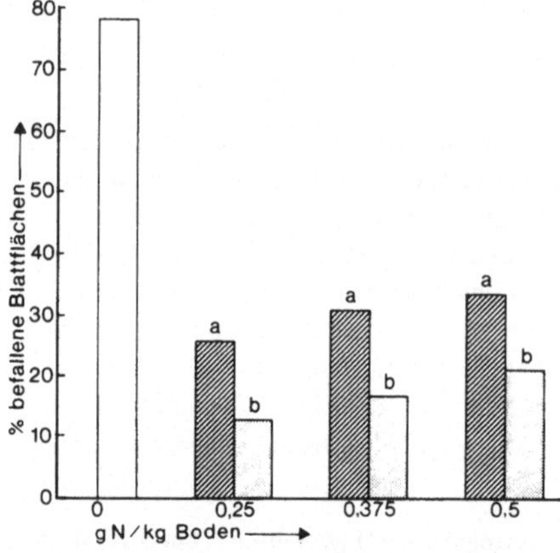

Abb. 3.4
Einfluß von N-Form und N-Menge auf den Befall von Gerstenblättern mit *Helminthosporium sativum* (a: NO_3-N; b: NH_4-N) (nach Saur, Diss. Bonn, 1976)

Tab. 3.4 Einfluß der N-Form auf Blattexsudate und Keimung von *Botrytis fabae*-Sporen auf *Vicia faba* (nach Sol: Med. Land. Hogesch. Gent **32**, 768, 1967)

N-Form des Bodendüngers	Gehalt der Blattexsudate an Leucin µmol	Glukose µg	Keimung der *B. fabae*-Sporen auf Blättern (6h) %	Zahl der Läsionen je cm^2 Blatt
Nitrat	0,35	184	30	11,6
Ammonium	0,72	321	76	28,3

Die Ursachen der befallsfördernden Wirkung hoher N-Düngung und befallsmindernden Wirkung hoher Kaligaben sind noch nicht befriedigend geklärt. Für diesen N-Effekt werden vor allem verantwortlich gemacht: verlängertes vegetatives Wachstum; dichter Pflanzenbestand; großlumiges, lockeres dünnwandiges Gewebe (gilt insbesondere für Epidermiszellen); erhöhter und veränderter Anteil an löslichen N-Verbindungen. Die Wirkungen des Kaliums sind denen des Stickstoffs entgegengesetzt. So werden bei guter Kaliversorgung Zellwände und Kutikula verstärkt, die Wundkorkbildung wird gefördert und die Standfestigkeit erhöht.

3.4 Pflanzenschutzmittel

Im modernen Pflanzenbau kommen die meisten Kulturpflanzen mehr oder weniger häufig mit Pflanzenschutzmitteln in Berührung. Nun wirken diese selten so spezifisch, daß sie nur bei den Zielorganismen Effekte auslösen. Auch auf andere Organismen, die beabsichtigt oder nicht von ihnen betroffen werden, können sie einwirken. So kann der morphologische und physiologische Zustand der Kulturpflanzen durch die Applikation von Pflanzenschutzmitteln beeinflußt und damit die Krankheitsbereitschaft verändert werden. Eine solche Wirkung auf die Pflanze ist von Mitteln, die in die Pflanze eindringen und in den Stoffwechsel einbezogen werden, eher zu erwarten als von Präparaten, die auf der Pflanzenoberfläche verbleiben. So werden seit der Einführung systemischer Fungizide derartige Nebenwirkungen besonders häufig beobachtet. Auch von zahlreichen Herbiziden sind solche Wirkungen bekannt.

Die Richtung, in der die Krankheitsbereitschaft verändert wird, hängt vor allem vom Pflanzenschutzmittel und der jeweiligen Wirt-Parasit-Kombination ab. Verallgemeinernde Aussagen sind hierüber kaum möglich. Einige bekannt gewordene Beeinflussungen der Krankheitsbereitschaft durch Pflanzenschutzmittel sind in der Tab. 3.5 zusammengestellt.

Tab. 3.5 Beispiele für die Beeinflussung der Krankheitsbereitschaft von Pflanzen durch Pflanzenschutzmittel (+ = Erhöhung, – = Verminderung des Befalls)

Pflanzenschutzmittel	Kulturpflanzen	Erreger/ Schadursache	Befall	Lit.[1]
Propham (IPC)	Tomaten	*Alternaria solani*	–	[1]
Tillampyrazon (PEBC)	Zuckerrüben	*Rhizoctonia solani*	+	[2]
Triazine, Harnstoff-derivate	Weizen	*Cercosporella herpotrichoides*	–	[3]
Diallat	Mais	*Fusarium moniliforme*	–	[4]
Dinitroaniline	Tomaten,	*Rhizoctonia solani*	–	
Dinitroaniline	Pfeffer,	*Fusarium oxysporum*	–	[5]
Dinitroaniline	Aubergine	*Verticillium dahliae*	–	
Cu-Mittel	Kaffee	*Colletotrichum coffeanum*	– +	[6]
Benzimidazol	Nelke	*Alternaria dianthi*	+	[7]
Benzimidazol	Cyclamen	*Pythium* spp.	+	[8]
Benzimidazol	Gerste	Trespenmosaik	+	[9]
Benzimidazol	Erdnuß	*Sclerotium rolfsii*	+	[10]
Benzimidazol	Gerste	*Typhula incarnata*	+	[11]
Benzimidazol	Weizen	*Rhizoctonia solani*	+	[12]
Benzimidazol	Bohne	Ozon	–	[13]
Ethirimol	Gerste	*Helminthosporium sativum*	+	[14]
Parathion	Hafer	*Puccinia coronata*	–	[15]
Parathion	Weizen	*Septoria nodorum*	–	[16]
Chlorcholinchlorid	Weizen	*Septoria nodorum*	+	[17]
Chlorcholinchlorid	Tomate	*Verticillium albo-atrum*	–	[18]

[1] Literatur siehe Seite 88

Literatur zu Tafel 3.5

[1] R i c h a r d s o n, L. T.: Canad. J. Pl. Science **39**, 30, 1959
[2] A l t m a n, J. et al.: Pl. Dis. Rep. **51**, 86, 1967
[3] B r a n d e s, W. et al.: Phytopath. Z. **71**, 351, 1971
[4] P a u l, V.: Diss. Bonn 1975
[5] G r i n s t e i n, A. et al.: Phytopathology **66**, 517, 1976
[6] V e r m e u l e n, H.: Neth. J. Pl. Pathology **76**, 285, 1970
[7] M a n n i n g, W. J. et al.: Pl. Dis. Rep. **56**, 9, 1972
[8] P r i l l w i t z, H. G.: Gartenwelt **22**, 470, 1972
[9] C o r s, F. et al.: Med. Fak. Landbouww. Gent **54**, 1066, 1971
[10] B a c k m a n n, P. A. et al.: Phytopathology **65**, 773, 1975
[11] H o s s f e l d, R.: Nachr. Dtsch. Pfl.schutzdienst **26**, 19, 1974
[12] P r e w, R. D.: Pl. Path. **24**, 67, 1975
[13] M a n n i n g, W. J. et al.: Phytopathology **63**, 1539, 1973
[14] S a u r, R.: Diss. Bonn 1976
[15] F l e i s c h m a n n, G. et al.: Can. J. Pl. Sci. **48**, 261, 1968
[16] K e e s, H.: Gesunde Pflanzen **23**, 77, 1971
[17] B r e t s c h n e i d e r - H e r m a n n, B.: Z. Acker- u. Pfl.-bau **133**, 137, 1971
[18] S i n h a, K. K.: Nature **202**, 824, 1964

Die Ursachen dieser Effekte sind im Einzelnen meist unbekannt. Neben einer allgemeinen Umstimmung des Stoffwechsels spielen möglicherweise eine Rolle: Verschiebung im Gehalt und in der Zusammensetzung an pflanzlichen Inhaltsstoffen, Veränderungen in der Struktur des Abschlußgewebes und der Zellwände, Verkürzung des Infektionsweges durch Stauchung der Internodien (CCC – *Septoria nodorum*), Veränderung der Oberflächenflora. Ethirimol sensibilisiert offensichtlich das Gewebe für einen Befall mit *Helminthosporium sativum*. Nach Applikation dieses systemischen Fungizids tritt bei Gerste diese Helminthosporiose verstärkt auf. Die pathologischen Prozesse laufen früher und intensiver ab. Die Fruktifikationszeit wird um fast ein Drittel verkürzt. Auch die Wirkung eines Helminthosporium-Toxins auf den Wirt wird durch das systemische Fungizid verstärkt.

Weiterführende Literatur

C o l h o u n, J.: Effects of environmental factors on plant disease. Ann. Rev. Phytopathology **11** (1973) 343 bis 364
F u c h s, W. H.; G r o ß m a n n, F.: Ernährung und Resistenz von Kulturpflanzen gegenüber Krankheitserregern und Schädlingen. In: L i n s e r, H.: Pflanzenernährung, Bd. I., S. 1007 bis 1107. Wien-New York 1972
H u b e r, D. M.; W a t s o n, R. D.: Nitrogen form and plant disease. Ann. Rev. Phytopathology **12** (1974) 139 bis 165

4 Reaktionen der Pflanze auf Befall

Der Angriff des Erregers auf den Wirt leitet die Pathogenese ein. In ihrem Verlauf kommt es durch Veränderungen biochemischer Reaktionen und physiologischer Prozesse zumindest zu einer funktionellen Störung des Wirtes, meistens zum Absterben der unmittelbar betroffenen Zellen. All diese pathologischen Vorgänge können ganz oder teilweise auch in Zellen auftreten, die den befallenen benachbart, also nicht direkt infiziert sind. Das Ergebnis sind dann Symptome, die mehr oder weniger charakteristisch für die jeweilige Wirt-Parasit-Kombination sind: Verfärbungen, Welken, Formveränderungen, Absterbeerscheinungen. Neben diesen makroskopischen Symptomen treten „innere", nur mikroskopisch sichtbare Veränderungen auf, die jenen vorangehen oder aber alleiniges Krankheitsbild bleiben.

4.1 Zellwand und Zellorganellen

Pflanzenzellen sind von Zellwänden eingeschlossen. Ihre Überwindung ist eine Voraussetzung für erfolgreichen Parasitismus. Abgesehen von Viren haben deshalb auch alle Erreger von Pflanzenkrankheiten die Fähigkeit, Enzyme zum Abbau von Zellwandpolysacchariden zu bilden (vgl. Abschn. 2.2). In manchen Wirt-Parasit-Kombinationen, vor allem bei kompatiblen Beziehungen, erfolgt die Penetration der Zellwand, ohne daß diese erkennbar reagiert. Häufig ist aber als erste morphologische Reaktion des Wirtes auf den eindringenden Erreger zu beobachten, daß die Zellwand an der betroffenen Stelle anschwillt oder daß sogar neue Strukturen gebildet werden. Die Anschwellung kann teilweise durch die Ansammlung von Abbauprodukten erklärt werden. Daneben müssen noch andere Reaktionen beteiligt sein, denn auch Virusbefall oder Applikation von Toxinen kann eine Anschwellung bedingen.

Neue Strukturen treten in Form einer induzierten Zellwandverdickung (Papille) auf (Abb. 4.1). Sie befindet sich an der Innenseite der Zellwand, unmittelbar unter dem Appressorium bzw. der Penetrationshyphe und tritt vor der Durchdringung der Wand auf. Die Verdickungen schwanken in Form, Größe und Dichte. Sie sind in der Regel amorph und weisen keine fibrilläre Struktur auf. Sie sind nicht als Schwellung der Zellwand, sondern als eine Auflagerung von Wandmaterial anzusehen. Manches spricht dafür, daß ein mechanischer Druck der Pilze auf die Zellwand die Bildung der Wandverdickung stimuliert. Ihre Zusammensetzung ist noch nicht ganz aufgeklärt. Kallose, mitunter auch Lignin und Zellulose dürften Hauptbestandteile sein. Auch Suberin und Pektin werden als Komponenten genannt.

Unklar ist auch noch, ob die Anlage der Wandverdickungen als Abwehrreaktion Bedeutung hat (vgl. 5.3.2.1). Verallgemeinernde Aussagen sind hierzu kaum möglich. Es gibt Fälle, in denen die eindringenden Hyphen diese Strukturen offenbar ohne Schwierigkeiten durchstoßen und zum Lumen der Zelle vordringen. In anderen Wirt-Parasit-

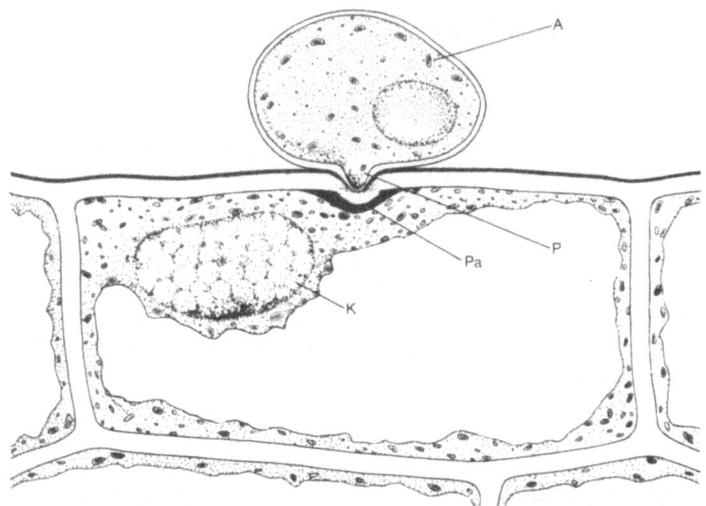

Abb. 4.1 Schematische Darstellung der Papillenbildung gegenüber der eindringenden Penetrationshyphe. A Appressorium; P Penetrationshyphe; Pa Papille; K hypertrophierter Kern der Wirtszelle

Kombinationen kann die Hyphe die Zellwand zwar penetrieren, bleibt aber dann in der Wandverdickung eingeschlossen, oder die Durchdringung wird verzögert. Eindringende Hyphen können von Ablagerungen umgeben werden, die jene wie eine Scheide umschließen und weit ins Zellumen hineinragen. Solche Strukturen bezeichnet man auch als Lignituber. Die Infektionshyphe durchdringt sie entweder später oder aber sie wird abgekapselt. Zellulose, Hemizellulose und Kallose werden als die Hauptbestandteile angesehen, daneben Lignin und gummiähnliche Substanzen.

Eine weitere dynamische Reaktion der Zellwand auf Erreger bzw. ihre Metaboliten ist bei Echtem Mehltau an Weizen und Gerste beobachtet worden. In der epidermalen Zellwand dieser Pflanzen wird – nachdem die Penetrationshyphen des Erregers (*Erysiphe graminis*) die Plasmamembran erreicht haben – um den Eindringungspunkt herum Silizium akkumuliert.

Pathologische Veränderungen treten auch an Zellorganellen auf. Kerne werden in manchen Fällen von einem Infekt angezogen: sie wandern dann auf die dem Parasiten zugewandte Zellseite. Diese Reizwirkung kann dem Erreger weit vorauseilen. Zellkern- und Nukleolushypertrophien treten häufig nach Infektion auf, vor allem bei Befall mit biotrophen Erregern und in pflanzlichen Tumoren (Tab. 4.1). Dieses Phänomen ist ein Zeichen hoher Stoffwechselaktivität, die sich auch in verstärkter RNS-Synthese äußert (vgl. Abschn. 4.7). An Kohl vergrößert sich nach Befall mit *Plasmodiophora brassicae* das Volumen der Kerne auf das Zehnfache, das der Nucleoli sogar auf das Dreißigfache. In einem späteren Befallsstadium kann sich die Größe der Kerne wieder vermindern. In der Regel kollabieren sie dann.

Tab. 4.1 Einfluß von Schwarzrost auf die Größe von Nukleus und Nukleolus in Mesophyllzellen von Weizen in μ^3
(nach Whitney et al. Can. J. Bot. **40**, 1533, 1962)

Tage nach Inokulation	Nukleus gesund	Nukleus infiziert	Nukleolus gesund	Nukleolus infiziert
6	35	53	0,2	0,8
15	94	80	0,2	0,4

Kernhypertrophien treten keineswegs bei allen Erkrankungen auf. Es gibt auch Beispiele dafür, daß durch eine Infektion die Kerngröße vermindert wird (z. B. bei Zwiebel nach Befall mit *Botrytis allii*). Möglicherweise ist dies auf eine direkte Wirkung einer Ribonuklease auf den Kern zurückzuführen. Als weitere pathologische Veränderungen sind zu nennen: Beschädigung der Kernmembranen mit nachfolgendem Austritt des Kernplasmas oder Vakuolisierung des Kerns (z. B. an Reis und Gurkenblättern, die von *Piricularia oryzae* bzw. *Botrytis cinerea* befallen sind).

Auch die Mitochondrien, auf denen die Atmungsenzyme lokalisiert sind, unterliegen nach Erregerbefall häufig pathologischen Veränderungen, die in der Feinstruktur sichtbar werden. Bei einer Helminthosporiose an Reis lassen sich die Degenerationsstadien nach 4 Typen gliedern (Tab. 4.2). Mit fortschreitender Erkrankung nimmt die Zahl der stärker degenerierten Typen zu.

Bei Erkrankungen grüner Pflanzenteile mit nachfolgender Chlorose oder Vergilbung treten in fortgeschrittenen Infektionsstadien regelmäßig pathologische Veränderungen an Chloroplasten auf. Die Art dieser Veränderungen variiert mit den jeweiligen Wirt-Parasit-Kombinationen außerordentlich. Es gibt Beispiele für Schrumpfungen der Chloroplasten wie für ihre Schwellung und Vakuolisierung. Die Außenmembran kann erhalten

Tab. 4.2 Prozentuale Verteilung der Mitochondrien-Typen in Reiskoleoptilen nach Infektion mit *Helminthosporium oryzae* (nach Akai, Forschg. auf d. Gebiet d. Pflanzenkrankh. **8**, 1, 1973)

Zeit nach Inokulation	Mitochondrientyp*) M_0	M_1	M_2	M_3
Kontrolle	83	9	6	2
10 Std.	48	24	16	12
30 Std.	12	34	31	23
50 Std.	3	6	9	82

*) M_0(0,6 μ x 0,4 μ) = normal; M_1(1,0 μ x 0,6 μ) = geschwollen; M_2(0,4 μ x 0,3 μ) = geschrumpft, dunkle Cristae; M_3 = Stroma und Zahl der Cristae reduziert, Vakuolisierung.

bleiben oder zerstört werden. Das Resultat ist in der Regel die Degeneration der Chloroplasten. Die verschiedenartigen Auswirkungen dürften u. a. auf unterschiedliche Stoffwechselprodukte und spezifische Toxine der jeweiligen Erreger zurückzuführen sein (vgl. Abschn. 4.4). Externe Faktoren, insbesondere die N-Versorgung beeinflussen die Degeneration der Chloroplasten.

4.2 Permeabilität

Der pflanzliche Protoplast wird nach außen von Membranen abgeschlossen. Interne Membranen grenzen einerseits die Zellorganellen vom Grundplasma ab, andererseits durchziehen sie das Plasma mit einem verzweigten Kanalsystem. Die Membranen, selbst Produkte des Stoffwechsels, übernehmen wichtige Funktionen sowohl beim Stoffaustausch zwischen Zelle und Außenmedium wie auch innerhalb der intrazellulären Umsetzungen. Die überwiegende Zahl aller Enzyme ist an Membranen angeheftet. Sie unterteilen die Zelle in Kompartimente, die inkompatible Systeme voneinander trennen und halten die Ungleichgewichte in der Zelle aufrecht. Stärkere Beschädigungen der Membranen führen zum Zelltod.

Erhöhung der Permeabilität ist ein Charakteristikum erkrankter Zellen (Abb. 4.2). Sie ist oftmals die erste meßbare Reaktion des betroffenen Gewebes und leitet den Krankheitsprozeß ein. Die Membran büßt ihre Semipermeabilität ein und wird durchlässig. Die Zelle verliert Wasser und zahlreiche Substanzen, aber auch die Fähigkeit zum aktiven Transport von Verbindungen, d. h. vor allem zur Akkumulation von Stoffen gegen ein Konzentrationsgefälle. Am Rande von Nekrosen resistenter Pflanzen weisen die Zellen

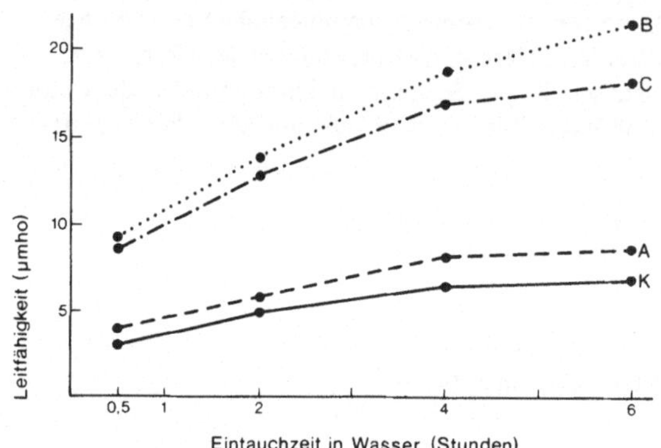

Abb. 4.2 Veränderungen der Permeabilität von *Phytophthora citrophthora*-Läsionen an *Citrus*-Sämlingen, gemessen an der Leitfähigkeit von Wasser, in das die ausgeschnittenen Gewebestücke gelegt wurden.
A Zentrum der Läsion;
B anschließendes dunkelgrünes, wassergetränktes Gewebe, meist ohne Pilzmycel;
C Läsionenrand, hellgrün, gesund erscheinend;
K gesundes Gewebe.
(nach Hartmann und Nienhaus, Z. Pflkrankh. 81, 433, 1974)

mitunter eine verminderte Permeabilität auf. Dies deutet an, daß Veränderungen in der Permeabilität die Bereitstellung von Nährstoffen für den Erreger und damit für sein Wachstum im Gewebe beeinflussen. Permeabilitätsveränderungen sind nicht an den Ort gebunden, an dem der Erreger unmittelbar auftritt. Häufig werden sie auch in einiger Entfernung von ihm beobachtet.

Permeabilitätsbeeinflussungen werden in erster Linie von Stoffen hervorgerufen, die der Erreger bildet und ausscheidet. Doch auch Substanzen, die als Reaktionsprodukte der Auseinandersetzung zwischen Wirt und Erreger anzusehen sind, beeinflussen die Funktion der Membranen. Hierzu zählen die als Folge enzymatischer Aktivitäten auftretenden Abbauprodukte des Wirtsgewebes. Solche Substanzen können Tüpfelmembranen „verstopfen", ein Vorgang, der als eine der Ursachen parasitärer Welke anzusehen ist. *Phytophthora infestans* löst in Kartoffelblättern die Umwandlung von Adenosin in Adenin aus. Letzteres wirkt als Toxin und ruft Permeabilitätserhöhungen hervor.

Von den Erreger-eigenen Substanzen spielen hier vor allem Enzyme und Toxine eine Rolle. Ketten-spaltende pektolytische Enzyme lockern den Zellverband (Mazeration), beeinträchtigen die Fähigkeit zur Plasmolyse und führen schließlich zum Zelltod. Der Elektrolytverlust beginnt lange, bevor die Mazeration sichtbar wird. Die Toxizität von Erregertoxinen geht in vielen Fällen zunächst auf eine Beeinträchtigung der Semipermeabilität der Membranen zurück. Dies gilt sowohl für wirtsspezifische wie auch für unspezifische Toxine, zu denen auch so weit verbreitete Substanzen wie z. B. die Oxalsäure zu zählen sind. Nicht nur das Plasmalemma, auch der Tonoplast und das intrazelluläre Membransystem können betroffen sein.

4.3 Atmung

Bei der Atmung werden energiereiche organische Moleküle (vor allem Glukose) durch enzymatisch kontrollierte Oxydationen unter Freisetzung von Energie in mehr oder weniger große Bruchstücke zerlegt, aus denen auch neue Verbindungen synthetisiert werden. Die frei gewordene Energie wird zum großen Teil als ATP gespeichert und für die Aufrechterhaltung des Stoffwechsels in der Zelle verwertet. ATP ist das Bindeglied zwischen den Energie-erzeugenden und -verbrauchenden Reaktionen der Zelle.

Die biologische Oxydation verläuft in mehreren Stufen (Abb. 4.3):

– Abbau von Glukose zu Pyruvat. Die Pyruvatbildung erfolgt größtenteils über die Glykolyse (Embden-Meyerhof-Weg). Hier werden die Glukose-Moleküle zunächst phosphoryliert und dann in Triosen gespalten. Der Nutzen der Glykolyse liegt im Gewinn von zwei Molekülen ATP, zwei Molekülen Pyruvat und zwei Molekülen $NADPH_2$ aus einem Molekül Glukose. Die Reaktionen laufen im Grundplasma ab.

Der Abbau der Glukose kann auch, besonders im erkrankten oder geschädigten Gewebe, auf dem Wege der direkten Oxydation im Pentose-Phosphat-Zyklus erfolgen, der keinen molekularen Sauerstoff erfordert. Hier ist die gesamte Oxydation auf ein endständiges C-Atom begrenzt, das als CO_2 freigesetzt wird. Ausgangsprodukt ist ebenfalls Glukose-6-

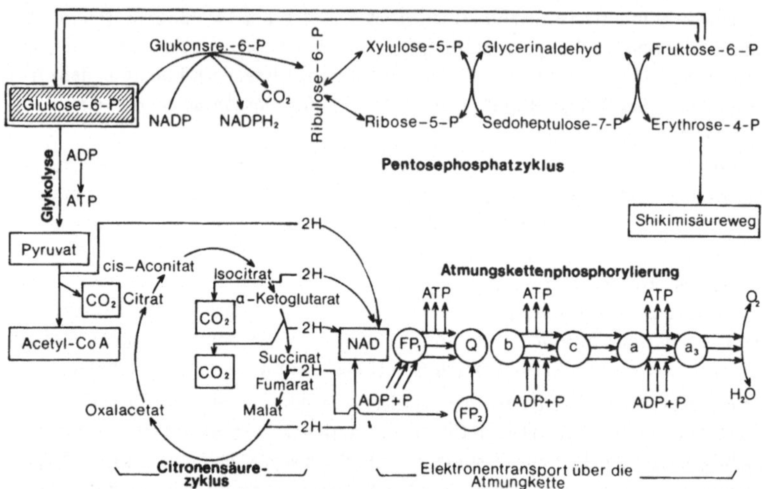

Abb. 4.3 Schematische Darstellung des Kohlenhydratabbaues

phosphat, das durch Dehydrierung und Decarboxylierung zum Pentose-5-phosphat umgewandelt wird. Bei der Oxydation von Glukose durch Dehydrierung reduziert der Wasserstoff NADP zu $NADPH_2$. ATP wird nicht gebildet. Die C_5-Zucker können in weiteren Reaktionsschritten wieder zu Glukose-6-Phosphat regeneriert werden. Dabei werden auch C_3-, C_4- und C_7-Zucker gebildet. Diese Rekombinationen sind reversibel. Die eigentliche Bedeutung des Pentose-Phosphat-Zyklus liegt in der Lieferung des Reduktionsmittels $NADPH_2$ und in der Bereitstellung von Zwischenprodukten (vor allem Pentosen) für Neusynthesen. Zwischenverbindungen wie 3-Phosphoglyzerinaldehyd und Fructose-6-phosphat können im Bedarfsfall der Glykolyse zufließen. Die Enzyme dieses Zyklus sind ebenfalls im Grundplasma lokalisiert.

– Der Abbau des Pyruvats. Zunächst wird das Pyruvat durch Dehydrogenasen oxydativ decarboxyliert und zum Acetyl-CoA (aktivierte Essigsäure) umgewandelt. Das Acetat wird im Krebszyklus (Citronensäure-Zyklus, Tricarbonsäure-Zyklus) unter Abspaltung von Wasserstoff zu CO_2 abgebaut.

– Die Endoxydation in der Atmungskette und Atmungskettenphosphorylierung. Der im Krebszyklus abgespaltene Wasserstoff bzw. sein Elektron wird von den Wasserstoff-Akzeptoren FAD (Flavin-Adenin-Dinucleotid), NAD (Nicotinamid-Adenin-Dinucleotid) NADP (Nicotinamid-Adenin-Dinucleotid-Phosphat) aufgenommen. Über ein gekoppeltes Redox-System (Atmungskette) werden die Elektronen letztlich auf molekularen Sauerstoff übertragen, so daß am Ende der Kette die Oxydation des Wasserstoffs zu Wasser steht. Das Endglied der Atmungskette ist die Cytochromoxydase, die als Endoxydase bezeichnet wird. Die Beteiligung anderer Endoxydasen (z. B. Phenolasen, Ascorbinsäureoxydase) ist nach neueren Untersuchungen unerheblich. Die in der Atmungskette kaskadenartig freigesetzte Energie wird als ATP aufgefangen (oxydative Phosphorylierung).

Bei der vollständigen Oxydation unter aeroben Bedingungen wird die Synthese von 38 Molekülen ATP aus ADP und anorganischem Phosphat ermöglicht. Der gesamte oxydative Abbau von Pyruvat erfolgt in den Mitochondrien.

Die Atmung ist ein permanenter Prozeß, bei dem die einzelnen Etappen und Stufen in einem Fließgleichgewicht stehen (die Geschwindigkeit, mit der eine Substanz gebildet wird, entspricht genau der Geschwindigkeit, mit der diese Substanz ausgeschieden oder abgebaut wird). Eine Störung zieht schwerwiegende Folgen, oftmals den Zelltod nach sich. Das Fließgleichgewicht wird äußerst fein von dem Mengenverhältnis ADP/ATP bestimmt. Ein ausreichendes Angebot an ADP und anorganischem Phosphor ist für eine normale Atmung unerläßlich. Sie steigt mit zunehmendem ADP-Anteil, weil die Essigsäureoxydation im Citronensäurezyklus vor allem von der Konzentration des verfügbaren ADP bestimmt wird. Jede Reaktion der Zelle, die den ATP-Verbrauch steigert, führt somit automatisch über ein erhöhtes Angebot von ADP zur Atmungssteigerung.

Es ist ein allgemeines Phänomen, daß nach Erregerbefall, aber auch nach mechanischer oder chemischer Beschädigung, die Atmungsintensität der betroffenen Pflanzenteile ansteigt. Diese Reaktion der Pflanze muß als eine unspezifische angesehen werden. Sie beginnt meist schon vor dem Auftreten sichtbarer Symptome und erreicht – bei Pilzbefall – oft ihren Höhepunkt bei der Sporulation des Erregers, um danach abzuklingen, mitunter sogar unter die Atmungsrate gesunder Pflanzen. Bei inkompatiblen Wirt-Parasit-Paaren nimmt sie meist schneller zu, fällt aber auch wieder rascher ab. Narkotika, welche die Atmung der Pflanze hemmen, erhöhen meist ihre Anfälligkeit gegenüber pilzlichen Erregern.

Die Infektion der Pflanze führt zu einem erhöhten Stoffwechsel. Die Geschwindigkeit der Plasmaströmung nimmt zu. Metaboliten (organische, aber auch anorganische wie Phosphor und Schwefel) werden mobilisiert, zum Befallsort transportiert und dort angereichert. Die Synthese von Proteinen und Kohlenhydraten wird meist stimuliert. Die Energie dazu liefert ATP. Je mehr ATP aber verbraucht wird, um so mehr ADP entsteht und um so stärker wird die Atmung intensiviert. Möglicherweise verwertet die kranke Pflanze die Energie von ATP auch weniger effektiv als die gesunde, so daß für gleiche Leistungen mehr Energie erforderlich ist. Die erhöhte Syntheseleitung muß deshalb als eine wesentliche Ursache der gesteigerten Atmung erkrankter Pflanzen angesehen werden.

Als eine weitere Ursache erhöhter Atmung wird oftmals die „Entkopplung" genannt. Elektronentransport und Phosphorylierung sind eng miteinander verbunden. Diese Verbindung kann durch bestimmte Substanzen („Entkoppler") entkoppelt werden. Der Elektronentransport geht dabei ungehindert weiter. Die Phosphorylierung von ADP zu ATP ist jedoch blockiert und ADP wird angereichert. Dadurch geht Oxydationsenergie als Wärme verloren und wird nicht mehr chemisch gespeichert. In kranken Pflanzen werden „biologische Entkoppler" (vor allem Erregertoxine) vermutet, welche die ATP-Bildung hemmen und zur Anreicherung von ADP, d. h. zur Atmungssteigerung führen. Ergebnisse verschiedener Experimente sind jedoch mit der Entkopplungshypothese schwer vereinbar. So fällt im kranken Gewebe die maximale Inkorporation anorganischen Phosphors in organische Phosphorverbindungen mit der höchsten Atmungsintensität zusammen (Abb. 4.4). Die Entkopplung wird deshalb kaum eine wesentliche Ursache der Atmungssteigerung sein.

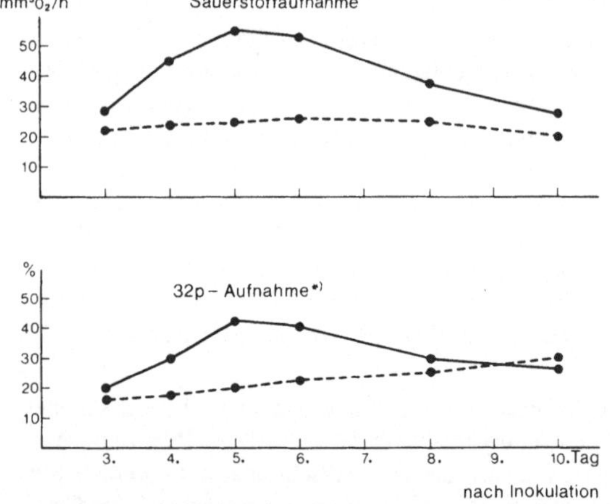

Abb. 4.4 Sauerstoff- und ^{32}P-Aufnahme von Weizenblättern nach Infektion mit *Puccinia graminis tritici*. --- gesund, —— infiziert
*) Einbau in höhermolekulare Trichloressigsäure-unlösliche Phosphate. (nach Heitefuß und Fuchs, Phytopath. Z. **46**, 174, 1963)

Sauerstoff hemmt den anaeroben Glukoseabbau. Diese Umschaltung des Stoffwechsels von Gärung auf aeroben Abbau, „Pasteur-Effekt" genannt, kann bei Stoffwechselstörungen beeinträchtigt werden. Die Ausschaltung des „Pasteur-Effektes" bedeutet also, daß die Kontrolle der Glykolyse, d. h. ihre Reduzierung in Gegenwart von Sauerstoff, entfällt. Die Folgen sind erhöhte O_2-Aufnahme und aerobische CO_2-Produktion. Der „Pasteur-Effekt" wird meist gemessen durch die Bestimmung des Verhältnisses der CO_2-Bildung in Stickstoff zu der in Luft. Ist das Verhältnis größer als 1 liegt der „Pasteur-Effekt" vor. Zwischen 1 und 0,33 kann er vorliegen. Das Verhältnis von anaerobischer zu aerobischer CO_2-Bildung ist in erkranktem Gewebe gewöhnlich niedriger als in gesundem (Tab. 4.3). Das deutet eine Hemmung des „Pasteur-Effektes" an. Da dieser Effekt eine effiziente Substratnutzung bewirkt, hat seine Hemmung bei erhöhter Atmung einen größeren Substratverbrauch zur Folge, bei dem weniger Energie erzeugt wird.

Tab. 4.3 Respirationsquotienten in Hypocotylen von Carthamus tinctorius, gesund und nach Infektion mit *Puccinia carthami* (nach Daly and Sayre, Phytopathology **47**, 163, 1957)

Tage nach Inokulation	$Q_{CO_2}^{N_2}$		Q_{CO_2}		$Q_{CO_2}^{N_2}/Q_{CO_2}$	
	gesund	krank	gesund	krank	gesund	krank
10	1,22	1,23	1,42	1,59	0,86	0,77
14	1,19	1,25	1,65	2,02	0,72	0,62
17	1,30	0,95	2,01	2,95	0,65	0,32
20	1,09	0,86	1,76	3,29	0,62	0,26
24	1,11	0,75	1,76	3,00	0,63	0,25

Im kranken Gewebe verläuft der Glucoseabbau verstärkt über den Pentose-Phosphat-Weg. Experimentell wird der Anteil dieses Weges an der Veratmung von Glukose-1-^{14}C bzw. Glukose-6-^{14}C gemessen. Das Verhältnis von $^{14}CO_2$ aus $C_6:C_1$-Glukose sollte bei Glykolyse etwa 1,0 sein. Wenn der Abbau über den Pentose-Phosphat-Weg erfolgt, muß das Verhältnis dagegen abfallen, denn die Decarboxylierung ist in diesem Stoffwechselweg auf C_1 des Glucose-6-Phosphats beschränkt. Das $C_6:C_1$-Verhältnis, das bei gesunden Pflanzen etwa zwischen 0,5 und 0,7 liegt, fällt nach Rost- oder Mehltaubefall auf etwa 0,2 ab. Ähnliches wurde nach Virusinfektionen oder nach Applikation des Toxins Victorin beobachtet. Dieser Abfall fällt mit der Erhöhung der Atmungsintensität zusammen. Wie oben beschrieben, liefert der Pentose-Phosphat-Weg mit $NADPH_2$ und verschiedenen Zuckerphosphaten Ausgangsstoffe für weitere Synthesen. U. a. fällt Erythrose-4-Phosphat an, von dem der für die Synthese phenolischer Verbindungen wichtige Shikimisäureweg ausgeht (Abb. 4.5).

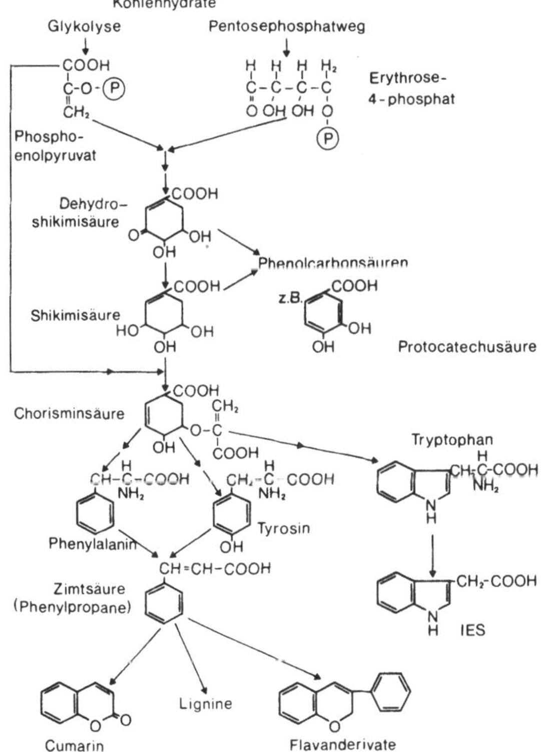

Abb. 4.5
Shikimisäureweg

4.4 Photosynthese

Photosynthese bezeichnet den Vorgang, bei dem Lichtquanten durch die Pigmente der Chloroplasten absorbiert und in chemische Energie umgewandelt werden. Erforderlich sind CO_2, Licht, Chlorophyll, intakte Chloroplasten und H_2O. Mangel an einem dieser Faktoren beeinträchtigt die Photosynthese.

Licht wird nur in den ersten Teilprozessen (Lichtreaktionen) benötigt, bei denen die photochemische Wasserspaltung (Photolyse) erfolgt, die sich summarisch wie folgt darstellen läßt:

$$H_2O \rightarrow H^+ + OH^-$$
$$OH^- \rightarrow \frac{1}{2} O_2 + H^+ + 2\,e^-$$

Dabei wird NADP zu $NADPH_2$ reduziert. Außerdem entsteht ATP (Photophosphorylierung). Die Freisetzung von Sauerstoff aus Wasser bei Belichtung und in Gegenwart eines geeigneten Wasserstoffakzeptors (HILL-Reaktion) ist ein enzymatischer Vorgang, zu dem auch isolierte Chloroplastenfragmente befähigt sind. Die Lichtreaktionen finden in den Thylakoiden statt (Membransystem im Innern der Chloroplasten). Im zweiten, äußerst komplizierten Schritt, der nicht an Licht gebunden ist (Dunkelreaktion), wird die in $NADPH_2$ und ATP eingefangene Energie für die Reduktion von CO_2 und zur Synthese von Kohlenhydraten und anderen energiereichen Molekülen verwendet. Diese Reaktionen laufen im Stroma (Chloroplastenmatrix) ab.

Die wesentliche, aber noch nicht verbindlich zu beantwortende Frage ist, ob eine veränderte Photosyntheseaktivität eine Voraussetzung oder bloß eine Folge der Pathogenese ist. Die Photosynthese wird früher oder später fast immer beeinflußt, wenn ein Erreger eine Pflanze befällt, vor allem, wenn er auf ein photosynthetisch aktives Gewebe einwirkt. Bei welkenden Pflanzen erfolgt dieser Einfluß in indirekter Weise, da als Folge mehr oder weniger geschlossener Stomata der Gasaustausch reduziert ist. Die Zahl der assimilierenden Zellen wird vermindert, wenn die Zellen absterben (Nekrosen) oder vom Erreger vernichtet werden. In anderen Fällen wird die Aktivität der Chloroplasten in der noch lebenden Zelle durch Stoffwechselprodukte beeinflußt, die während der Pathogenese entstehen. Diese Einwirkung erstreckt sich meist auf die an der Photosynthese beteiligten Enzyme und/oder auf die Chloroplasten und Chlorophyllmoleküle (vgl. Abschn. 4.1). So hemmt das Wildfeuer-Toxin (*Pseudomonas tabaci*) u. a. die Glutamin-Synthetase, welche die Synthese von Glutamin aus Glutaminsäure und Ammoniumstickstoff katalysiert. Bei Hemmung des Enzyms kommt es zur Anreicherung von Ammoniak, das die Chloroplasten zerstören kann.

Ein charakteristisches Symptom vieler Viruserkrankungen ist die Chlorose, die auf Chlorophyllverlust oder Chloroplastenzerstörung zurückgeht. Treten an der gleichen Pflanze auch Zonen mit erhöhtem Chlorophyllgehalt auf, so kommt es zum Mosaik-Symptom. Die HILL-Reaktion kann als Folge eines Befalls in Mitleidenschaft gezogen sein. Nach TMV-Infektion ist dies mehr auf eine Beeinträchtigung enzymatischer Aktivitäten als auf Chlorophyllverlust zurückzuführen (Tab. 4.4). Zusätzliche N-Ver-

Tab. 4.4 Chlorophyllgehalt, HILL-Reaktion und Virus-Vermehrung in gesunden und TMV-infizierten Tabakblättern mit und ohne Stickstoffdüngung (nach Zaitlin and Jagendorf, Virology **12**, 477, 1960)

Behandlung	mg Chlorophyll/ g Frischgewicht	HILL-Reaktion μ mol Fe $(CN)_6$ reduziert/mg Chlorophyll/Std.*)	mg Virus/g Frischgewicht
Kontrolle ohne N	0,57	197	–
TMV ohne N	0,35	120	1,4
Kontrolle mit N	0,79	279	–
TMV mit N	0,68	269	6,3

*) Die HILL-Reaktion wird gemessen an der Reduktion von Ferricyanid zu Ferrocyanid.

sorgung kann diesen Effekt aufheben: die Enzymaktivitäten (HILL-Reaktion) sind nicht mehr beeinträchtigt und trotz vielfach höheren Virusgehaltes, wird die Symptomausprägung unterdrückt. Offenbar ist die Virusvermehrung an sich nicht unmittelbar für die chlorotischen Symptome verantwortlich.

Gewöhnlich geht die Photosyntheserate, gemessen an der CO_2-Aufnahme, als Folge eines Befalls zurück. Bei einigen Rosten (u. a. *Puccinia graminis, Uromyces appendiculatus*) und auch beim Mehltau (*Erysiphe graminis*) kann jedoch eine anfängliche Zunahme der Photosyntheserate beobachtet werden. Bei Bohnenrost ist dieser Anstieg die Folge erhöhter CO_2-Fixierung in den nicht befallenen Blättern kranker Pflanzen (Tab. 4.5), während gleichzeitig die Photosyntheserate in den erkrankten Blättern vermindert war. Die „Grünen Inseln" um chlorotisches Gewebe herum weisen erhöhten Chlorophyllgehalt, oftmals auch erhöhte Photosyntheseleistung auf. Sie treten z. B. auf nach Infektion mit Viren (TMV, Tabakringfleckenvirus), Pilzen (Rost, Mehltau, *Septoria, Rhytisma, Cercospora*), aber auch nach Befall mit *Cuscuta* oder sogar nach mechanischer oder chemischer Verwundung. Auch die Stärkebildung hängt von der Photosyntheserate ab. Meist ist in befallenen Pflanzen weniger Stärke zu finden. Zuweilen, besonders bei Virusinfektionen, aber auch in der Nachbarschaft von Rost-

Tab. 4.5 $^{14}CO_2$-Aufnahme Rost-freier Blätter von gesunden und mit *Uromyces appendiculatus* infizierten Bohnenpflanzen (nach Livne, Plant Physiol. **39**, 614, 1964)

Tage nach Inokulation	fixiertes $^{14}CO_2$ cpm x 10^{-5}/g Fr.gew. gesund	krank	relativ ges. = 100
2	14,61	14,81	101
4	16,30	17,15	105
9	15,38	24,32	158

läsionen, wird sie jedoch angereichert, weil ihr Abtransport oder ihre Weiterverarbeitung blockiert oder gestört ist.

Höhere Pflanzen können CO_2 in begrenztem Umfange auch im Dunkeln in Form von Malat fixieren, z. B. über folgende reversible Reaktion

$$\begin{array}{l} COOH \\ | \\ C{=}O + CO_2 + NADPH + H_2 \\ | \\ CH_3 \end{array} \rightleftharpoons \begin{array}{c} COOH \\ | \\ HO - C - H \\ | \\ H - C - H \\ | \\ COOH \end{array} + NADP^+$$

Pyruvat Malat

Die Dunkelfixierung kann in kranken Pflanzen vorübergehend größer sein als in gesunden. Dieser Effekt kann auch ausgelöst werden, wenn nur ein Toxin appliziert wird, der lebende Erreger also fehlt (Tab. 4.6). Diese Form der Festlegung von CO_2 ist also nicht allein dem Erreger, sondern auch der Pflanze zuzuschreiben.

Tab. 4.6 Wirkung von *Helminthosporium carbonum*-Toxin auf $^{14}CO_2$-Dunkelfixierung von Maisblättern (nach Kuo and Scheffer, Phytopathology **60**, 1391, 1970)

Gewebetyp	Toxinkonz. μg/ml	fixiertes CO_2 *)	Steigerung %
anfällig	0	490	
	5,0	706	44
anfällig	0	464	
	50,0	1379	197
resistent	0	361	
	50,0	485	34

*) Impulse pro Minute und Platte.

4.5 Phenolstoffwechsel

Zu den allgemeinen Reaktionen von Pflanzenzellen auf Befall oder Beschädigung gehören die vermehrte Synthese aromatischer Verbindungen, insbesondere von Phenolen, und eine Erhöhung der Aktivität oxydativer Enzyme. Aromatische Verbindungen phenolischer Natur kommen praktisch in jeder Pflanze vor. Neben den einfachen Phenolen zählen zu dieser großen Stoffgruppe u. a. Phenolcarbonsäuren, Cumarine, Flavanderivate, Phenylpropane (Lignin). Vielfach liegen sie glycosidiert oder verestert in der Zellvakuole vor. Die Biosynthese erfolgt vor allem über den Shikimisäureweg, daneben auch über den Acetatweg. Ausgangssubstanzen für den Shikimisäureweg sind Phosphoenolbrenztraubensäure und Erythrose-4-phosphat, die aus der Glykose bzw. dem Pentose-phosphat-Cyklus stammen (Abb. 4.5). Ein Schlüsselenzym für die Biosynthese der Phenole ist die Phenylalanin-Ammonium-Lyase (PAL).

Die Aktivierung des Pentose-phosphatweges, wie sie für befallenes Gewebe typisch ist, führt zu vermehrtem Anfall von Erythrose-4-phosphat und NADPH, die beide im Shikimisäurestoffwechselweg benötigt werden. Bei erhöhter Glykolyse, wie sie in erkranktem Gewebe häufig beobachtet wird, fällt vermehrt Pyruvat, aber auch Acetyl-CoA an, von dem aus der Acetat-Stoffwechselweg seinen Ausgang nimmt. Der oft erhöhte Gehalt an IES in krankem Gewebe hat möglicherweise eine Ursache im aktivierten Shikimisäureweg, denn sie fällt ebenfalls auf diesem Wege an (Abb. 4.5). In erkranktem oder beschädigtem Gewebe werden durch gesteigerte Glykosidaseaktivität phenolische Glykoside gespalten und die oft toxischen Aglukone freigesetzt.

Es kann als eine Regel gelten, daß in inkompatiblen Wirt-Parasit-Verhältnissen phenolische Verbindungen besonders schnell synthetisiert und angereichert werden (Abb. 4.6). So führt die Zufuhr der aromatischen Aminosäure Phenylalanin in Apfelblätter nur bei Sorten, die resistent gegen *Venturia inaequalis* sind, zu einer Ansammlung hemmender phenolischer Komponenten (Phloridzin, Phloretin), nicht dagegen bei anfälligen Apfelsorten. Häufig ist vermutet worden, daß die Anreicherung phenolischer Komponenten (z. B. von Chlorogensäure in Kartoffeln, von Scopoletin in Tabak) eine primäre Ursache der Resistenz sei. Für eine direkte toxische Wirkung auf den Erreger reicht allerdings in der Regel die Konzentration einzelner Phenole nicht aus, es sei denn, sie werden lokal in der Erregerumgebung angehäuft.

Zweifellos spielen sie im Stoffwechsel der kranken Pflanze und bei ihren Abwehrreaktionen eine wesentliche Rolle. Sie akkumulieren durch Neusynthese in nekrotisch reagierendem Gewebe und sind am Wundheilungsprozeß beteiligt. Von zahlreichen Phenolen ist bekannt, daß sie vor allem in oxydierter Form die Aktivität von Enzymen, auch

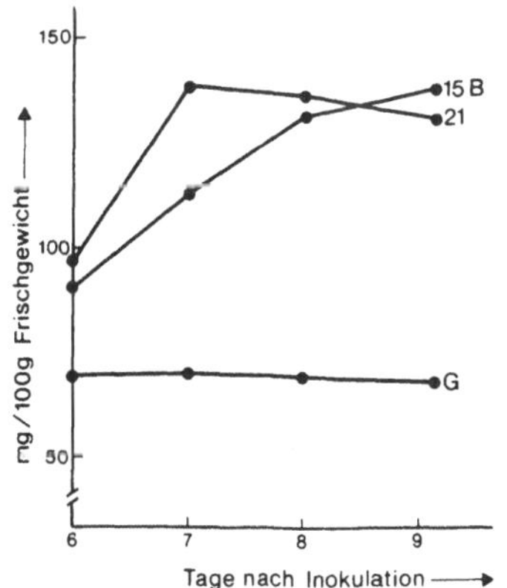

Abb. 4.6
Phenolsynthese in Weizen infiziert mit verschiedenen Rassen von *Puccinia graminis tritici*.
15 B kompatible, 21 inkompatible Reaktion, G gesund (nach K i r a l y et al. Phytopathology 52, 657, 1962)

die von Erregerenzymen hemmen. Das gilt z. B. für Pektin-abbauende Enzyme oder die IES-Oxydase, deren Hemmung zur IES-Anreicherung beiträgt. Definitionsgemäß gehören Erreger-hemmende Substanzen, die während der Pathogenese von der Pflanze vermehrt gebildet werden, zu den Phytoalexinen. Sie werden im Resistenzkapitel (Abschn. 5.3) behandelt.

4.6 Oxydative Enzyme

Zu den wichtigen Oxydasen zählen vor allem die Peroxydasen und Phenoloxydasen, weiterhin sind Ascorbinsäure-, Cytochromoxydase, Catalase und Dehydrogenasen zu nennen.

Die Wirkung der Peroxydasen erstreckt sich vor allem auf aromatische Stoffe, die durch Wasserstoffabspaltung oxydiert werden. Die Reaktion verläuft nach folgendem Schema:

$$\text{Peroxydase} \cdot H_2O_2 + AH_2 \rightarrow \text{Peroxydase} + 2\,H_2O + A$$

AH_2 steht für eine Reihe von Substanzen (z. B. Phenole, aromatische Säuren und Amine, Ascorbinsäure, $NADH_2$). Es handelt sich also um ein relativ substratunspezifisches Enzym. Es besteht im allgemeinen aus einer Anzahl von Isoenzymen. Peroxydasen sind in Zellwänden, Mitochondrien, im Kern lokalisiert. Bei der Atmung wirkt sie wahrscheinlich mit dem Cytochrom-System zusammen und ist an einer Reihe weiterer Reaktionen in der Zelle beteiligt, z. B. am IES-Stoffwechsel, vermutlich auch an der Aethylen-Produktion und an der Ligninbildung.

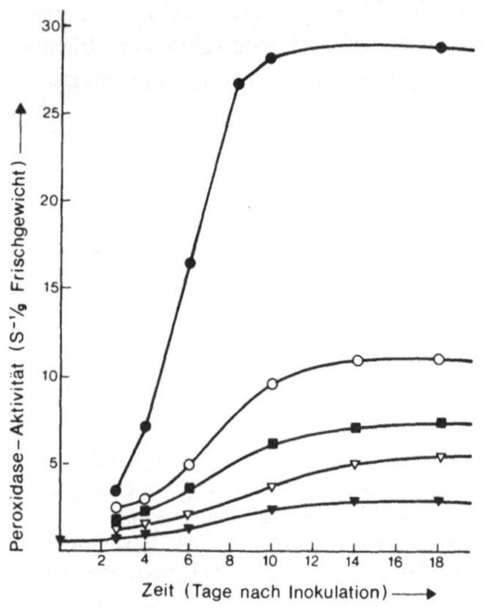

Abb. 4.7
Zeitliche Entwicklung der Peroxidase-Aktivität um TMV-Läsionen auf *Nicotiana tabacum* var. *Xanthi*
●——● erste 1-mm-Zone;
○——○ zweite 1-mm-Zone;
■——■ dritte 1-mm-Zone;
△——△ Gewebe zwischen den Läsionen;
▲——▲ gesundes Kontrollblatt.
(nach W e s t s t e i j n, Physiol. Pl. Pathol. 8, 63, 1976)

Nach Infektion, aber auch nach Wundreizungen abiotischen Ursprungs, wird gewöhnlich eine erhöhte Peroxydase-Aktivität beobachtet. Die höchste Aktivität findet sich oft im Gewebe, das unmittelbar an die Läsionen grenzt (Abb. 4.7). Die Wirkung kann aber auch darüber hinaus reichen und sich sogar auf nicht-inokulierte Blätter infizierter Pflanzen erstrecken. Bei Virosen mit nekrotischen Läsionen wird allgemein eine stärkere Aktivierung beobachtet als bei systemischer Infektion. Auch *de novo* synthetisierte Isoenzyme oder veränderte Intensitäten einzelner Isoenzyme sind nach Infektion gefunden worden.

Häufig löst die Inokulation resistenter Pflanzen mit einem Erreger eine stärkere Aktivierung der Peroxydase aus als die Inokulation anfälliger Pflanzen. Baumwollkapseln sind gegenüber *Diplodia gossypina* im Alter von 10 und 40 Tagen besonders anfällig, weisen dagegen im Alter von 15 bis 30 Tagen eine relative Resistenz auf. Die Peroxydaseaktivität ist in dieser „resistenten" Phase am stärksten erhöht (Tab. 4.7). Die höhere Aktivität kann zur Folge haben, daß phenolische Verbindungen zu den antimikrobiell wirksameren Chinonen oxydiert werden. Phenolische Verbindungen, z. B. Chlorogensäure, Kaffeesäure, Ferulasäure inhibieren oder stimulieren je nach Konzentration die Aktivität der Peroxydase. Bei Virosen ist eine negative Korrelation zwischen der Peroxydase-Aktivität und der Größe von Lokalläsionen beobachtet worden. Möglicherweise wandern Nekroseprodukte zu benachbarten Zellen, in denen sie Resistenzmechanismen induzieren. Eine hohe Peroxydase-Aktivität würde zu einer schnellen Nekrose und diese zu einer schnellen Resistenzinduktion und damit zu einer begrenzten Läsionengröße führen.

Tab. 4.7 Peroxydaseaktivität in Extrakten gesunder und von *Diplodia gossypina* befallener Baumwollkapsel verschiedenen Alters (nach Wang and Pinchard, Phytopathology **63**, 1095, 1973)

Alter der Kapsel	POD-Aktivitäten gesund	(Einheiten/mg) befallen	Erhöhung
10 Tage	8	38	4,8
15 Tage	39	283	7,3
20 Tage	80	613	7,7
30 Tage	135	876	6,5
40 Tage	62	304	4,9

Jedoch ist erhöhte Resistenz nicht immer mit gesteigerter Peroxydase-Aktivität verbunden. So kann auch in manchen kompatiblen Wirt-Parasit-Paaren die Aktivität stärker zunehmen als in inkompatiblen. Bei Gurken, die mit dem Gurken-Mosaik-Virus infiziert sind, läuft die Peroxydase-Aktivität etwa mit der Virus-Multiplikation parallel. Die verfügbaren Daten über die Rolle dieses Enzyms in der Pathogenese lassen sich nicht einheitlich interpretieren, so daß es zweifelhaft bleibt, ob erhöhte Aktivität dieses Enzyms ein Teil des Resistenzmechanismus ist.

Phenoloxydasen. Es werden 2 Typen unterschieden: a) Laccase, die die Oxydation von p-Hydrochinon zu p-Chinon katalysiert; b) Phenolasen, die auch als Polyphenoloxydase, Tyrosinase oder DOPA-Oxydase bezeichnet werden. Phenolasen sind kupferhaltige Enzyme, die unter O_2-Verbrauch Monophenole zu Diphenolen oxydieren und diese weiter zu Chinonen dehydrieren (Abb. 4.8). Zahlreiche Isoenzyme sind beschrieben worden. Über Zwischenprodukte, die z. T. aus nicht-enzymatischen Reaktionen hervorgehen, polymerisieren die Chinone zu dunkel gefärbten Verbindungen (Melanine). In der intakten Zelle stellen Phenole mit den entsprechenden Chinonen Redox-Systeme dar. Sie stehen in einem reversiblen Gleichgewicht, das wahrscheinlich zunächst auch durch Ascorbinsäure reguliert wird. Erst durch Verletzung der Zelle verschiebt sich das Gleichgewicht zu Gunsten der Oxydation, d. h. der Chinone, und es kommt zu einer dunklen Verfärbung, wie sie an Schnittflächen bei Früchten und Kartoffeln allgemein bekannt ist. Die Phenolasen sind u. a. in Chloroplasten, Mitochondrien und in löslichen Cytoplasmafraktionen zu finden.

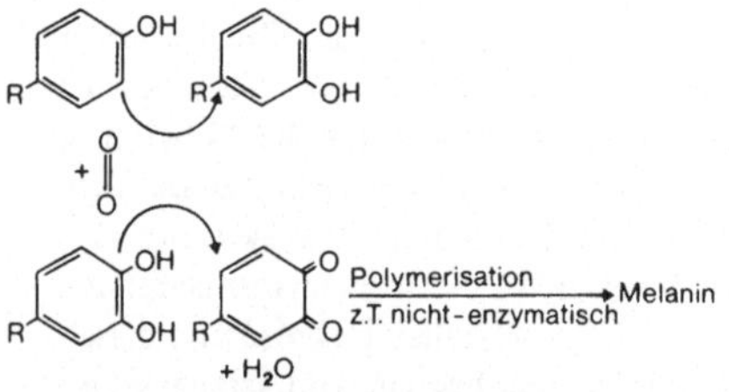

Abb. 4.8
Reaktionsschema einer Phenolase

Erregerbefall, aber auch mechanische Verletzungen haben eine erhöhte Aktivität der Phenolasen im Gefolge. Dabei ist zu berücksichtigen, daß ersterer einen kontinuierlichen Reiz bewirkt. Als Ursachen sind anzusehen:

- Aktivierung latenter Phenolasen,
- Neusynthese der Enzyme (soll durch Aethylen stimuliert werden),
- vom Erreger gebildete Phenolasen.

Häufig ist gefunden worden, daß in resistenten Pflanzen ein stärkerer Anstieg der Aktivität von Phenolasen erfolgt als in anfälligen. Das führt zum vermehrten Anfall antimikrobiell aktiver Chinone und zur Bildung mechanischer Infektionsbarrieren. Bei Anfälligkeit induzieren Erreger möglicherweise die Reduktion der oxydierten Phenole. In Pflanzen, die reich an glykosidierten Phenolen sind (z. B. Apfel an Phloridzin, Birne an Arbutin), werden als Folge des Befalls zunächst die Glycoside durch β-Glucosidase gespalten und die freigesetzten Phenole durch Phenolasen oxydiert. Ebenso wie die Rolle der Peroxydase ist auch die der Phenolasen bei Resistenzreaktionen nur schwer zu bestimmen. Es ist nicht auszuschließen, daß die Aktivierung oxydativer Enzyme und die Ansammlung phenolischer Substanzen in kranken Geweben unspezifische Folgen der Schädigung sind.

4.7 Proteinstoffwechel

Erregerbefall führt zu chemischen und physikalischen Veränderungen des Proteins der Zelle. Gewöhnlich ist der Gesamtproteingehalt erhöht. Der Erreger selbst trägt dazu bei. Die gesamte Erhöhung kann sogar auf diesem Erregerprotein beruhen. In dem Gewebe, das den Infektionsstellen unmittelbar benachbart, aber nicht befallen ist, werden sowohl Synthese wie Abbau spezifischer Proteine angeregt.

Veränderungen im Proteingehalt treten auch nach mechanischer Verletzung auf und sind hierbei eingehend untersucht worden. In Süßkartoffelscheiben ist der Proteingehalt 24 Std. nach dem Zerschneiden, verglichen mit frisch geschnittenen Kontrollen, um 10 bis 30% erhöht, die Atmungsrate verdoppelt. Verschiedene Enzyme werden aktiviert bzw. *de novo* synthetisiert. Das gilt vor allem für Phenolasen, Peroxydasen, insbesondere aber für die Phenylalanin-Ammonium-Lyse (Abb. 4.9), welche die Biosynthese von Phenyl-Propankörpern (Chlorogensäure, Kaffeesäure u. a.) katalysiert. An der Glykolyse und am Pentose-Phosphat-Weg beteiligte Enzyme werden ebenfalls aktiviert. Der RNS-Gehalt ist innerhalb von 24 Std. um 50% erhöht. Zahl und Aktivität der Mitochondrien nehmen zu. Die Atmungsrate ist stark erhöht. Die Mehrzahl der aktivierten Enzyme wird nach einer gewissen Zeit inaktiviert oder sogar degradiert.

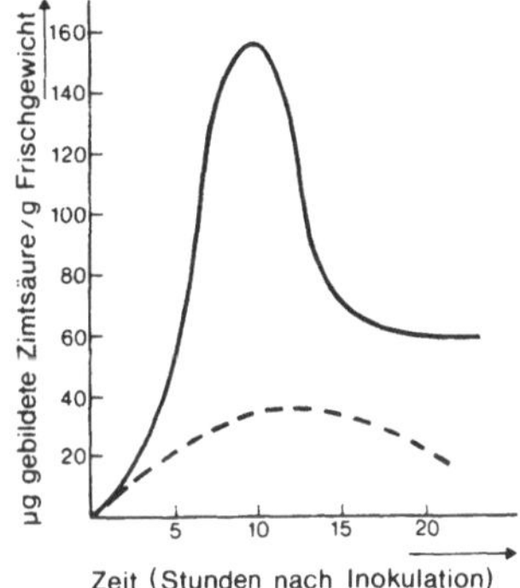

Abb. 4.9 Phenylalanin-ammonium-lyase Aktivitäten in *Glycine max*-Sämlingen.
----- nicht inokuliert;
——— inokuliert mit *Helminthosporium carbonum*
(nach Biehn et al., Phytopathology 58, 1255, 1968)

Ähnliche Vorgänge treten nach Erregerbefall auf. Sie werden in den direkt befallenen wie in den angrenzenden, nicht befallenen Zellen beobachtet. Das Ausmaß der Veränderung kann unterschiedlich sein. So wird z. B. die Peroxydase gewöhnlich nach Infektion stärker aktiviert als in mechanisch verwundetem Gewebe, ebenso werden einzelne Isoenzyme unterschiedlich stark aktiviert. Ein Ergebnis der Enzymaktivierung kann die Produktion von Phytoalexinen sein. Die Zunahme der Erregermassen im Gewebe ist durch Sekretion ihrer Enzyme gekennzeichnet. Später klingt die Proteinsynthese ab. Von Erregern gebildete Toxine und Enzyme tragen zum Abbau von Proteinen bei. Freie Aminosäuren werden angehäuft. An Bohnen hemmt ein von *Pseudomonas phaseolicola* und *P. glycinea* produziertes Toxin die Ornithin-Carbamyl-Transferase. Dadurch kommt es zur Anhäufung von Ornithin und zur Ausbildung von Chlorosen (die Zugabe von Citrulin verhindert diese Chlorosen). Ebenfalls beeinflußt wird der Ornithin-Cyklus in Wurzeln mit endotropher Mycorrhiza. Durch erhöhte spezifische Aktivität „Arginin-synthetisierender" Enzyme kommt es hier zu einer Anreicherung von Arginin.

Veränderungen des Protein-Stoffwechsels im erkrankten, jedoch nicht befallenen Gewebe weisen erhebliche Ähnlichkeiten mit denen auf, die bei Reife und Alterung eintreten. Die Beteiligung von Aethylen bei diesen Vorgängen ist wahrscheinlich. Es wird sowohl in befallenen wie auch in seneszenten Gewebe verstärkt gebildet.

Veränderungen im Nukleinsäurestoffwechsel treten bei zahlreichen Pflanzenkrankheiten auf. Für Rost- und Mehltauerkrankungen ist eine Erhöhung des RNS-Gehaltes (vor allem ribosomale RNS) in den befallenen Blättern kennzeichnend. Ihr Maximum erreicht die Erhöhung zu Beginn der Sporulation, um danach wieder abzuklingen. Zur Erhöhung trägt nicht nur der Erreger, sondern auch der Wirt bei. Eine beschleunigte RNS-Synthese findet in den „Grünen Inseln" statt. Bei inkompatiblen Beziehungen verändert sich die RNS-Konzentration dagegen nicht merklich (Tab. 4.8). Erhöhungen im DNS-Gehalt sind weniger offensichtlich, abgesehen von Krankheiten mit Hypertrophie-Symptomen. In solchen Geweben (Gallen, Wucherungen) ist eine besonders ausgeprägte Erhöhung des Gehaltes an Nukleinsäuren festzustellen.

Tab. 4.8 Gehalt an ribosomaler RNS (im Verhältnis zum konstanten Gehalt an DNS) in Blättern zweier Hafersorten nach Inokulation mit *Puccinia coronata* (nach Tani et al.: Phytopathology **63**, 491, 1973)

Zeit nach Inokulation	RNS gesund	RNS befallen
Victoria (anfällig)		
0 (Tage)	2,61	
2	1,58	1,70
3	1,17	1,37
4	1,02	1,32
6	0,68	1,18
Shokan 1 (resist.)		
0 (Std.)	2,44	
28	1,63	1,62
48	1,62	1,76

Die Aktivität der Ribonukleasen, insbesondere der RNase, nimmt nach Rostbefall in anfälligen Pflanzen oftmals erheblich zu. Auch in resistenten Pflanzen tritt noch eine beachtliche Steigerung auf. Mehrfach wurde beobachtet, daß einer anfänglichen Erhöhung eine Abnahme folgte, danach aber wieder eine erneute Steigerung eintrat. Die neu gebildeten RNasen unterscheiden sich in einigen Merkmalen (u. a. Hitzestabilität, Substratpräferenz) von denen in gesunden Pflanzen. Auch eine Erhöhung der Desoxyribonukleasen ist bei einigen Rostkrankheiten beobachtet worden.

Wie weit die beschriebenen Veränderungen im Nukleinsäurestoffwechsel spezifische Reaktionen auf Erregerbefall sind, ist weitgehend ungeklärt. In mechanisch verwundetem Gewebe laufen teilweise ähnliche Prozesse ab. Manche Veränderungen im RNS-Gehalt nach Infektion können auch nur die Folge beschleunigter oder verzögerter Seneszenz sein.

Auch eine Übertragung von Nukleinsäure zwischen Erreger und Wirt muß in Betracht gezogen werden. Als sogenanntes Tumor-induzierendes Prinzip wird häufig DNS oder RNS von *Agrobacterium tumefaciens* genannt, ohne daß der schlüssige Beweis dafür erbracht ist. Es wird heute als sicher angenommen, daß extrachrosomonale DNS-Moleküle (Plasmide) des Bakteriums bei der Tumorentstehung eine Schlüsselrolle spielen. Noch nicht geklärt ist, ob die Moleküle oder Teile von ihnen direkt die Tumorbildung induzieren oder nur die Tumor-induzierenden Eigenschaften des Bakteriums übertragen.

4.8 Wasserhaushalt

Der größte Teil des Pflanzenkörpers besteht aus Wasser. Aufnahme, Transport, Umsatz und Abgabe dieses absolut lebensnotwendigen Bestandteiles werden durch Krankheiten und Beschädigungen der Pflanze fast regelmäßig beeinflußt. Störungen des Wasserhaushaltes treten insbesondere als Welken in Erscheinung.

Auf den Wasserzustand der Pflanze wirkt neben der Bodenfeuchtigkeit vor allem die Lufttemperatur ein, weiterhin sind von Einfluß: Luftfeuchtigkeit, Luftbewegung, Licht und verschiedene Bodenfaktoren. Zum Teil wird auch atmosphärisches Wasser genutzt (Tau). Die Leitung des aus dem Boden aufgenommenen Wassers in der Pflanze setzt sich aus drei Stufen zusammen:

- der parenchymatischen Leitung von der Wurzeloberfläche bis zum Xylem,
- der eigentlichen Gefäßleitung,
- der Leitung vom Xylem zur Oberfläche.

Der Hauptteil des Wassertransportes erfolgt im Xylem. Hier wird das Wasser vom Unterdruck, der in dem oberen Pflanzenteil besteht, hochgesaugt. Vorbedingung hierfür ist die Kohäsion des Wassers, die von Adhäsionskräften des Wassers an der Gefäßwand begleitet wird. Wird die kohärente Wassersäule zerstört, kommt es zu einem sofortigen irreversiblen Abreißen der Wassersäule. Transpiration und Anreicherung osmotisch wirksamer Substanzen können zu einer Umlagerung des Wassers innerhalb der Pflanze führen. Übersteigt die Transpiration die Nachlieferung des Wassers, werden die Wasserreserven des Stammes zu Gunsten der Blätter vermindert. Verstärkte Photosynthese führt zu einer Erhöhung des osmotischen Wertes im assimilierenden Gewebe. Die Folge ist, daß den älteren Blättern zu Gunsten der jüngeren Wasser entzogen wird.

Die Wasserabgabe der Pflanze erfolgt vor allem über die Transpiration. Sie bewirkt Wassertransport und damit auch die Versorgung der Pflanze mit Nährsalzen. Sie verhindert durch Verdunstung eine Überhitzung des Blattes bei starker Sonneneinstrahlung. Die Transpiration erfolgt im wesentlichen über die Stomata, zum geringeren Teil durch die Cuticula. Die Blattoberfläche besitzt einen hohen Transpirationswiderstand. Ihre tatsächliche Transpiration erreicht nie die Werte der Evaporation eines gleichgearteten Filterpapiers. Bei der Guttation und beim Bluten wird Wasser in flüssiger Form abgegeben. Vorbedingung ist eine hohe relative Luftfeuchtigkeit. Erstere erfolgt über die Hydathoden, das Bluten über mechanische Verletzungsstellen.

Die Wasseraufnahme der Pflanze wird beeinträchtigt, wenn die Ausbildung des Wurzelsystems oder seine Funktionsfähigkeit in Mitleidenschaft gezogen wird. Zahlreiche Erreger schädigen die Pflanze in dieser Weise (z. B. Tabak-Nekrose-Virus, *Erwinia carotovora, Pythium* spp., *Ophiobolus graminis, Rhizoctonia solani, Fomes annosus, Thielaviopsis basicola, Fusarium* spp., *Pyrenochaeta lycopersici,* Nematoden). Die Zerstörung der schützenden Epidermis bzw. Kutikula führt zu erhöhter Verdunstung (z. B. Schorf, Rost). In frühen Infektionsstadien (z. B. bei Rost oder Mehltau) öffnen sich häufig die Stomata nicht, so daß die Transpiration vermindert ist.

Der Wasserhaushalt wird erheblich beeinträchtigt, wenn eine Tracheomykose oder Tracheobakteriose vorliegt (vgl. Abschn. 6.9). Die Erreger siedeln sich stets im Xylem an. Der Durchflußwiderstand des erkrankten Xylems kann mehr als 50fach so hoch sein wie der in gesunden Pflanzen. Die Ursachen sind komplexer Natur. Sie gehen auf den Erreger selbst zurück und auf Reaktionen des Wirtes auf die Erregeraktivitäten. Die Gegenwart des Erregermyzels kommt als alleinige Ursache für die Verminderung des Wassertransportes nicht in Betracht. Selbst bei heftig erkrankten Pflanzen sind nicht alle Tracheen befallen und selbst bei starkem Myzelwachstum brauchen nicht immer Welkesymptome aufzutreten. Konidien der Erreger werden zwar in den Gefäßen gebildet und auch transportiert, aber rein mechanisch sind sie offensichtlich nicht in der Lage, den Wasserstrom wirksam aufzuhalten.

Die Erreger synthetisieren neue Substanzen und geben sie in die Xylem-Flüssigkeit ab. Zu diesen Metaboliten gehören Wachstumsregulatoren, aber auch höhermolekulare Verbindungen (z. B. Polysaccharide und Glycopeptide), die die Viskosität erhöhen, die Durchflußrate also vermindern. Sie können sich auch in den Leitelementen festsetzen und den Wassertransport von Zelle zu Zelle blockieren. Ein typisches Merkmal der Welkekrankheiten ist die Bräunung der Gefäße und der angrenzenden parenchymatischen Zellen, die stark besiedelt sein können. Die Pathogene sondern vor allem pektolytische, aber auch zellulolytische Enzyme ab, die zur Desorganisation und Mazeration der Zellen führen und aktivieren möglicherweise pflanzeneigene Pektinmethylesterase. Gleichzeitig findet eine Hydrolyse phenolischer Verbindungen statt, die dann durch Phenolasen oxydiert werden. Die Oxydationsprodukte polymerisieren. Diese, die enzymatischen Abbauprodukte, sowie die Enzyme selbst, tragen zur Reduzierung des Flüssigkeitsstromes bei.

Die vermehrte Synthese aromatischer Verbindungen hat auch einen höheren IES-Gehalt zur Folge. Darüber hinaus wird durch Blockierung der IES-Oxydase der IES-Abbau gehemmt. Zusätzlich synthetisieren die Erreger IES. Das Überangebot an IES bewirkt eine Hypertrophie des Xylemparenchyms. Hierdurch kann ein Wachstumsdruck auf die Xylem-Gefäße entstehen, der ihre Funktionsfähigkeit beeinträchtigt. Ferner kann das vermehrte Angebot an IES die Bildung von Thyllen (blasenförmige Ausstülpungen der

Tüpfelschließhäute in das Gefäßlumen) fördern, die den Wasserstrom im Xylem vermindern. Dazu trägt weiterhin die Bildung gummi- und gelartiger Substanzen durch die Pflanze bei, die im Spätstadium der Krankheit akkumulieren und in den Gefäßen an Engstellen (auch an Siebplatten des Phloems) Pfropfen bilden und sich an Tüpfeln festsetzen. An die Pfropfen werden andere Materialien angelagert, die frei im Xylemsaft vorhanden sind (z. B. auch Hydrolyseprodukte der Zellwand).

4.9 Wundheilung

Die Pflanze versucht, Wunden durch Heilungsprozesse zu schließen. Dazu werden, unabhängig von der Schadursache nicht-spezifische, autonome Prozesse zur Restitution in Gang gesetzt. Bei holzigen Gewächsen gehören – je nach der Tiefe der Verwundung – die Regeneration des Phellogens, des faszikulären Kambiums, Blockierung der Gefäße im Splintholz dazu. Die Prozesse schließen dynamische metabolische und anatomische Veränderungen ein. Sie dienen der Abwehr und der Heilung. Schnelligkeit und Intensität der Reaktion sind oftmals sortentypisch und können über den Erfolg entscheiden.

Nach Verwundung eines noch jungen Gewebes kommt es gewöhnlich zur Bildung von Wundkallus. Dazu teilen sich die an die Wunde angrenzenden lebenden Zellen und wuchern aus der Wunde hervor. Diese parenchymatische Wucherung kann aus wenigen Zellschichten bestehen, aber auch üppige Formen annehmen. Das zunächst homogene Kallusgewebe kann sich differenzieren, u. a. entstehen dann Tracheiden. In besonderem Maße ist das Kambium zur Kallusbildung befähigt.

Als Vernarbungsgewebe ist der Wundkallus besonders geeignet, weil sich meist in der Peripherie des Kallusgewebe ein Korkkambium (Phellogen) ausbildet, das nach außen Korkzellen erzeugt, so daß eine Korkschicht (Phellem) entsteht. Die Verkorkung besteht in der Auflagerung von wasserundurchlässigem Suberin und Kutin auf die Zellwände. Durch Imprägnierung mit Lignin kann diese Schicht verholzen. Nach innen scheidet das

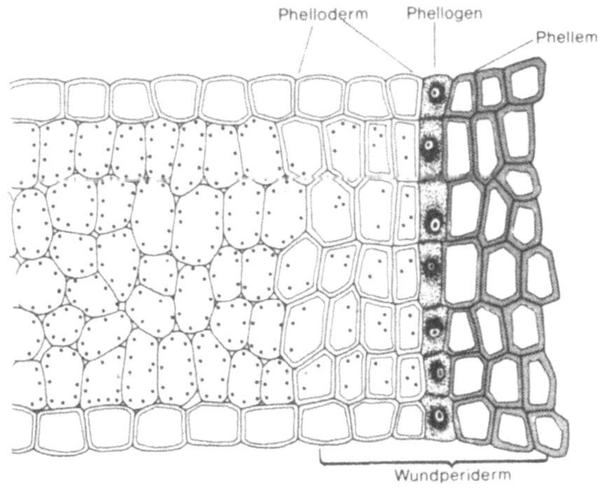

Abb. 4.10
Bildung von Wundkork an einem Blatt

Korkkambium unverkorkte, aber durch Zellulose verdickte Zellreihen ab (Phelloderm). Phelloderm, Phellogen und Phellem werden als Periderm (Korkgewebe) zusammengefaßt (Abb. 4.10). Seine Dicke und Dichte sind arten- und sortentypisch und von den während der Bildung herrschenden Umweltbedingungen abhängig.
Reicht bei holzigen Gewächsen die Wunde in den Holzkörper hinein, wächst das an die Wundränder grenzende Stammkambium zu einem Wundkallus aus. Nach außen schließt sich der Wulst durch ein Korkgewebe ab, während in seinem Innern ein funktionsfähiges Meristem entsteht, das mit dem Stammkambium in Verbindung tritt. So verbreitern sich die Überwallungswülste und bedecken allmählich die Wundfläche mit neuen Holzschichten. Erreichen sich die Überwallungswülste über die Wundfläche hinweg, so verwachsen sie und auch ihre Kambien werden zu einer einheitlichen Meristemschicht. Beim Obstbaumkrebs spricht man dann vom „geschlossenen Krebs". Bringt der Erreger (*Nectria galligena*) aber das an den Wundrändern gebildete Kallusgewebe immer wieder zum Absterben, wird der Holzkörper freigelegt und es entsteht der „offene Krebs".
Mit der Wundkorkbildung gehen metabolische Veränderungen einher, die vor allem den Phenol-, Protein- und Wuchsstoffhaushalt betreffen. Die Atmungsintensität nimmt zu, oftmals steigt auch die Temperatur an. Die Bildung von Wundkork erfolgt nur in Anwesenheit von Sauerstoff, sie wird durch hohe relative Luftfeuchtigkeit gefördert. Die Schnelligkeit der Wundkorkbildung ist in hohem Maße temperaturabhängig. Bei niedrigen Temperaturen verläuft sie sehr langsam oder unterbleibt gänzlich. Das Optimum liegt bei vielen Pflanzen oberhalb 20 °C.

Ein sehr ähnlicher Vorgang ist die histogene Demarkation, bei der erkranktes Gewebe durch Anlage einer Korkschicht lokalisiert, zuweilen sogar abgestoßen wird. Im Abstand von mehreren Zellschichten beginnt um eine Nekrose herum eine schmale Zellschicht leicht anzuschwellen. Die Zellen werden dünnwandig, Mittellamelle und Interzellularen verschwinden weitgehend. Die Zellen werden zu einem sekundären Meristem, das, unter Beteiligung von Abscissin, eine Trennschicht ausbildet, die in Blättern von Epidermis zu Epidermis reichen kann. Auf diese Weise wird die Nekrose von gesundem Gewebe getrennt und u. U. aktiv ausgestoßen. Die Wunde vernarbt durch Anlage eines Wundperiderms. Histogene Demarkationen werden z. B. bei folgenden Parasit-Wirt-Kombinationen beobachtet: nekrotisches Ringfleckenvirus an Sauerkirschen, *Xanthomonas pruni* an Pfirsich, *Clasterosporium carpophilum* an Sauerkirschen, *Cercospora beticola* an Zuckerrüben, *Endothia parasitica* an Walnuß, *Valsa mali* an Apfel. Die Abgrenzungsreaktion wird nicht unmittelbar durch die Erreger, sondern durch die von ihnen bedingten Nekrosen hervorgerufen. Auch Nekrosen verursachende Toxine oder andere Stoffe (z. B. Pflanzenschutzmittel) können solche Erscheinungen auslösen.

Die Bildung von W u n d g u m m i wird vor allem an Bäumen nach Erregerbefall oder nach mechanischer Verletzung beobachtet. Wundgummi besteht aus Zellabsonderungen, die ihrer chemischen Natur nach meist Polysaccharide unterschiedlicher Zusammensetzung sind. Sie dienen dem Verschluß freigelegter Holzkörper. Darüber hinaus werden gummiartige Verbindungen um Infektionsstellen herum auch bei krautigen Pflanzen produziert und an den Zellwänden und in den Interzellularen abgelagert. Auf diese Weise entsteht eine physikalische Barriere, die Erreger oder von ihnen gebildete Substanzen kaum durchdringen können und die damit die Ausbreitung des Erregers in der Pflanze begrenzt.

Phytophthora citrophthora ruft an Stamm und Ästen von *Citrus* Läsionen hervor. Diese dehnen sich im Sommer kaum aus, obgleich die dann herrschenden Temperaturen den Erreger begünstigen. Unter diesen Bedingungen verläuft aber auch die Bildung von Wundgummi besonders schnell und intensiv. Die damit verbundene Imprägnierung des Gewebes mit dem Wundgummi verhindert die weitere Besiedlung des Gewebes durch den Erreger während der warmen Jahreszeit.

Gummosis (Gummifluß) bezeichnet einen Vorgang, bei dem Zellsubstanzen nachträglich in gummiartige Stoffe umgewandelt werden. Vor allem Gefäße, Holz- und Bastfasern werden vorzugsweise in den jüngsten Holzschichten verflüssigt. Bei Harzfluß tritt Harz nicht nur aus den normalen, durch Verwundung geöffneten Harzgängen aus, auch infolge des Wundreizes neu gebildete Harzgänge sondern Harz ab.

Weiterführende Literatur

Akai, S., Ouchi, S. (Hrsg.): Morphological and biochemical events in plant-parasite interaction. Tokyo 1971

Gäumann, E.: Pflanzliche Infektionslehre. Basel 1951

Goodman, R. N., Király, Z., Zaitlin, M.: The biochemistry and physiology of infectious plant disease. Princeton 1967

Heitefuß, R., Williams, P. H. (Hrsg.): Physiological Plant Pathology. Berlin-Heidelberg-New York 1976

Wheeler, H.: Plant Pathogenesis. Berlin-Heidelberg-New York 1975

Wood, R. K. S.: Physiological Plant Pathology. Oxford u. Edinburgh 1967

Wood, R. K. S., Ballio, A., Graniti, A. (Hrsg.): Phytotoxins in plant diseases. London-New York 1972

5 Krankheitsresistenz

Resistenz bezeichnet die Fähigkeit einer Pflanze, die Infektion durch einen potentiellen Schaderreger oder die Einwirkung von schädigenden Faktoren zu verhindern oder zu begrenzen. Der Gegensatz von Resistenz ist Anfälligkeit. Sie bilden die beiden Enden *einer* Skala und sind durch Zwischenstufen miteinander verbunden (z. B. mittlere Resistenz, geringe Anfälligkeit), denn die pflanzlichen Reaktionen beschränken sich nicht auf die extremen Möglichkeiten. Resistenz- und Anfälligkeitsgrad sind in der Regel keine statischen Größen. Sie können sich mit dem Alter ändern und hängen oftmals von Umweltbedingungen ab.

Resistenz und Anfälligkeit sind relative Begriffe, die nur in Verbindung mit bestimmten Erregern bzw. Erregerrassen ihren Sinn haben. Denn eine Pflanze ist nicht schlechthin resistent oder anfällig. Die Begriffe sind eng mit dem Verhalten des Wirtes als einer Art verbunden. Sie sollten nur verwendet werden, wenn zwischen Pflanze und Erreger eine gewisse Affinität vorhanden ist, bzw. wenn innerhalb einer Art sich einzelne Individuen, Sorten oder Varietäten in ihrem Resistenzverhalten gegenüber einem gegebenen Erreger unterscheiden. Zwischen der Tulpe und *Venturia inaequalis* z. B. besteht keine Affinität. Die Tulpe ist für diesen Pilz ein Nicht-Wirt. *V. inaequalis* ist ein Nicht-Erreger für die Tulpe. Für eine solche nicht vorhandene Beziehung ist der Begriff „Resistenz“ nicht angebracht.

Das Resistenzproblem ist vielschichtig und muß unter genetischen, epidemiologischen und physiologischen Aspekten gesehen und besprochen werden:

– Der genetische Aspekt ist die Frage nach den genetischen Grundlagen (insbesondere Vererbung der Eignung von Wirt und Erreger).
– Bei dem epidemiologischen Aspekt wird nach den Auswirkungen gefragt, die vom Anbau resistenter Sorten auf die Populationsentwicklung von Erregern ausgehen.
– Der physiologische Aspekt beinhaltet die Frage, ob und welche Strukturen und Prozesse im Wirt seine Infektion durch potentielle Erreger hemmen oder verhindern, es ist also die Frage nach den Resistenzmechanismen.

5.1 Genetische Aspekte

Sie berühren im wesentlichen Genetik und Pflanzenzüchtung, dennoch müssen hier einige Grundlagen und Merkmale erwähnt werden. Resistenz und Anfälligkeit auf seiten des Wirtes sind ebenso erblich bedingt wie Pathogenität und Apathogenität auf seiten des Erregers. Der Erbgang unterliegt den bekannten Mendelschen Vererbungsgesetzen. Daneben sind auch „plasmatische Vererbungen“ bekannt geworden.

5.1.1 Vererbung der Resistenz

Die Sorten der Kulturpflanzenarten unterscheiden sich in der Regel in der Anfälligkeit gegenüber bestimmten Krankheitserregern. Mit anderen Worten: die Resistenz ist in den Genomen der einzelnen Sorten unterschiedlich stark verankert. An einer Resistenz können wenige (auch ein einziges) oder zahlreiche Gene beteiligt sein. Im ersteren Fall spricht man von monogener oder oligogener Vererbung, im zweiten Fall von polygener. Oligogen bedingte Resistenz wird gewöhnlich dominant vererbt (jedoch gibt es wichtige Ausnahmen). Die meisten Resistenzgene wirken unabhängig voneinander. Sie sind daher untereinander und mit anderen Erbfaktoren in der Regel frei kombinierbar. Die Voraussetzung für freie Kombinierbarkeit der Einzelfaktoren ist deren Lage auf verschiedenen Chromosomen des Genoms. Bei Gerste ist, von zwei Ausnahmen auf Chromosomen Nr. 4 abgesehen, alle bekannte Mehltauresistenz auf einem schmalen Segment des Chromosoms Nr. 5 konzentriert. Selbst Crossing-over-Manipulationen sind hier wenig erfolgreich. Die Resistenzen von Mais gegen die nahe verwandten Rostpilze *Puccinia sorghi* und *P. polysora* treten völlig unabhängig voneinander auf, so daß eine individuelle Pflanze resistent gegen den einen und anfällig gegen den anderen Erreger sein kann. Oligogene Vererbung findet sich häufig bei extremer Resistenz und Hypersensitivität. Sie wirkt meist rassenabhängig und ist deswegen charakteristisch für differentielle (rassenspezifische, vertikale) Resistenz.

In der Mehrzahl der bislang untersuchten Fälle sind zahlreiche Gene an der Ausbildung einer Resistenz beteiligt (polygene Vererbung). Der Erbgang eines solchen Gen-Komplexes ist immer schwer analysierbar. Zuweilen dürften es keine spezifischen Resistenzgene sein. In diesen Fällen erklärt man den Resistenzeffekt durch das Zusammenwirken zahlreicher Einzelfaktoren. Polygen vererbte Resistenz ist gegen ein weites Spektrum von Erregerrassen wirksam (generelle, rassenunspezifische, horizontale Resistenz), so daß gesagt werden kann: polygen vererbte Resistenz ist immer generelle Resistenz. Jedoch wird nicht jede generelle Resistenz auch polygen vererbt (das gilt z. B. für die oligogen vererbte generelle Resistenz der Gerste gegen *Ustilago nuda hordei*).

5.1.2 Vererbung der Pathogenität und physiologische Rassen

Ebenso wie die Resistenz des Wirtes kann die Pathogenität des Erregers monogen, oligogen, polygen oder cytoplasmatisch vererbt werden. Für die Pathogenität wurde in der Mehrzahl der untersuchten Erreger ein rezessiver Erbgang festgestellt. Die Anzahl der die Pathogenität steuernden Gene variiert mit den Erregern und den Wirten. Gewöhnlich sind auch die Pathogenitätsgene nicht gekoppelt, d. h. sie werden unabhängig von anderen Genen für Pathogenität vererbt. Die Rasse 6 von *Ustilago avenae* ist an der Hafersorte „Camas" avirulent, während die Rasse 7 virulent ist. Nach Kreuzung der beiden Rassen sind die Nachkommen in der F_1-Generation avirulent, während sie in der F_2 eine Aufspaltung im Verhältnis von 3:1 (avirulent: virulent) zeigen. Die Virulenz wird hier also durch ein einzelnes Gen gesteuert und rezessiv vererbt.

Die Erreger unterliegen vor allem auch wegen ihrer großen Vermehrungsrate in weit höherem Umfange als die unter menschlicher Kontrolle gehaltenen Kulturpflanzen der natürlichen genetischen Variabilität. Durch Mutation, sexuelle oder parasexuelle Vorgänge treten neue Genotypen auf, die auch neue Pathogenitätseigenschaften aufweisen können. Viele Arten pathogener Pilze sind genetisch sehr komplex und phänotypisch außerordentlich variabel.

Bei vielen pathogenen Organismen, insbesondere solchen mit wenig differenziertem Habitus, ist eine über die Art hinausgehende Untergliederung erforderlich. Sie basiert auf der Fähigkeit der Untereinheiten, nur bestimmte Arten oder Sorten befallen zu können. Man spricht von Varietäten oder *formae speciales*, wenn sich die Spezialisierung auf Pflanzenarten bezieht (z. B. *Puccinia graminis* var. *tritici*, *Fusarium oxysporum* f. sp. *conglutinans*). Physiologische Rassen (Pathotypen) werden die Untereinheiten genannt, die auf bestimmte Sorten spezialisiert sind. Physiologische Rassen werden durch Testsortimente der Wirtspflanze unterschieden, die aus mehreren Sorten bestehen, die sich in ihrer Resistenzreaktion gegen die einzelnen Rassen einer Erregerart oder -varietät deutlich unterscheiden. Die Zahl der erkennbaren Rassen (Rassenspektrum) ist vom Umfang und von der Verschiedenartigkeit des Testsortiments abhängig. In der Wirt-

Tab. 5.1 Differentielle Wechselwirkung zwischen Kartoffelsorten mit unterschiedlichen Resistenzgenen ($R_1 - R_4$) und physiologischen Rassen von *Phytophthora infestans* (a: anfällig, r: resistent)

Physiol. Rasse	Resistenzgene in Sorten r	R_1	R_2	R_3	R_4	R_1R_2	R_1R_3	R_1R_4	R_2R_3	R_2R_4	R_3R_4	$R_1R_2R_3$	$R_1R_2R_4$	$R_1R_3R_4$	$R_2R_3R_4$	$R_1R_2R_3R_4$
0	a	r	r	r	r	r	r	r	r	r	r	r	r	r	r	r
1	a	a	r	r	r	r	r	r	r	r	r	r	r	r	r	r
2	a	r	a	r	r	r	r	r	r	r	r	r	r	r	r	r
3	a	r	r	a	r	r	r	r	r	r	r	r	r	r	r	r
4	a	r	r	r	a	r	r	r	r	r	r	r	r	r	r	r
1, 2	a	a	a	r	r	a	r	r	r	r	r	r	r	r	r	r
1, 3	a	a	r	a	r	r	a	r	r	r	r	r	r	r	r	r
1, 4	a	a	r	r	a	r	r	a	r	r	r	r	r	r	r	r
2, 3	a	r	a	a	r	r	r	r	a	r	r	r	r	r	r	r
2, 4	a	r	a	r	a	r	r	r	r	a	r	r	r	r	r	r
3, 4	a	r	r	a	a	r	r	r	r	r	a	r	r	r	r	r
1, 2, 3	a	a	a	a	r	a	a	r	a	r	r	a	r	r	r	r
1, 2, 4	a	a	a	r	a	a	r	a	r	a	r	r	a	r	r	r
1, 3, 4	a	a	r	a	a	r	a	a	r	r	a	r	r	a	r	r
2, 3, 4	a	r	a	a	a	r	r	r	a	a	a	r	r	r	a	r
1, 2, 3, 4	a	a	a	a	a	a	a	a	a	a	a	a	a	a	a	a

Parasit-Kombination Kartoffel-*Phytophthora infestans* wird die Bezeichnung der Sorten durch die Nummern der Resistenzgene, die sie enthalten, ergänzt. Die Erregerrassen werden durch die Nummern der Resistenzgene, die von ihnen überwunden werden, gekennzeichnet, z. B. die Rasse 1,2 befällt Sorten mit den Resistenzgenen 1 und/oder 2, dagegen keine Sorten, die daneben oder ausschließlich ein anderes Resistenzgen enthalten (Tab. 5.1).

Die letzte genetische Einheit, bis zu der eine gruppenweise Aufteilung der Organismen erfolgen kann, ist der Biotyp. Es sind Klone vegetativ vermehrter Organismen, also genetisch einheitliche Individuen, z. B. die aus einer Uredospore hervorgehenden Nachkommen.

5.1.3 Genetik der Wirt-Parasit-Beziehungen

Eine Wirtssorte kann ohne Spezifizierung des Erregers nicht als resistent oder anfällig bezeichnet werden. Das gleiche gilt für die Virulenz oder Avirulenz der Erregerrasse.

Die Kenntnisse dieser Abhängigkeiten sind durch die Untersuchungen Flor's über den Leinrost entscheidend erweitert worden. Studien über die Vererbung der Virulenz bzw. Avirulenz von *Melampsora lini* und der Resistenz bzw. Anfälligkeit von Lein gegenüber diesem Pilz führten zur genetischen Analyse dieses Wirt-Parasit-Systems. Bei Leinrost ist die Zahl der gefundenen Gene für Resistenz in Hybriden zweier Leinsorten abhängig von dem benutzten Erregerstamm. Umgekehrt ist die Zahl der gefundenen Gene für Avirulenz im Erreger abhängig von der Anzahl der Resistenzgene in den verwendeten Leinsorten.

Auf der Grundlage dieser genetischen Experimente mit dem Leinrost wurde die sogenannte Gen-für-Gen-Hypothese formuliert, die besagt, daß jedem Virulenz oder Avirulenz bedingenden Gen im Erreger ein korrespondierendes Gen im Wirt entspricht, das Anfälligkeit oder Resistenz bedingt. Jede Sorte „besitzt" ihre eigenen Erregerrassen, jede Rasse ihre eigenen Sorten: in Sorten mit zwei, drei oder vier Genen für Resistenz wird die Virulenz entsprechend durch zwei, drei oder vier Gene des Erregers bedingt. Dieser ist also in der Lage, alle mit den Resistenzgenen des Wirtes korrespondierenden Virulenzgene in einer Rasse zu kombinieren. Solche komplementären genetischen Systeme sind für eine ganze Reihe von Wirt-Parasit-Paaren nachgewiesen worden (z. B. Weizensteinbrand, -schwarzrost, -flugbrand, -mehltau; Kraut- und Knollenfäule der Kartoffel, Kartoffelkrebs, Apfelschorf; Samtfleckenkrankheit der Tomate; Kaffeerost; Hessenfliege an Weizen).

Bei Leinrost werden Avirulenz des Pilzes und Resistenz des Wirtes dominant vererbt. Resistenz in dieser Gen-für-Gen-Beziehung ergibt sich nur, wenn ein Paar komplementärer Gene bei Wirt und Erreger dominant sind, also nur bei der Kombination resistente Sorte – avirulente Rasse. Diese Interaktionen lassen sich in einem quadratischen Diagramm veranschaulichen (Abb. 5. 1, A). Wenn Allele für Resistenz im Wirt in Wechselwirkung mit korrespondierenden Allelen für Virulenz im Erreger treten, dann ergibt sich Resistenz nur, wenn ein Resistenzgen und ein Gen für Avirulenz in Wechselwirkung treten bzw. ihre Produkte miteinander reagieren. Die drei anderen Kombinationen ergeben Anfälligkeit. Die gleiche Situation, d. h. nur e i n e Kombination ist inkompatibel,

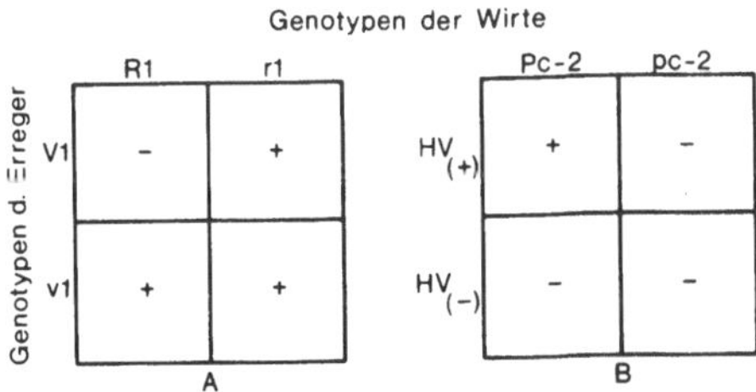

Abb. 5.1 Wechselbeziehungen zwischen resistentem (R 1) und anfälligem (r 1) Wirt und avirulenten (V 1) und virulenten (v 1) Erreger (v 1) Erreger (A) bzw. zwischen anfälliger (Pc-2) und resistenter (pc-2) Sorte und toxinproduzierendem (+) und -nicht-produzierendem (–) Erreger (B).
–: kein Befall; +: Befall (nach D a y, in W o o d und G r a n i t i: Specificity in Plant Diseases. New York 1976)

ergibt sich, wenn je ein sensibler bzw. resistenter Organismus auf Hemmstoff-haltigem und -freiem Substrat gezogen werden oder wenn ein auxotropher bzw. prototropher Organismenstamm auf Minimal- und Normalnährböden wächst.

Das in Abb. 5.1, A wiedergegebene Diagramm ist ein Modell. Zweifellos dürfte die Mehrzahl der Interaktionen zwischen Wirt und Erreger komplexer sein. Darüber hinaus wird es aber auch nicht allen Wirt-Parasit-Beziehungen gerecht. Stellt man die genetische Beziehung des Systems *Helminthosporium victoriae* – Victoriahafer ebenfalls als quadratisches Diagramm dar, so ergeben sich reziproke Interaktionen (Abb. 5.1, B): von den 4 möglichen Wirt-Parasit-Genotypen ergibt sich *Anfälligkeit* (Kompatibilität) nur aus *einer* Kombination, und zwar, wenn die Erregerrasse, die das Toxin „Victorin" bildet, mit der Hafersorte, die das dominante Gen für Anfälligkeit (PC-2) trägt, zusammentrifft. Das Toxin kann als ein für die Virulenz essentielles Gen-Produkt angesehen werden. Bei seiner Abwesenheit sind alle Pflanzen resistent, und zwar „passiv" resistent. Die aus der Leinrost-Analyse abzuleitende Forderung, daß Resistenz „aktiv" sein muß und aus der Interaktion eines Genes für Avirulenz im Erreger mit der eines Genes für Resistenz im Wirt entsteht, ist also nicht zu verallgemeinern. Es bestehen zumindest verschiedene genetische Grundmuster für Wirt-Parasit-Beziehungen. Sie werden mehr beschrieben als erklärt, wenn man sagt, das eine stelle eine spezifische Interaktion für Inkompatibilität (Abb. 5.1 A), das andere eine spezifische Interaktion für Kompatibilität dar (Abb. 5.1 B).

Die Gen-für-Gen-Hypothese hat die Aufmerksamkeit auf die Frage nach der Spezifität von Pflanzenkrankheiten und den Wirkungsmechanismen der Gene gelenkt, die die Wirt-Parasit-Wechselwirkungen steuern. Diese Fragen können größtenteils noch nicht befriedigend beantwortet werden. Das gegenwärtige Studium der Erforschung der Genetik der Pathogenese läßt sich – nach einem Ausspruch Wheeler's – noch mit einem Spiel vergleichen, das jedermann nach seinen eigenen Regeln spielen kann.

5.2 Epidemiologische Aspekte

Unter dem epidemiologischen Aspekt werden Populationen und nicht Individuen betrachtet, und zwar Wirts- und Erregerpopulation sowie die Wechselwirkungen zwischen ihnen. Nach van der Planck (1968) läßt sich alle Krankheitsresistenz in Pflanzen epidemiologisch in zwei Kategorien gliedern, die er „vertikal" und „horizontal" nennt. Erstere beschreibt eine differentielle Interaktion zwischen Wirt und Erreger, letztere stellt einen Typ der Interaktion mit konstanter Rangfolge der Pathogenität und Resistenz dar. Die abstrakten Begriffe „vertikal" und „horizontal" werden hier durch differentiell und generell ersetzt. Im folgenden werden Merkmale differentieller und genereller Resistenz vorgestellt und die Veränderungen beschrieben, die in Erregerpopulationen durch den Anbau von Sorten mit der einen oder anderen Resistenz auftreten.

5.2.1 Differentielle Resistenz

Sie ist häufig gegen Pilze und auch Nematoden wirksam, seltener gegen Bakterien und Insekten. Gegen Viren wurde sie noch nicht nachgewiesen. Bei dieser Resistenz ist eine Kulturpflanzensorte nur gegenüber bestimmten physiologischen Rassen des Erregers resistent. Zwischen den Genotypen des Wirtes und jenen des Erregers bestehen differenzierte Wechselwirkungen, so daß bei der differentiellen Resistenz die Erregerrassen durch verschiedene Sorten des Wirtes differenzierbar sind. Solche Systeme unterliegen der Gen-für-Gen-Beziehung (vgl. Abschn. 5.1.3). Der Hauptvorteil dieser Resistenz liegt darin, daß sie qualitativ wirkt, also vollständigen Schutz ergibt. Der Hauptnachteil ist, daß die Wirksamkeit in der Regel zeitlich begrenzt ist. Sie wird unwirksam, wenn sich eine Erregerrasse angepaßt hat (oft wird unkorrekt gesagt: die Resistenz der Sorte bricht zusammen. Die Resistenz der Sorte gegenüber der ursprünglichen Erregerpopulation bleibt selbstverständlich unverändert. Die Resistenz hört jedoch auf, wirksam zu sein, da sich die Erregerpopulation verändert hat). Die Sorte kann dann nicht mehr angebaut werden, sie muß durch eine neue ersetzt werden.

Differentielle Resistenz verliert ihre Wirksamkeit um so eher,

– je größer der von der resistenten Sorte ausgeübte Selektionsdruck ist, d. h. je größer ihre Resistenz ist,
– je größer der Flächenanteil der resistenten Sorte ist, und je isolierter deren Anbaugebiet ist, weil kein Erregeraustausch von Flächen, die mit anfälligen Sorten bestellt sind, den Selektionsprozeß erschwert.

Diese zeitlich begrenzte Resistenz führt zu einem regelrechten Zyklus mit Höhen und Tiefen in der Nutzbarkeit der Sorten. Die kritische Frage ist, wie lange die Sorten „auf der Höhe" bleiben. Die Nutzungsdauer variiert in weiten Grenzen. In Kenia hatten Weizensorten in den vergangenen 60 Jahren eine Lebensdauer von 4,4 Jahren. Im gleichen Land brach die Wirksamkeit differentieller Resistenz in Mais gegen *Puccinia polysora* bereits in der ersten Saison zusammen. Kronenrost-resistente Hafersorten hielten sich in den USA 5–7 Jahre. Weizensorten mit differentieller Resistenz gegen *Puccinia graminis* var. *tritici* sind häufig 10–30 Jahre brauchbar. Die Kartoffelsorte „Pentland Dell" mit den R-Genen 1, 2 und 3 gegen *Phytophthora infestans* konnte in England nur 3 Jahre angebaut werden, bis die Krautfäule auftrat (die Züchtung einer Kartoffelsorte dauert aber länger als 10 Jahre). In Mexiko kommen beide Sexualtypen dieses diözischen Pilzes vor. Eine Folge ist, daß dort in großem Umfange physiologische Rassen erscheinen und die differentielle Resistenz der Sorten so schnell zusammenbricht, daß sie wertlos ist. Die differentielle Resistenz der Kartoffel gegen *Synchytrium endobioticum* (Krebs) und des Kohls gegen *Fusarium oxysporum* f. sp. *conglutinans* (Welke) ist dagegen sehr viel länger wirksam. In Verbindung mit unterstützenden Maßnahmen (Fruchtfolge) wäre ein permanenter Schutz möglich.

Die Nutzungsdauer einer Sorte mit differentieller Resistenz ist um so größer, je seltener angepaßte physiologische Rassen auftreten. Der Wert differentieller Resistenz ist gering, wenn die Variabilität der Erregerpopulation groß ist. Die Fähigkeit, durch Mutationen oder Rekombinationen neue physiologische Rassen zu produzieren, ist bei den einzelnen Erregern unterschiedlich groß. Die Variabilität steigt mit der Abnahme der Fruktifikationszeit und der Zunahme der Vermehrungskapazität. Neue physiologische Rassen, die sich nur langsam ausbreiten können, bedrohen die differentielle Resistenz weniger als solche mit hoher Verbreitungskapazität (*Synchytrium endobioticum* als Beispiel für langsame, *Phytophthora infestans* für schnelle Ausbreitung).

Differentielle Resistenz kann nur Fremdinfektionen, dagegen keine Selbstinfektionen verhindern. Wird das Blatt eines Baumes von einer Rostspore erfolgreich infiziert, können die aus der Infektion hervorgehenden Sporen alle anderen Blätter des Baumes befallen, da alle Blätter dieselbe Resistenz besitzen. Das epidemiologische Aequivalent zu den Blättern des Baumes stellen die Einzelpflanzen einer „reinen Linie" oder eines Klones dar. In einem solchen Bestand ist die Übertragung der Krankheit von Individuum zu Individuum einer Selbstinfektion gleichzusetzen. Da die Populationen wilder Pflanzen in der Regel aus genetisch heterogenen Individuen bestehen, ist von einem Zusammenbruch der differentiellen Resistenz nur die Einzelpflanze und nicht der ganze Bestand betroffen, so daß in der Natur die differentielle Resistenz permanent wirkt (bei Kulturpflanzen wird der gleiche Effekt mit dem Anbau von Viellinien-Sorten angestrebt; die Heterogenität der Landsorten wirkt ebenfalls dem Zusammenbruch der differentiellen Resistenz entgegen).

Da die differentielle Resistenz keine Selbstinfektionen verhindert, hängt ihre Effizienz von der Kontinuität des anfälligen Gewebes ab: je größer die Diskontinuität, um so wirkungsvoller ist die differentielle Resistenz. Sie ist deswegen vor allem in Gebieten mit ausgeprägter Vegetationsrhythmik anzutreffen. In annuellen Pflanzen kommt differentielle Resistenz häufiger vor als an perennierenden, an Bäumen mit Blattfall häufiger als an immergrünen. Die differentielle Resistenz ist in annuellen Pflanzen auch nützlicher, weil ihre Züchtung einfacher ist und Sorten deshalb leichter als bei perennierenden ersetzt werden können.

Wie nicht anders zu erwarten, spiegelt das Spektrum physiologischer Rassen der Erreger die in dem Gebiet angebauten Sorten wieder. Der zunehmende Anbau von Kartoffelsorten mit dem Gen R_1 und mehreren R-Genen gegen *P. infestans* hat zum vermehrten Auftreten der Rasse 1 sowie der komplexen Rassen 2, 3, 4 und 1, 2, 3, 4 geführt. Dieser Zusammenhang läßt sich ebenso für die Getreideroste aufzeichnen.

Geeignete Maßnahmen zur Erhaltung der Wirksamkeit differentieller Resistenz werden darin gesehen,

- Viellinien-Sorten anzubauen, d. h. Linien, die morphologisch und physiologisch nahezu einheitlich sind, sich in ihrer differentiellen Resistenz aber unterscheiden,
- mehrere Gene für differentielle Resistenz in einer Sorte anzuhäufen und dadurch eine komplexe Resistenz aufzubauen,
- den Anbau von Sorten mit differentieller Resistenz zu lenken, d. h. verschiedene Gene für differentielle Resistenz über das Anbaugebiet örtlich und zeitlich nach bestimmten Gesichtspunkten zu verteilen.

5.2.2 Generelle Resistenz

Bei der generellen Resistenz bestehen keine differentiellen Wechselwirkungen zwischen Sorten und Rassen. Die Rangfolge der Resistenz ist ebenso konstant wie die der Pathogenität. In Tab. 5.2 ist die Sorte A resistenter als die Sorte B und B ist resistenter als C. Das gilt für alle physiologischen Rassen. Die physiologische Rasse a ist virulenter als b und b ist virulenter als c. Auch das gilt für alle Sorten. Generelle Resistenz wird meist polygen vererbt und hat quantitativen Charakter: die Wirksamkeit ist in der Regel nicht vollständig. Sie kann in allen Abstufungen zwischen einem Minimum und einem Maximum auftreten. Generelle Resistenz steigt häufig mit zunehmendem Alter. Darüber hinaus wird die Wirkung stark durch Umweltfaktoren modifiziert. Im Gegensatz zur differentiellen Resistenz handelt es sich bei der generellen praktisch um eine zeitlich nicht begrenzte, permanente Resistenz.

Tab. 5.2 Schematische Darstellung der Reaktionen (0: kein Befall; 4: schwerer Befall) zwischen Wirtssorten (A–C) und Erregerrassen (a–c) bei genereller Resistenz (nach Robinson 1976)

Rassen	Sorten A	B	C
a	2	3	4
b	1	2	3
c	0	1	2

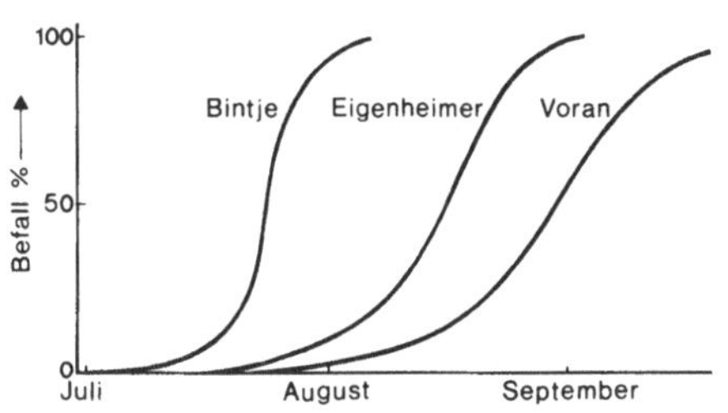

Abb. 5.2 Die Wirkung der generellen Resistenz. Die Zunahme der Krautfäule in Beständen verschiedener Kartoffelsorten ohne differentielle Resistenz. „Bintje" hat geringe, „Voran" hohe, „Eigenheimer" mittlere generelle Resistenz. (nach van der Plank 1968)

Die generelle Resistenz kommt in allen Pflanzen vor. Sie ist auch dann vorhanden, wenn ihre Höhe nach pflanzenbaulichen Maßstäben nicht ausreicht. Viele Pflanzen besitzen eine generelle und eine differentielle Resistenz. Differentielle Resistenz allein kommt nicht vor. Bricht sie zusammen, bleibt die generelle Resistenz. Ohne sie bestände eine absolute Empfindlichkeit, die im lebenden Gewebe nicht vorkommt. Absterbendes Gewebe kommt dem Zustand absoluter Empfindlichkeit am nächsten.

Generelle Resistenz äußert sich in der Verringerung der Infektionsrate bzw. in der Erhöhung des für eine erfolgreiche Infektion benötigten Inokulums, der Verlängerung der Infektions- und Fruktifikationszeiten. Die Ausbreitungsgeschwindigkeit des Erregers im Feldbestand wird verlangsamt (Feldresistenz). Bei Kartoffelsorten mit genereller Resistenz gegen *Phytophthora infestans* sind zudem die Stengel weniger anfällig. Während differentielle Resistenz den Beginn einer Epidemie hinausschiebt, verzögert generelle Resistenz durch Verminderung des Inokulums die Befallszunahme (Abb. 5.2).

Den Vorteil genereller Resistenz für den Kulturpflanzenanbau sieht Robinson (1976) in drei Punkten:

– Generelle Resistenz kann ebenso wie Ertrag und Qualität domestiziert werden, d. h. die Höhe der generellen Resistenz kann künstlich über die natürliche Höhe hinaus angehoben werden,
– generelle Resistenz erlaubt den Anbau genetisch uniformer Sorten,
– Züchtung für generelle Resistenz ist kumulativ. Eine gute Sorte wird nur durch eine bessere abgelöst (im Gegensatz zur Züchtung differentieller Resistenz, bei der eine neue Sorte eine „zusammengebrochene" nur ersetzt).

Die Anwesenheit des Erregers übt einen positiven Selektionsdruck aus und führt damit zur Erhöhung der generellen Resistenz. Bei Abwesenheit des Erregers liegt ein negativer Selektionsdruck vor und die generelle Resistenz wird vermindert (dies ist z. B. möglich, wenn eine genetisch flexible Wirtspopulation regelmäßig mit protektiven Pflanzenschutzmitteln behandelt wird). Daraus folgt, daß die generelle Resistenz in Wildpopulationen am höchsten ist. Sie vermindert sich über die primitiven Landsorten bis hin zu den anspruchsvollen, am meisten künstlich selektierten Sorten, in denen die generelle Resistenz oft nur ein geringes Niveau hat.

Auch generelle Resistenz kann ihre Wirksamkeit verlieren. Man spricht dann, ähnlich wie bei differentieller Resistenz, von einem Zusammenbruch der generellen Resistenz. Dennoch bestehen wesentliche Unterschiede. Das Versagen genereller Resistenz beruht nicht, wie der Zusammenbruch differentieller Resistenz, auf einer Veränderung der Erregerpopulation, sondern auf physiologischen Veränderungen im Wirt, die z. B. auf extremen Umwelteinflüssen beruhen können. Der Zusammenbruch genereller Resistenz ist deswegen auch zeitlich begrenzt. Sie wird mit der Normalisierung der Umweltbedingungen wieder wirksam.

Die Wirkung genereller Resistenz läßt sich am Beispiel der Maisrost-Epidemie in Afrika darstellen. *Puccinia polysora* wurde um 1949 nach Afrika verschleppt. Der dortige Mais besaß bis dahin als Ergebnis eines negativen Selektionsdrucks nur eine geringe generelle Resistenz gegenüber diesem Erreger. Der afrikanische Mais war also hoch anfällig, und das Auftreten von *Puccinia polysora* hatte trotz der genetischen Heterogenität der afrikanischen Landsorten eine verheerende Epidemie zur Folge. Dennoch waren einzelne Maispflanzen weniger anfällig. Sie dienten zwangsläufig als Saatgutspender. Unter dem Selektionsdruck des Erregers akkumulierte die generelle Resistenz, und nach 10 bis 15 Maisgenerationen hatte sie eine Höhe erreicht, die diesen Rost zu einer unbedeutenden Krankheit werden ließ.

Auch die folgenschweren Krautfäule-Epidemien der Kartoffel in der Mitte des vergangenen Jahrhunderts haben eine ähnliche Ursache: Die Kartoffel wurde im 16. Jahrhundert nach Europa eingeführt. Da *Phytophthora infestans* fehlte, verlor sie einen Großteil ihrer generellen Resistenz gegenüber diesem Erreger. Als der Pilz einige hundert Jahre später folgte, traf er auf wenig resistente Kartoffelsorten und es kam zur Vernichtung der Kartoffelbestände in ganzen Landstrichen.

5.3 Physiologische Aspekte

Unter den zahllosen Mikroorganismenarten, die in der freien Natur vorkommen, sind nur relativ wenige in der Lage, Pflanzen zu befallen. Die Pathogenität der einzelnen Erreger ist zudem auf eine begrenzte Anzahl von Pflanzenarten oder -sorten beschränkt, oftmals auf bestimmte Organe oder Entwicklungsstufen ihrer Wirte. Offenbar verfügen Pflanzen über allgemeine und spezifische Mechanismen für die Abwehr von Pathogenen. Die Faktoren, von denen angenommen wird, daß sie an der Abwehr von Erregerangriffen beteiligt sind, lassen sich in prä- und postinfektionelle gliedern. Die präinfektionellen sind in der Pflanze unabhängig vom Befall vorhanden und daran beteiligte Stoffe werden nach der Inokulation nicht vermehrt gebildet. Postinfektionelle Resistenzreaktionen werden dagegen vom Erreger induziert.

5.3.1 Präinfektionelle Faktoren

5.3.1.1 Morphologische Barrieren Das intakte Abschlußgewebe des Wirtes bietet Schutz vor Erregern, die diese Barriere nicht durchstoßen können. Sie sind auf natürliche Öffnungen oder Wunden als Eintrittspforten angewiesen. Von besonderer Bedeutung ist diese Schutzbarriere bei fleischigen Pflanzenteilen (Obst, Knollen), die einmal eingedrungenen Erregern kaum noch Widerstand entgegensetzen. Verletzungen des Abschlußgewebes ermöglichen *Erwinia carotovora* das Eindringen in die Kartoffelknolle und führen damit zu Lagerfäulen (vgl. Abschn. 6.11.).

Die Dicke der Cuticula wird oft als Resistenzfaktor genannt. Doch die Kraft, mit der Penetrationshyphen eindringen, macht es unwahrscheinlich, daß der Mächtigkeit der Cuticula besondere Bedeutung zukommt. Eine Wachsschicht gibt der Pflanzenoberfläche hydrophobe Eigenschaften, erschwert ihre Benetzbarkeit und die Keimung von Sporen. Manche Sporen benötigen zur Keimung externe Nährstoffe. Eine dicke Wachsschicht kann die Nährstoffdiffusion aus dem Pflanzengewebe zur Oberfläche behindern.

Die Breite der Öffnungen von Stomata und Lentizellen kann den Befall durch Bakterien oder Pilze mitbestimmen. Die Ausbreitung des Erregers im Gewebe kann durch besondere histologische Strukturen verhindert werden. Für die Schwarzrostresistenz gewisser Weizensorten wird ein starker Ring sclerenchymatischen Gewebes im oberen Halm verantwortlich gemacht, der den Erreger auf kleinere Parenchymbezirke lokalisiert. Ein weiteres Beispiel ist die Endodermis, die den Zentralzylinder einschließende Zellschicht in Wurzeln. Besonders bei Monokotylen ist die Zellwand verdickt, oftmals verholzt. *Fusarium culmorum, F. avenaceum* und *F. nivale* werden in Getreide meist von der Endodermis aufgehalten. Auch Pilze der endotrophen Mycorrhiza vermögen sie nicht zu durchdringen und verbleiben in der Rinde.

5.3.1.2 Chemische Barrieren T o x i s c h e S t o f f e . Substanzen mit antibiotischen Eigenschaften sind im Pflanzenreich weit verbreitet. Ihrer chemischen Natur nach sind es überwiegend phenolische Verbindungen, Saponine, Senföle, Alkaloide, ungesättigte

Laktone oder Terpene. Mitunter liegen diese Stoffe in sehr hohen Konzentrationen vor. Häufig ist ihr Vorkommen mit der Resistenz gegenüber bestimmten Erregern korreliert worden. Doch nur selten wurde der zweifelsfreie Beweis geführt, daß potentielle Erreger an einer präformierten chemischen Barriere scheitern.

Colletotrichum circinans verursacht an Zwiebeln mit farbloser Schale eine Fäule, jedoch nicht an rot- oder gelbschaligen Zwiebeln. Letztere enthalten pilzhemmende phenolische Substanzen (Brenzcatechin, Protocatechusäure), die – nach dem Absterben der äußeren Schale – nach außen diffundieren und die Keimung der Erregersporen verhindern.

Die pflanzeneigenen Hemmstoffe liegen in der Regel in den Zellvakuolen vor, meist in glykosidischer Bindung. Im Gewebe werden sie frei, wenn durch abiotische oder biotische Faktoren die Zellen geschädigt werden. Hiermit geht meist die Spaltung von Glykosiden einher. Die Grauschimmelkrankheit der Tulpe wird von *Botrytis tulipae* verursacht. Doch kann auch *Botrytis cinerea* als ein potentieller Erreger gelten. Sein Unvermögen, Tulpen zu befallen, beruht u. a. darauf, daß er (in viel höherem Maße als *B. tulipae*) Substanzen ausscheidet, die in den Zellvakuolen vorliegende Stoffe (Tuliposide) freisetzen. Diese werden bei ihrer Hydrolyse in sehr toxische, ungesättigte Laktone umgewandelt (Abb. 5.3). *B. cinerea* löst also die Vergiftung des eigenen Substrates aus.

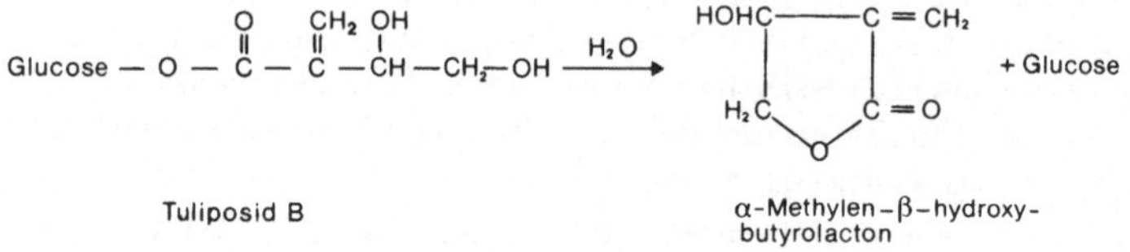

$$\text{Glucose}-O-\overset{O}{\overset{\|}{C}}-\overset{CH_2\ OH}{\overset{\|\quad |}{C-CH}}-CH_2-OH \xrightarrow{H_2O} \text{HOHC}-C{=}CH_2,\ H_2C-O-C{=}O\ (\text{Ring}) + \text{Glucose}$$

Tuliposid B — α-Methylen-β-hydroxy-butyrolacton

Abb. 5.3 Spaltung von Tuliposid B in ein ungesättigtes Lacton und Glucose

Viele Saponine wirken auf Pilze, deren Membranen Sterine enthalten, stark toxisch. Wenn Hyphen solcher Pilze auf saponinhaltige Zellen treffen, sind insbesondere folgende Abläufe beobachtet worden:

– Die Wirtszelle enthält aktives Saponin. Der Pilz scheidet Membran-schädigende Stoffe aus, die zur Freisetzung des Saponins führen. Das weitere Wachstum des Pilzes wird unterbunden, die Pflanze erkrankt nicht (Beispiel: Haferwurzeln mit dem Saponin Avenacin, *Ophiobolus graminis* var. *tritici*)

– Die Wirtszelle enthält aktives Saponin. Der Pilz setzt durch Membran-schädigende Stoffe das Saponin frei. Gleichzeitig bildet er spezifische Enzyme, die das Saponin in eine inaktive Form überführen, es also detoxifizieren, die Pflanze wird befallen (Beispiel: Haferwurzel mit dem Saponin Avenacin, *Ophiobolus graminis* var. *avenae;* Tomaten mit dem Saponin Tomatin, *Septoria lycopersici*)

– Die Wirtszelle enthält inaktives Saponin. Nach Verwundung kann es durch pflanzeneigene Enzyme in eine biologisch aktive Form überführt werden (Beispiel: Avenacoside in Haferblättern). Die Pflanze wird nur befallen, wenn der Pilz über Enzyme zur Inaktivierung des Saponins verfügt.

Präformierte hemmende Pflanzeninhaltsstoffe sind zweifelsfrei dafür verantwortlich, daß bestimmte Erreger bestimmte Pflanzen nicht infizieren können. Genetische Variabilität und Dynamik von Erregerpopulationen schließen es aber aus, daß solche Barrieren für alle Zeiten wirksam bleiben. Sie üben einen Selektionsdruck aus. Dadurch wurden in langen Zeiträumen neue Erregerrassen und -arten selektiert, welche die Hemmstoffhindernisse überwinden konnten. Hemmstoffreiche Pflanzen werden deshalb kaum weniger stark befallen und geschädigt als hemmstoffarme.

Inaktivierung von Toxinen und Enzymen. Resistenz durch präinfektionelle Faktoren wird häufig auch darauf zurückgeführt, daß extrazelluläre Enzyme und Toxine potentieller Erreger in der Pflanze gebunden oder inaktiviert werden. So ist wiederholt die geringe Anfälligkeit bestimmter Erbsen-, Tomaten- und Baumwollsorten gegen die *Fusarium*-Welke mit der Fähigkeit dieser Pflanzen korreliert worden, die Fusarinsäure, ein vom Erreger gebildetes Toxin, zu detoxifizieren. Da bislang eine Schlüsselrolle der Fusarinsäure in der Pathogenese nicht eindeutig nachgewiesen ist, belegen diese Beispiele die Existenz eines solchen Mechanismus nicht überzeugend. Arbeiten mit anderen Toxinen und Pflanzen deuten darauf hin, daß Resistenz und die Fähigkeit zur Toxininaktivierung voneinander unabhängige Eigenschaften sind.

Mehrfach ist die Inaktivierung von Erregerenzymen durch Pflanzeninhaltsstoffe beschrieben. Die Resistenz unreifer Äpfel gegen *Pezicula malicorticis (Gloeosporium perennans)* hängt insbesondere mit dem niedrigen pH-Wert der säurereichen jungen Früchte zusammen, der Bildung und Aktivität pektolytischer Enzyme der Erregers inhibiert. Als Inhibitoren von Enzymen wirken besonders phenolische Verbindungen, vor allem in oxydierter Form. Viele der Untersuchungen zu diesem Problem wurden jedoch in vitro durchgeführt, so daß sich über die tatsächliche Bedeutung dieses Mechanismus für die Resistenz noch kein abschließendes Urteil fällen läßt.

In den Zellwänden dikotyler Pflanzen kommen Proteine vor, welche die Aktivität von Endopolygalakturonasen der Erreger hemmen. Solche Inhibitoren scheinen weit verbreitet zu sein und ein allgemeines Resistenzsystem darzustellen, das nur von geeigneten Pathogenen überwunden werden kann.

Zur Resistenz trägt auch bei, wenn Pflanzen Enzyme zur Degradation von Erregerzellwänden bilden. In Tomaten wurde Chitinase nachgewiesen, die zur Lysis von *Verticillium albo-atrum*-Myzel führte. Die „Verdauung" der Hyphen der endotrophen Mycorrhizapilze im Arbuskelstadium kann als ein ähnlicher Vorgang angesehen werden. Bei dem Wirt – Parasit – Paar *Phaseolus vulgaris – Colletotrichum lindemuthianum* wurde gefunden, daß der Wirt eine Endo-β-1,3-glucanase zum Abbau der Pilzzellwand bildet. Die Aktivität dieses Enzyms aber wird durch ein Protein des Erregers gehemmt. – Diese Vorgänge werden z. T. erst durch die Infektion induziert und leiten damit über zu dem Abschnitt „Postinfektionelle Faktoren".

5.3.2 Postinfektionelle Faktoren

Postinfektionelle Resistenzmechanismen werden nach der Inokulation vom Erreger im Wirt ausgelöst. Es sind Strukturen und Substanzen, die in der gesunden Pflanze nicht oder nur beschränkt vorhanden sind, die also unter dem Einfluß des Erregers neu entstehen. Der hohe Grad an Spezifität, der häufig zwischen physiologischen Rassen und Sorten besteht, macht es wahrscheinlich, daß über Kompatibilität oder Inkompatibilität erst nach dem Eindringen des Erregers entschieden wird, wenn Penetrationshyphe und Plasmalemma in Kontakt getreten sind.

Werden resistente und anfällige Sorten derselben Art mit Sporen desselben Erregers inokuliert, so keimen diese in der Regel auf beiden Sorten aus. Mitunter ist auf resistenten Pflanzen die Keimungsgeschwindigkeit reduziert. Auch Appressorien können fehlen oder funktionsuntüchtig sein. Im allgemeinen aber dringen die Erreger sowohl in anfällige wie in resistente Pflanzen ein. Resistenzreaktionen treten erst auf, wenn der Wirt den Erreger als inkompatibel erkannt hat. Bei Haustorien-bildenden Erregern liegt dieser Zeitpunkt gewöhnlich vor oder unmittelbar nach der Haustorienbildung.

5.3.2.1 Morphologische Veränderungen Morphologische Veränderungen als Reaktion auf Befall sind größtenteils bereits als Wundheilung in Abschn. 4.9. behandelt. Zum Teil können sie als Abwehrreaktionen angesehen werden. Eine Struktur besonderer Art stellt die Papille dar (vergl. Abschn. 1.2.3.6). Sie wird an der Innenseite einer Zellwand häufig gebildet, wenn ein Pilz sie zu penetrieren versucht (Abb. 4.1). Papillen unterscheiden sich in Form, Größe und in der Schnelligkeit ihrer Bildung. Da insbesondere in inkompatiblen Systemen Papillen auftreten, werden sie mit Resistenzerscheinungen in Zusammenhang gebracht. Verallgemeinernde Aussagen sind hierzu kaum möglich, weil sich die Verhältnisse mit den beteiligten Organismen häufig ändern. Eingehende Untersuchungen an Getreide-Mehltau lassen es zweifelhaft erscheinen, daß Papillen die eindringenden Pilzhyphen aufhalten können und dadurch zu einem echten Resistenzfaktor werden. Möglicherweise ist die Papille mitunter auch eine sekundäre Struktur, die erst entsteht, wenn die Pilzhyphe ihr Wachstum eingestellt hat. In anderen Wirt – Parasit – Kombinationen hingegen können eindringende Hyphen offensichtlich so fest von Papillen umschlossen werden, daß sie ihr Wachstum einstellen müssen. Solche Beobachtungen wurden z. B. bei dem Befall von *Phalaris arundinacea* mit *Helminthosporium avenae* und von jungen Weizenwurzeln mit *Fusarium culmorum* gemacht. In dem letzten Fall treten Papillen, offenbar mit eingeschlossenen Hyphen, in den Endodermiszellen auf. Der Pilz dringt nicht in den Zentralzylinder vor.

5.3.2.2 Phytoalexine Phytoalexine sind niedermolekulare, antibiotisch wirksame Stoffe, die von lebenden Zellen als Reaktion auf Erreger-, insbesondere Pilzbefall, Verletzung oder einen sonstigen Reiz (z. B. Immissionen, Pflanzenschutzmittel) gebildet und akkumuliert werden. Oftmals kommen sie in Spuren auch in gesundem Gewebe vor (nach neusten Befunden fehlen sie jedoch in steril aufgezogenen Pflanzen). Phytoalexine sind allenfalls für die verschiedenen Pflanzenfamilien spezifisch, manche sind ubiquitär im Pflanzenreich verbreitet. Spezifische Phytoalexine sind in Leguminosen, Solanaceen, Rosaceen, Umbelliferen, Kompositen, Convolvulaceen und Malvaceen nachgewiesen worden. Phytoalexine wurden häufiger in nicht-obligaten Systemen als in obligaten gefunden. In ihrer Mehrzahl gehören die Phytoalexine zu den Phenol-Derivaten, doch sind auch Verbindungen anderer Konstitution, z. B. Terpenoide, Polyacethylene bekannt geworden (Abb. 5.4). Ihre Bildung erfolgt örtlich und zeitlich begrenzt. Sie können nicht als stabile Endprodukte des pflanzlichen Stoffwechsels angesehen werden. Etwa 6 bis 96 Stunden nach Infektion werden sie angesammelt. Danach geht ihr Gehalt meist wieder auf das Niveau nichtinfizierter Pflanzen zurück.

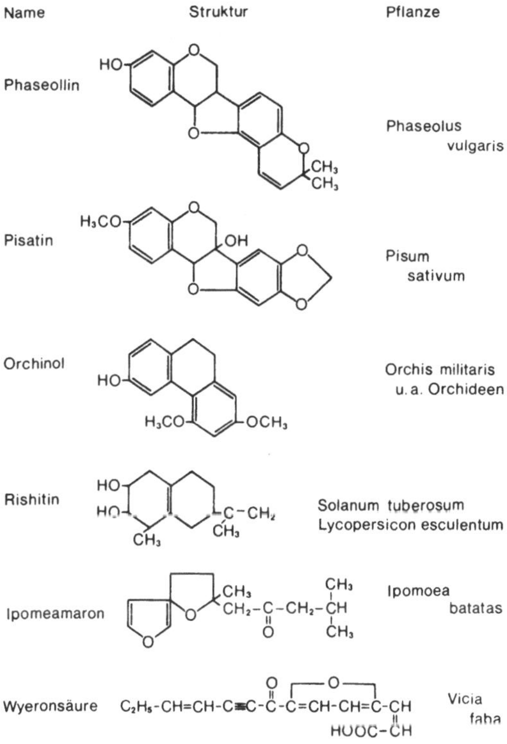

Name	Struktur	Pflanze
Phaseollin		Phaseolus vulgaris
Pisatin		Pisum sativum
Orchinol		Orchis militaris u.a. Orchideen
Rishitin		Solanum tuberosum Lycopersicon esculentum
Ipomeamaron		Ipomoea batatas
Wyeronsäure	C_2H_5-CH=CH-C≡C-C-C=CH-CH=C-CH	Vicia faba

Abb. 5.4 Phytoalexine

Die Phytoalexinbildung ist nicht auf inkompatible Wirt-Parasit-Verhältnisse beschränkt. In ihnen erfolgt sie meist schneller und es werden auch größere Mengen angereichert als bei kompatiblen Beziehungen (von dieser Regel gibt es eine Reihe von Ausnahmen). Die Höhe der Phytoalexin-Akkumulation wird bestimmt durch die Syntheserate und das Ausmaß des Phytoalexin-Abbaus durch Wirt- und Erregerenzyme.

Eine Pflanze kann verschiedene Phytoalexine produzieren, z. B. bildet die Bohne neben Phaseollin auch Phaseollidin, Phaseollinisoflavan, Kieviton und Cumesterol. Jedem Erreger oder induzierendem Agens entspricht aber nicht ein spezifisches Phytoalexin. Allerdings kann das Mengenverhältnis der einzelnen Phytoalexine eines Wirtes zueinander spezifisch für den jeweiligen Erreger sein. Die Spezifität der Phytoalexin-Akkumulation liegt auch in der Geschwindigkeit, mit der sie erfolgt, und dem Niveau, das sie erreicht.

Allgemein, wenn auch keineswegs ohne Ausnahme, gilt, daß Erreger gegenüber Phytoalexinen, deren Bildung sie veranlaßt haben, weniger empfindlich sind als Nichterreger. Die geringere Empfindlichkeit kann auf der Fähigkeit des Phytoalexin-Abbaus beruhen (doch sind mitunter auch Nichterreger zur Degradation von Phytoalexinen befähigt). Beispiele sind: *Botrytis cinerea* – Phaseollin, *Stemphylium botryosum* – Medicarpin, *Ascochyta pisi* – Pisatin.

Von einigen Pilzen konnten Substanzen isoliert und charakterisiert werden, die an Pflanzen eine Phytoalexin-Produktion auslösen. Ihrer chemischen Natur nach handelt es sich um ein Peptid (Monilicolin A aus *Monilia fructicola*) und um Polysaccharide (Glucane aus *Phytophthora megasperma* var. *sojae* und *Colletotrichum lindemuthianum*). Die Wirksamkeit der Stoffe ist außerordentlich hoch, die des Peptids liegt bei 10^{-9} mol/l, die der Glucane bei 10^{-13} bzw. 10^{-11} mol/l.

In zahllosen Arbeiten ist – seit Müller und Börger 1940 die Phytoalexin-Hypothese begründeten – über das Vorkommen solcher Stoffe und ihre Bedeutung als Resistenzfaktoren berichtet worden. Ausschlaggebend für eine Rolle im Abwehrmechanismus ist, daß wirksame Phytoalexin-Konzentrationen schnell genug erreicht werden. In Kartoffelknollen wird nach Befall mit *Phytophthora infestans* beispielsweise die höchste Rishitinkonzentration erst nach 48 bzw. 72 Stunden erreicht. Die Resistenzreaktion erfolgt aber spätestens 2 bis 3 Stunden nach Inokulation. Andererseits breiten sich an Erbsen nach Infektion mit *Aphanomyces euteiches* die Läsionen 5 Tage lang aus, obgleich die Pisatin-Konzentration im Gewebe bereits nach 36 Stunden die zur völligen Wachstumshemmung des Pilzes erforderliche Konzentration um das 8fache übersteigt. Die Experimente mit Kartoffeln und *Phytophthora infestans* deuten an, das Rishitin erst nach dem Tode des Erregers stärker akkumuliert wird, die Phytoalexinbildung also kaum die Ursache, möglicherweise aber die Folge der Resistenzreaktion ist.

Aus den vielen Untersuchungen über Phytoalexine läßt sich folgern, daß sie an Resistenzreaktionen beteiligt sein können. Ein abschließendes Urteil über ihre tatsächliche Rolle und Bedeutung im Resistenz-Mechanismus läßt der gegenwärtige Wissensstand aber noch nicht zu. Als Determinanten für die Spezifität von Wirt-Parasit-Beziehungen sind sie sicherlich bedeutungslos.

5.3.2.3 Hypersensitivität Hypersensitivität bezeichnet einen Vorgang, bei dem die von inkompatiblen Erregern angegriffenen Wirtszellen innerhalb kurzer Zeit kollabieren und kleine Nekrosen hinterlassen, während bei einem kompatiblen Verhältnis die Wirtszellen mehrere Tage überleben können. Der inkompatible Erreger bleibt auf einen kleinen Bereich beschränkt und geht zugrunde. Hypersensitivität ist vor allem durch die Schnelligkeit der Reaktion gekennzeichnet. Es liegt also eine extrem hohe „Anfälligkeit" vor, deren praktische Auswirkung aber eine extreme Resistenz der ganzen Pflanze ist. Die Intensität der Reaktion der Zelle auf den Erregerangriff steht somit im umgekehrten Verhältnis zu der Schwere der resultierenden Erkrankung. Die Hypersensitivität ist eine inkompatible Reaktion, sie spiegelt die Unfähigkeit der Pflanze wider, mit dem Erreger zu koexistieren.

Die hypersensitive Reaktion ist gegen zahlreiche Pilze, Bakterien, Viren und auch gegen tierische Schaderreger beobachtet worden. Möglicherweise ist sie die normale Reaktion der Pflanze auf infektiöse Agenzien, bzw. eine unspezifische Fähigkeit der Pflanzenzellen, fremdes Protoplasma oder Viruspartikel zu erkennen. Über die Natur der Stoffe, die die Hypersensitivitätsreaktion auslösen, ist nichts Sicheres bekannt. Vermutlich werden sie nur von lebenden Erregerzellen in engem Kontakt mit der Wirtszellwand gebildet. Hypersensitive Reaktionen können mit unterschiedlicher Intensität und Geschwindigkeit ablaufen. Häufig sind sie umwelt-, vor allem temperaturabhängig. Sie führen, ebenso wie Anfälligkeitsreaktionen zu bestimmten Infektionstypen, die z. B. beim Weizenschwarzrost der Klassifizierung und der Identifizierung physiologischer Rassen dienen (vgl. Abschn. 5.1.2).

Bei Experimenten mit *Phytophthora infestans* und Kartoffelscheiben ließ sich zeigen, daß die Schnelligkeit der hypersensitiven Reaktion auch von der Anzahl der benachbarten gesunden Zellagen abhängig ist. In dünnen Scheiben erfolgte der hypersensitive Zelltod langsamer als in dicken. Daraus läßt sich folgern, daß die nicht befallenen benachbarten Zellen den direkten Infektionsort mit Substanzen versorgen, welche die hypersensitive Reaktion beschleunigen. An diesen Objekten wurde auch gezeigt, daß erst nach einer de novo Proteinsynthese die Wirtszellen hypersensitiv reagieren konnten.

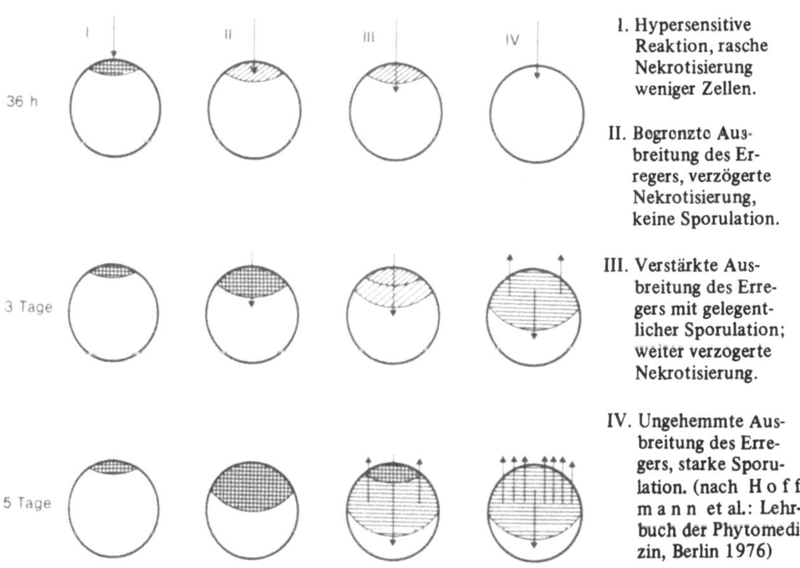

Abb. 5.5 Schematische Darstellung des Befalls von Kartoffelpflanzen unterschiedlicher Resistenz mit *Phytophthora infestans*

Phytophthora infestans dringt sowohl in das Gewebe resistenter wie anfälliger Kartoffelsorten ein. Während in den anfälligen Sorten sich der Erreger ausbreitet, und später ganze Gewebepartien absterben, gehen bei hypersensitiver Reaktion nur wenige Zellen zugrunde (Abb. 5.5). Auf dem Zellniveau lassen sich folgende Stadien unterscheiden:

– Strähnung des Plasmas, Kern wandert zum eindringenden Erreger,
– Granulierung des Plasmas, zunächst um die eindringende Hyphe, dann durch das gesamte Cytoplasma. Mitochondrien-ähnliche Partikel zeigen Braunsche Molekularbewegung,
– Beginnende Bräunung des Cytoplasmas, Degeneration des Kernes,
– Verstärkung der dunklen Verfärbung der Zelle, Zelltod, Absterben der eindringenden Hyphe.

Die Hypersensitivitätsreaktionen spielen sich oftmals innerhalb weniger Minuten ab. Mit den cytologischen Veränderungen gehen einher: erhöhte O_2-Aufnahme, verstärkte Bildung und Oxydation von Phenolen, Verlust der Kompartimentierung des Zellkörpers, oftmals Synthese von Phytoalexinen.

Inkompatible Bakterien lösen Hypersensitivitätsreaktionen meist 6 bis 12 Std. nach Inokulation aus. Beschädigungen des Membransystems führen zum Elektrolytverlust, zur Deformation von Zellorganellen und schließlich zum Zellkollaps. Im Falle von *Pseudomonas solanacearum* und Tabakblättern werden die Bakterien in den Interzellularen an die Zellwand des Wirtes gebunden und von der Wirtszellwand abgesondertem Granulat eingeschlossen. Dadurch sind die Bakterien immobilisiert, sie teilen sich nicht mehr. Die Zellwand ist an diesen Stellen erodiert, das Plasmalemma von der Wand abgelöst. Die Degradation der Zellorganellen der Wirtszelle hat eingesetzt. Diese Vorgänge vollziehen sich etwa 6 bis 12 Std. nach Inokulation. Eine wesentliche Bedingung der hypersensitiven Reaktion scheint die Anheftung der Bakterien an die Zellwand zu sein, ein Vorgang, bei dem möglicherweise das Bakterium von der Wirtszelle als Fremdkörper erkannt wird. Der kompatible Stamm von *P. solanacearum* bildet extrazellulare Polysaccharide, deren Rolle darin gesehen wird, daß sie die Bindung der Bakterien an einen spezifischen Rezeptor der Wirtszellwand verhindern.

Zur Auslösung der Hypersensitivitätsreaktion ist in manchen Wirt-Erreger-Kombinationen eine bestimmte Anzahl von Bakterienzellen erforderlich. In bestimmten Fällen kann die Reaktion durch Zugabe von Cytokinin oder Glykoproteinen oder – wie in der Kombination Bohne – *Pseudomonas phaseolicola* – durch ein Toxin (Phaseotoxin) unterbunden werden.

In jüngster Zeit ist die Induktion hypersensitiver Reaktionen mit der Aktivität von Lysosomen in Zusammenhang gebracht worden. Lysosomen sind Zellorganellen mit einfachen Hüllmembranen. Sie weisen Verwandtschaft zu Vakuolen auf, mit denen sie auch verschmelzen können. Lysosomen sind reich an abbauenden hydrolytischen Enzymen, die vermutlich dazu dienen, Reservestoffe zu mobilisieren, aber auch unerwünschtes zelluläres Material abzubauen. Möglicherweise werden hypersensitive Reaktionen durch die Zerstörung der lysosomalen Membran und der daraus sich ergebenden

Freilassung von Proteasen ausgelöst, die zur schnellen Degradation des Proteins und zur Zellnekrose führen.

Trotz der vielen Untersuchungen, die sich mit dem Problem der Hypersensitivität befassen, ist es noch eine offene Frage, ob die Reaktion auch die unmittelbare Ursache für das Absterben der Erreger ist. Auch steht es keineswegs fest, daß der Zellkollaps wesentlich für die Resistenz ist. Damit bleiben auch Zweifel an der entscheidenden Rolle der Hypersensitivität bei Resistenzreaktionen.

5.3.2.4 Induzierte Resistenz und Anfälligkeit Immunisierungsprozesse sind aus der Human- und Veterinärmedizin hinreichend bekannt: der Körper wird durch Krankheitserreger zur Bildung von Antikörpern angeregt und dadurch gegen eine Reinfektion immun. Auch für Pflanzen gibt es Beispiele, daß ein Primärinfekt die Reaktion bei nachfolgendem Befall von anfällig zu resistent umstimmt. Bei einem Vergleich mit den Immunisierungsvorgängen bei Warmblütern ist zu bedenken, daß bei diesen meist eine spezifische humorale Immunität vorliegt, die den gesamten Organismus schützt. Die induzierenden Agenzien verschwinden aus dem Körper, die Widerstandsfähigkeit aber bleibt, zuweilen lebenslänglich, erhalten. Diese Immunreaktionen sind sehr spezifisch: Antikörper verbinden sich immer nur mit dem auslösenden Antigen. Will man die Wirksamkeit der induzierten Resistenz bei Pflanzen beurteilen, müssen die örtliche und zeitliche Begrenzung und die Spezifität der Reaktion ebenso wie die zugrunde liegenden Mechanismen betrachtet werden.

Resistenz kann induziert werden durch Inokulation der Pflanze mit virulenten oder avirulenten Erregerstämmen, abgetöteten Erregern, saprophytischen Bakterien oder Pilzen der Phyllosphäre. Auch die Behandlung der Pflanzen mit Extrakten aus Bakterien oder Pilzsporen oder die Injektion wirtsfremder RNS oder von Viruseiweiß kann den Effekt auslösen. Diese Resistenzreaktionen sind in der Regel wenig spezifisch. Die induzierte Resistenz ist nicht nur rassenunspezifisch, Viren können sie z. B. gegen Pilze, Pilze und Bakterien gegen Viren, Bakterien gegen Pilze, Pilze gegen Bakterien oder Nematoden auslösen (Tab. 5.3, Seite 130).

Die induzierte Resistenz kann lokalen oder systemischen Schutz geben. Bei ersterem ist nur das vom Primäreffekt betroffene Gewebe resistent, bei letzterem geht der Effekt mehr oder weniger weit darüber hinaus. In vielen Fällen ist nur die unmittelbare Umgebung der primären Befallsstelle resistent. Doch gibt es sowohl bei Virosen wie bei Mykosen Beispiele dafür, daß die induzierte Resistenz noch in Blättern wirksam ist, die zur Zeit der Primärinfektion noch gar nicht entwickelt waren.

Bei dem Zeitfaktor muß unterschieden werden zwischen der Zeit, die von der Inokulation mit dem auslösenden Prinzip bis zum Wirksamwerden der Resistenz vergeht, und der Zeit, während der die Resistenz bestehen bleibt. Für die erstere gibt die Infektions- bzw. Inkubationszeit (also oftmals 2 bis 14 Tage) Anhaltspunkte. Die Resistenzdauer schwankt in weiten Grenzen. Häufig währt sie so lange, wie der Primärinfekt andauert (das kann eine ganze Wachstumsperiode sein). Die Infektion eines Primärblattes der Bohne mit *Colletotrichum lagenarium* schützt die nachfolgenden Blätter noch 4 bis 5 Wochen gegen den gleichen Erreger. Die Injektion von Hefe-RNS macht Tabakblätter für die Zeit von 20 Tagen gegen TMV-Infektionen resistent.

Tab. 5.3 Beispiele für induzierte Resistenz

Wirtspflanze	Resistenz induziert durch	wirksam gegen	Lit.
Orchideen	*Rhizoctonia repens*	*Rhizoctonia repens, R. lanuginosa, R. mucoroides*	[1]
Kartoffel	*Phytophthora infestans* Stamm A	*Phytophthora infestans* Stamm S	[2]
Weizen	*Puccinia coronata*	*Puccinia recondita*	[3]
Tabak	*Glomus mosseae* (endotr. Mycorrhiza)	*Thielaviopsis basicola, Meloidogyne incognita*	[4]
Tomate	*Glomus mosseae* (endotr. Mycorrhiza)	*Fusarium oxysporum* f. sp. *lycopersici*	[5]
Gartenbohne	*Colletotrichum lindemuthianum* (Rasse γ bzw. β), *Helminthosporium carbonum, Alternaria* spec.	*Colletotrichum lindemuthianum* (Rasse γ bzw. β)	[6]
Gartenbohne	*Uromyces phaseoli*	Tabak-Mosaik-Virus	[7]
Gartenbohne	Tabak-Mosaik-Virus	*Uromyces phaseoli*	[7]
Melone	*Colletotrichum lagenarium*	*Colletotrichum lagenarium*	[8]
Apfel	*Erwinia amylovora* (21a), *Pseudomonas tabaci, Xanthomonas pruni*	*Erwinia amylovora* (S-1)	[9]
Kaffee	*Hemileia vastatrix*	*Hemileia vastatrix*	[10]

[1] Bernard, N.: Ann. Sci. Nat. Bot. **9** (1909)
[2] Müller, K. O. et al.: Arb. Biolog. Reichsanstalt **23** (1941), 189
[3] Johnston, C. O. et al.: Phytopathology **48** (1958), 69
[4] Baltruschat, H. et al.: Intern. Congr. Plant Pathology (1973), 661
[5] Dehne, H. W. et al.: Z. Pflanzenkrankheiten **82** (1975), 630
[6] Rahe, J. E. et al.: Phytopathology **59** (1969), 1641
[7] Wilson, E. M.: Phytopathology **48** (1958), 228
[8] Caruso, F. L.: Phytopathology **67** (1977), 1285
[9] Goodman, R. N.: Phytopathology **57** (1967), 22
[10] Moraes, W. B. C.: Coffee Rust-Symposium, Bogota 1977

Bei der induzierten Resistenz handelt es sich meist nicht um eine absolute Resistenz. Ihr Ausmaß kann von der Stärke des Primärinfektes abhängen. Oft werden Zahl und Größe von Läsionen, die der nachfolgende Erreger hervorruft, vermindert oder dessen Reproduktionsleistung ist reduziert. Die induzierte Resistenz ist auch insofern nicht absolut, als ihre Wirksamkeit mitunter von anderen Faktoren abhängig ist, u. a. von der Temperatur, dem physiologischen Zustand der Pflanze (z. B. kann *Cytospora cincta* an *Prunus domestica* im Mai oder Juli Resistenz gegen *C. cincta* induzieren, jedoch nicht im Juni), der Inokulumdichte des nachfolgenden Erregers.

Pflanzen besitzen offensichtlich einen latenten Resistenzmechanismus, der erst durch die Infektion aktiviert wird und der recht anpassungsfähig und elastisch ist. Zur Erklärung des Mechanismus der induzierten Resistenz werden neben einer vermehrten Produktion von Suberin, Kallose und Lignin, die einen lokalen Schutz bewirken könnten, die sog. Verarmungstheorie und die Bildung von Resistenz-induzierenden Substanzen diskutiert. Befallene Zellen weisen eine erhöhte Stoffwechselaktivität auf und wirken als „metabolic sink". Die benachbarten Zellen verarmen an bestimmten Metaboliten und sind deswegen als Substrat für die Erreger nicht mehr geeignet. Diese Verarmungstheorie kann aber nur eine lokale Resistenz erklären.

Nach der anderen Hypothese löst der Primärbefall die Bildung von Substanzen aus, die in nichtinfizierten Zellen und Geweben Resistenz induzieren. Zumindest in einigen Pflanzen-Virus-Systemen wird durch Injektion des RNS-Synthesehemmers Aktinomycin D die Induktion der Resistenz verhindert. Dies deutet an, daß der Mechanismus der Transkription der DNS zur RNS daran beteiligt ist, möglicherweise durch die Synthese eines Proteins. Es bestehen gewisse Ähnlichkeiten zum Interferonsystem tierischer Organismen. Interferon ist ein Protein, das vorübergehend in Virus-befallenen Zellen gebildet wird, in andere Zellen gelangt und dort die Synthese neuer Virusnukleinsäuren verhindert. Es wirkt unspezifisch, seine Bildung kann ebenfalls durch Aktinomycin D unterbunden werden. Das Interferon animalischer Virosen konnte bereits chemisch analysiert und sein Wirkungsmechanismus weitgehend aufgeklärt werden.

Die induzierte Resistenz wird auch mit der Aktivierung von Polyphenoloxydasen, Peroxydasen und Chitinasen zu erklären versucht, ebenso wie mit Veränderungen in Gehalt und Zusammensetzung von Zuckern und Aminosäuren. So wirkt die hohe Arginin-konzentration in Wurzeln mit endotropher Mycorrhiza hemmend auf den Wurzelparasiten *Thielaviopsis basicola*.

Die Kenntnisse über die induzierte Resistenz sind noch sehr lückenhaft. Erst eine eingehende Erforschung kann klären, ob sie nicht nur ein wissenschaftlich interessantes Phänomen ist, sondern auch für die Anwendung im praktischen Pflanzenschutz in einem ähnlichen Umfange wie die Immunisierung in der Human- und Veterinärmedizin in Frage kommen kann.

Ein Primärbefall kann auf einen nachfolgenden aber auch den gegenteiligen Effekt haben, also Anfälligkeit auslösen oder erhöhen. So begünstigt eine TMV-Infektion an Tomaten die *Verticillium*-Welke, *Taphrina deformans* an Pfirsich das Auftreten von Echtem Mehltau. Nach Nematodenbefall sind Pflanzen häufig anfälliger gegenüber Welkeerregern. *Fusarium*-resistente Tomatensorten können nach Befall mit *Meloidogyne* spp. oder *Globodera rostochiensis* sogar ihre Resistenz verlieren. Der Effekt ist nicht auf den unmittelbaren Ort des Nematodenbefalls lokalisiert, sondern die ganze Pflanze kann davon betroffen sein.

Die vorausgehende Inokulation von Hafer mit einer kompatiblen Rasse von *Puccinia coronata* macht die Blätter anfällig für eine inkompatible Rasse und umgekehrt (Tab. 5.4). Kartoffelblätter, die zuerst mit einer kompatiblen Rasse von *Phytophthora infestans* inokuliert werden, reagieren auf nachfolgende Inokulation mit einer inkompatiblen nicht mehr hypersensitiv. *Sphaerotheca fuligenea* kann an Gerste und *Erysiphe graminis* an Melonenblättern Infektionen hervorrufen, wenn die Blätter vorher mit dem „eigenen" kompatiblen Mehltaupilz inokuliert werden. Diese Information wird im Gewebe nicht weitergeleitet, sondern verbleibt innerhalb eines Bereichs von etwa 4 Zellreihen um die zuerst infizierte Zelle. Infektion von Gerste durch eine kompatible *Erysiphe graminis*-Rasse führt zur Anfälligkeit bei nachfolgender Inokulation mit einer inkompatiblen Rasse, umgekehrt bewirkt die Primärinokulation mit einer inkompatiblen Rasse Resistenz bei nachfolgender Inokulation mit einer kompatiblen Rasse.

Tab. 5.4 Uredolagerbildung und Hypersensitivitätsreaktion an Haferblättern nach Inokulation mit *Puccinia coronata* Rasse 226 und/oder 203 (nach Tani et al. Phytopathology **65**, 1190, 1975)

1. Inokulation	2. Inokulation	Hypersensitivitätsreaktion (%)	Anzahl Uredolager/Blatt
226 (inkompatibel)	–	100	2
203 (kompatibel)	–	0	198
226	203	91	16
203	226	0	195

Die molekulare Basis dieser Vorgänge ist nicht bekannt. Es ist anzunehmen, daß die Wirtszelle beim ersten Kontakt mit dem Erreger eine kompatible oder inkompatible Beziehung erkennt. Dadurch wird die Zelle in einen bestimmten, irreversiblen physiologischen Zustand gebracht, und zwar wird sie durch eine kompatible Rasse so modifiziert, daß sie eine später angreifende inkompatible Rasse nicht mehr als solche erkennt (es wird Anfälligkeit induziert). Umgekehrt verhalten sich Zellen, die zuerst mit inkompatiblen Erregern inokuliert werden. Sie erkennen nachfolgende kompatible Erreger nicht mehr (es wird Resistenz induziert). Nach dieser Hypothese wird also die Kompatibilität oder Inkompatibilität der Beziehung beim Erkennen des ersten Erregers von der Wirtszelle so festgelegt, daß der dadurch induzierte physiologische Zustand der Wirtszelle nicht mehr rückgängig zu machen ist.

Weiterführende Literatur

Day, P. R.: Genetics of host-parasite interaction. San Francisco 1974
Flor, H. H.: Current status of the gene-for-gene concept. Ann. Rev. Phytopathology, **9** (1971), 275–296
Heitefuß, R.; Williams, P. H. (Hrsg.): Physiological Plant Pathology. Berlin-Heidelberg-New York 1976
Hoffmann, G. M. u. a.: Lehrbuch der Phytomedizin. Berlin, Hamburg 1976
Robinson, R. A.: Plant Pathosystems. Berlin - Heidelberg - New York 1976
Ullrich, J.: Epidemiologische Aspekte bei der Krankheitsresistenz von Kulturpflanzen. Berlin, Hamburg 1976

Van der Plank, J. E.: Disease resistance in plants. New York, San Francisco, London 1968
Van der Plank, J. E.: Principles of plant infection. New York, San Francisco, London 1975
Wheeler, H.: Plant Pathogenesis. Berlin - Heidelberg - New York 1975
Wood, R. K. S.: Physiological Plant Pathology. Oxford, Edinburgh 1967
Wood, R. K. S.; Graniti, A. (Hrsg.): Specificity in Plant diseases. New York, London 1976

6. Ausgewählte Krankheiten

Verschiedene Pflanzenkrankheiten weisen oftmals gemeinsame Merkmale auf und lassen sich gruppenweise zusammenfassen. Ordnungsprinzipien sind vor allem: Wirtspflanzen, befallene Entwicklungsstadien oder Pflanzenteile, systematische Verwandtschaft der Erreger, Symptome. In den Abschnitten dieses Kapitels wird eine Auswahl häufig auftretender Krankheiten zusammenfassend dargestellt. Die gemeinsamen Merkmale sind nach unterschiedlichen, jedoch zweckmäßig erscheinenden Gesichtspunkten geordnet.

6.1 Keimlingskrankheiten

Hierunter werden Krankheiten an Keimpflanzen während der Keimung und vor oder nach dem Aufgang verstanden. Der Gärtner spricht von Vermehrungskrankheiten, weil sie in Vermehrungsbeeten und Saatkisten auftreten. Diese Krankheiten kommen bei vielen Pflanzen vor und verursachen häufig empfindliche Schäden. Mit zunehmendem Alter wächst die Widerstandsfähigkeit der Pflanzen.

Die Symptome variieren mit dem Stadium, in dem der Befall erfolgt. Keimende Samen vollenden mitunter den Keimungsprozeß gar nicht und sterben ab. Der nach oben wachsende Keimling kann durch eine Infektion deformiert werden, er erreicht häufig nicht die Bodenoberfläche. Der Befall wird am schlechten Stand der Saat sichtbar. Nach dem Auflaufen kann es vor allem bei dikotylen Pflanzen zur Umfallkrankheit kommen: das Gewebe an oder unmittelbar unterhalb der Bodenoberfläche erweicht, verfärbt sich dunkel (Schwarzbeinigkeit der Keimlinge), oftmals verbunden mit einer Einschnürung. Die Erkrankung kann vom Wurzelhals auf den oberen Wurzelteil und das untere Hypokotyl übergehen. Die Pflanze kann nicht mehr aufrecht stehen, sie fällt um. Stecklinge werden schon wenige Tage nach dem Abstecken an der Schnittstelle befallen. Sie gehen meist vor der Wurzelbildung zugrunde. Nach der Bewurzelung kommt es nur bei ungünstigen Kulturbedingungen zum Befall.

Besonders wichtige Erreger dieser Erkrankungen sind Arten der Gattung *Pythium*. Sie sind in fast allen Kulturböden verbreitet, haben meist einen weiten Wirtspflanzenkreis, wachsen im Boden ziemlich schnell und bringen die junge Pflanze in kurzer Zeit zum Absterben. Beispiele: *P. debaryanum* an Rüben, *P. aphanidermatum* an Erbsen, *P. arrhenomanes* und *P. graminicola* an Gramineen.

Weitere Erreger sind: *Olpidium brassicae* (Schwarzbeinigkeit des Kohls, schädigt auch andere Jungpflanzen, nur in Wurzeln vorkommend), *Phoma betae* (Wurzelbrand der Rübe), *Aphanomyces laevis* an Rüben, *A. euteiches* an Erbsen, *A. raphani* an Rettich. *Phytophthora*-Arten (z. B. *P. cryptogea, P. parasitica, P. cinnamomi, P. cactorum*) haben insbesondere an Zierpflanzen, Kiefernsämlingen u. a. Pflanzen Bedeutung. Ein sehr weiter Wirtspflanzenkreis zeichnet auch *Rhizoctonia solani* aus. Umfallkrankheiten verursacht dieser Pilz u. a. an Baumwolle, Salat, Luzerne, Erbsen, verschiedenen Kruziferen; besonders verheerend tritt der Pilz auch in Koniferen-Anzuchtgärten auf. *Phytophthora*-Arten und *R. solani* befallen gelegentlich auch ältere Pflanzen. An Getreide, vor allem an Roggen verursacht *Calonectria nivalis (Fusarium nivale)* den Schneeschimmel.

Die langfristige Bodenverseuchung erfolgt durch Dauerorgane wie Dauersporen *(Olpidium)*, Oosporen (*Aphanomyces, Pythium, Phytophthora*) oder Sklerotien (*Rhizoctonia*). Die Ausbreitung im Bestand erfolgt bei *Olpidium* und Oomyceten durch Zoosporen. *Phoma* wird durch Samen übertragen.

Da das Auftreten der Krankheiten durch dichten Stand der Pflanzen und hohe relative Luftfeuchtigkeit begünstigt wird, wirkt eine gute Durchlüftung dem Befall entgegen. *Pythium* und *Phytophthora* schädigen vor allem bei hoher Bodenfeuchtigkeit, während *Rhizoctonia* einen niedrigeren Wassergehalt des Bodens bevorzugt. Die Temperaturansprüche von *Rhizoctonia* sind höher als die von *Pythium*. Zu den prophylaktischen Gegenmaßnahmen gehört im gärtnerischen Pflanzenbau die vorherige Entseuchung der Erde und der Kulturgefäße. Verkrustende Böden, in denen die Pflanzen durch Verzögerung der Keimung und des Auflaufens geschwächt werden und länger in einem anfälligen Stadium verbleiben, sind zu vermeiden.

Saatgutbehandlung wirkt nicht nur gegen samenbürtige Erreger, Beizmittel mit hohem Dampfdruck können, vor allem bei flacher Saat, auch Bodenpilze ausschalten. Eine chemische Bekämpfung der Saat gegen Umfallkrankheiten ist, vor allem im Saatbeet, durch Angießen, Überbrausen oder durch Einarbeiten von Granulaten möglich. Es ist zu beachten, daß es kein Mittel gibt, das gegen alle Erreger gleichermaßen wirksam ist, und daß sich die jungen Pflanzen in ihrer Empfindlichkeit gegenüber den einzelnen Pflanzenschutzmitteln unterscheiden.

6.2 Wurzel- und Fußkrankheiten

Eine große Anzahl individueller Krankheiten kann unter dieser Überschrift zusammengefaßt werden. Charakteristisch für sie ist, daß entweder das Wurzelsystem befallen wird – die Krankheit kann dabei auch auf den basalen Teil des Stengels übergehen – oder daß nur dieser Teil der Pflanze vom Erreger angegriffen wird. Als Folge des Befalls werden Aufnahme und/oder Transport von Wasser und Nährsalzen, mitunter auch die Standfestigkeit beeinträchtigt. Besondere Bedeutung haben diese Krankheiten nach der starken Erhöhung des Getreideanteils an der Ackerfläche im intensiven Getreidebau erlangt.

Nach Befall ist das Wurzelsystem oft reduziert. Manche Erreger (z. B. *Fusarium*-Arten) bleiben auf die Wurzelrinde beschränkt. In diesem Fall treten häufig begrenzte Nekrosen auf. Andere Erreger durchdringen die Wurzeln ganz, so daß sie sich dunkel verfärben und absterben (z. B. *Thielaviopsis basicola, Ophiobolus graminis*). Deformationen (Vergallungen) der Wurzeln sind das Symptom für Infektionen durch *Plasmodiophora brassicae*. Der Wurzelbefall führt in der Regel auch an oberirdischen Pflanzenteilen zu Symptomen, zu denen allgemeine Wachstumsstörungen, Welken, Vergilbungen, Weißährigkeit (Weizen bei *Ophiobolus*-Befall), Halmbruch (bei *Cercosporella*-Befall) und unter Umständen auch Absterbeerscheinungen gehören.

Thielaviopsis basicola ist ein typischer und gefährlicher Wurzelparasit mit einem breiten Wirtspflanzenkreis, zu dem vor allem Tabak, aber auch Tomate, Leguminosen, Baumwolle zählen. Im gemäßigten Klima ist *Thielaviopsis* vor allem im Gewächshaus gefürchtet. *Rhizoctonia solani* schädigt nicht nur Keimpflanzen, sondern ruft auch an zahlreichen heranwachsenden und erwachsenen Pflanzen Wurzelfäulen hervor. Neuerdings wird der Pilz häufig an Getreide gefunden. *Ophiobolus graminis* und *Cercosporella herpotrichoides* treten an Gramineen, vor allem an Weizen schädigend auf. Dies gilt auch für *Helminthosporium sativum*.

Eine Reihe von Fusarium-Arten sind hier zu nennen: *F. culmorum, F. avenaceum, F. graminearum, F. moniliforme* an Getreide; *formae speciales* von *F. solani* vor allem an Leguminosen; *F. oxysporum* verursacht nicht nur Tracheomykosen sondern auch Wurzelfäulen. Der Hallimasch (*Armillaria mellea*) ruft Wurzelfäulen an Obstgehölzen und Forstpflanzen hervor.

Phymatotrichum omnivorum ist ein wichtiger Wurzelparasit an Baumwolle. *Sclerotium cepivorum* zerstört die Wurzeln der Zwiebel; *Pyrenochaeta lycopersici* ist der Erreger der Korkwurzelkrankheit der Tomate. *Plasmodiophora brassicae* ist als Erreger der Kohlhernie der wichtigste Schadpilz der Kruziferen.

Wenn verschiedene Erreger ähnliche Symptome hervorrufen, wird es schwierig, von den Symptomen auf die Erreger zu schließen. Das gleiche gilt für die zahlreichen Fälle der Mischinfektionen. Am Beispiel der Getreidefußkrankheiten, verursacht durch *Cercosporella herpotrichoides, Rhizoctonia solani, Fusarium spp.* und *Helminthosporium sativum* sei dies erläutert:

Die auftretenden Symptome lassen sich in typische und atypische unterteilen. Zu den ersteren zählen Flecken und gleichmäßige Verbräunungen, zu den atypischen die Übergänge zwischen ihnen in ihrer ganzen Breite. Als typische Symptome verursachen *Cercosporella herpotrichoides* und *Rhizoctonia solani* „Augenflecke“, *Fusarium* spp. und *Helminthosporium sativum* Verbräunungen. „Augenflecke“ sind ovale, braune Verfärbungen mit heller Mitte. Bei Infektion mit *C. herpotrichoides* gehen diese Flecke ohne scharfen Rand diffus ins gesunde Gewebe über. Im Falle eines Befalls mit *R. solani* ist der Rand dagegen scharf zum gesunden Gewebe abgegrenzt. In bestimmtem Umfange ist die Form der Flecke auch vom Zeitpunkt der Infektion, also Entwicklungsstadium des Wirtes abhängig. *Fusarium spp.* und *H. sativum* rufen an Halmbasis und Halm makroskopisch nicht unterscheidbare Symptome hervor. Sie bestehen aus braunen Streifen und Strichen, die hinsichtlich Form und Übergang zum gesunden Gewebe in großer

Variationsbreite ein oder mehrere Internodien bedecken. Im weiteren Verlauf vermorschen Nodien und Internodien. Im Halminnern findet man weißes, oft rötlich gefärbtes Myzel. Bei feuchter Witterung können sich auf Halm und Knoten Myzel und Sporenlager ausbilden. Für eine genaue Diagnose sind Isolierung des Erregers und mikroskopische Untersuchung erforderlich.

Viele der in diesem Abschnitt genannten Pilze haben zwei unterschiedliche Phasen: eine parasitische an den lebenden Wirten und eine saprophytische in totem Substrat oder im Boden. Manche Pilze bilden Dauerorgane im Boden aus (Chlamydosporen oder Sklerotien), andere überdauern die Zeit ohne Wirt in den bereits besiedelten Pflanzenresten. Die Mehrzahl der Dauersporen und Sklerotien keimt im Boden erst, wenn sie einen Reiz erhalten. Dieser geht vor allem von keimenden Samen, von Wurzeln junger Pflanzen oder auch von organischem Substrat aus. Einige der genannten Erreger sind befähigt, den Boden über eine längere Distanz zu durchwachsen. Andere, z. B. *Ophiobolus graminis*, vermögen das nicht, sie sind gegenüber den Saprophyten nicht konkurrenzfähig und verbleiben im bereits befallenen Gewebe. Zum neuen Befall kommt es nur, wenn eine geeignete Wirtswurzel heranwächst.

Wurzelkrankheiten sind schwer zu bekämpfen. Wenn die Symptome an den oberirdischen Teilen erscheinen, ist es für unmittelbare Maßnahmen meist schon zu spät. Bekämpfungsmethoden, zu denen in erster Linie geeignete Fruchtfolgen gehören, richten sich gegen den Erreger in seiner saprophytischen Phase. Die Dauerorgane sollen in Abwesenheit einer geeigneten Wirtspflanze zum Auskeimen veranlaßt werden, damit der Erreger aushungert. Bei der Zersetzung befallener Pflanzenteile gehen die Erreger, sofern sie keine Dauerorgane gebildet haben, mit zugrunde. Die Zufuhr organischen Materials oder tiefgehende, zu guter Belüftung führende Bodenbearbeitung fördert diese Prozesse. Gegen Fußkrankheiten an Getreide, vor allem, wenn sie auf *C. herpotrichoides* zurückgehen, werden zunehmend systemische Fungizide eingesetzt. Bodenentseuchung ist in der Regel nur in gärtnerisch genutzten Böden und Anzuchtbeeten rentabel.

6.3 Blattfleckenkrankheiten

Als Blattflecken bezeichnet man begrenzte Flächen nekrotischen Gewebes. Sie variieren in Größe, Form und Farbe. Nekrotische Blattflecken treten unter der Einwirkung ungünstiger Temperatur- oder Wasserverhältnisse, bei Nährsalzmangel oder -überschuß auf, sie können die Folge von Immissionen oder unsachgemäß angewendeten Pflanzenschutzmitteln sein. Viren, tierische Schädlinge (z. B. saugende Arthropoden) können Flecke verursachen. Besonders häufig sind solche Flecke das Hauptsymptom nach Bakterien- oder Pilzinfektionen. Die Mehrzahl der pilzlichen Erreger von Blattflecken gehört zu den Ascomyceten und Fungi imperfecti. Häufig fruktifizieren sie auf den Flecken. Aus der Vielzahl solcher Krankheiten werden hier zwei herausgegriffen.

F e t t f l e c k e n k r a n k h e i t d e r G a r t e n b o h n e : Diese Krankheit trat 1929, aus Nordamerika kommend, zum ersten Male in Europa auf. Sie ist unter mitteleuropäischen Verhältnissen die wichtigste Bakteriose der Buschbohne (Stangenbohnen werden kaum befallen). Die ersten Symptome zeigen sich als kleine, meist unregelmäßig begrenzte, wäßrig durchscheinende Flecke. Sie sind in charakteristischer Weise von einem breiten, gelblichen Hof umgeben. Durch langsames, zentrales Austrocknen verfärben sie sich bräunlich. Zuweilen werden die befallenen Stellen papiernern und durchsichtig. Bei stärkerem Befall vertrocknen die Blätter und fallen ab. Auch auf Stengeln, Hülsen, Samen können Flecke auftreten. Auf Stengeln sind sie mehr langgestreckt. Auf Hülsen entstehen runde, dunkelgrüne, wassergetränkte, ölig aussehende Flecke, die der Krankheit ihren Namen gegeben haben.

Erreger ist ein aerobes, stäbchenförmiges Bakterium mit mono- oder bipolar angeordneten Geißeln, *Pseudomonas phaseolicola.* Die Kardinalpunkte der Temperatur für das Wachstum werden mit 2,5 °C, 20 bis 23 °C und 33 °C angegeben. Die Erreger dringen durch Stomata in das unverletzte Gewebe ein. Die Infektion kann lokal begrenzt sein, vereinzelte Bakterien können aber auch mit dem Transpirationsstrom fortgetragen werden, sich an anderen Stellen wieder festsetzen und sich dort lokal vermehren. Bei feuchter Witterung treten an den Befallsstellen weißliche Schleimtropfen auf, in denen sich massenhaft Erreger befinden.

Im Bestand breitet sich die Krankheit bei ausreichender Feuchtigkeit und Wärme sehr schnell aus. Verspritzende Regentropfen und Wind befördern die Erreger. Von Vegetationsperiode zu Vegetationsperiode werden sie vornehmlich am oder im Samen (zwischen Samenschale und Kotyledonen) übertragen. Bei unmittelbarem Nachbau von Bohnen auf Bohnen können auch an befallenen Pflanzenresten überwinternde Bakterien einen Initialherd bilden.

Die wirksamste Pflanzenschutzmaßnahme ist die Verwendung gesunden Saatgutes. Eine befriedigende praxisreife Methode der Saatgutbeizung ist jedoch noch nicht entwickelt worden. Die Sorten unterscheiden sich in ihrer Anfälligkeit. Vom Erreger sind zwei Rassen bekannt. Widerstandsfähige Bohnensorten sind jedoch nur hinsichtlich der Rasse 1 bekannt, während gegenüber der Rasse 2, die besonders häufig auf Importsaatgut vorkommt, noch keine resistenten Sorten auf dem Markt sind. Durch Spritzungen mit Kupferpräparaten wird die Ausbreitung verzögert.

Septoria-Blattfleckenkrankheit des Weizens: Die von *Septoria tritici* verursachte Blattfleckenkrankheit des Weizens tritt in allen Erdteilen auf, vor allem auch im Mittelmeerraum, wo sie an neuen sog. mexikanischen Sorten, die ein hohes Ertragspotential aufweisen, schwere Schäden verursacht. Erste Symptome sind ovale, hellgrüne Areale, die sich mit der Zeit in längliche, gelb bis braune nekrotische Flecken umwandeln. Auch „Grüne Inseln“ kommen als Symptomvariante vor. Bei einem Zusammenfließen der Flecke können große Teile der Blattfläche zerstört werden. In den Flecken treten dunkelbraune bis schwarze Pyknidien auf, mit deren Bildung der Pilz seinen Zyklus abschließt. Unter günstigen Bedingungen sind während einer Vegetationsperiode 7 bis 9 Generationen möglich.

Der Erreger, *Septoria tritici,* gehört zu den Sphaeropsidales der Deuteromycotina. In Neuseeland ist die höhere Fruchtform des Pilzes als *Mycosphaerella*-Art beschrieben worden. Der Erreger scheint im Freiland auf *Triticum*-Arten beschränkt zu sein. Über das Auftreten physiologischer Rassen liegen unterschiedliche Aussagen vor. Der Erreger überwintert meist in Pyknidienform auf Stoppelresten des Weizens oder anderen Gramineen.

Der Pilz dringt durch Spaltöffnungen in das Blatt ein und breitet sich interzellular im Gewebe aus, wobei die Leitbündel ausgespart werden. Die Zellen sterben ab, Pyknidien sind in allen Entwicklungsstadien parallel zu den Blattnerven zu finden. Für einen starken *Septoria*-Befall ist eine anhaltende Nässeperiode erforderlich. Unter günstigen Bedingungen, also vor allem bei hoher Luftfeuchtigkeit, kann es auch zum Ährenbefall kommen. Für eine Infektion sind Temperaturen zwischen 16 °C und 21 °C förderlich.

Direkte Bekämpfungsmaßnahmen mit Pflanzenschutzmitteln sind zwar möglich, aus ökonomischen Erwägungen unterbleiben sie aber in der Regel. Die wichtigste Gegenmaßnahme ist der Anbau resistenter Sorten, an deren Züchtung mit Nachdruck gearbeitet wird. *T. durum*-Sorten sind im allgemeinen resistenter als *T. aestivum*-Sorten. Auch im deutschen Sortiment liegen Resistenzunterschiede vor. Wenig anfällig ist z. B. die Sorte „Caribo".

6.4 Schorf

Auf den Befall des Abschlußgewebes mit bestimmten Bakterien oder Pilzen reagieren Pflanzen mit Korkbildung und vermehrter Zellteilung. Dadurch kommt es zu Anomalien, die sich in mehr oder weniger ausgeprägten rauhen Unebenheiten auf der Haut (Krusten) äußern, ein Symptom, das als Schorf bezeichnet wird. Die so entstandenen Flecke können in ihrer Form und Ausdehnung recht unterschiedlich sein, z. B. erhaben, eingesunken, rissig. Dieses Symptombild gilt vor allem für Früchte und Speicherorgane. Schorf an Citrusfrüchten wird von *Elsinoe fawcetti* verursacht. An Gurkenfrüchten ruft *Cladosporium cucumerinum* Schorfsymptome hervor, die „Krätze" genannt werden (die neueren Sorten sind gegen diese Krankheit weitgehend resistent). Erreger des Kartoffelschorfes sind *Spongospora subterranea* (Pulverschorf) und *Streptomyces scabies* (gewöhnlicher Kartoffelschorf). Diese Krankheiten mindern die Qualität der Knollen. *S. scabies* ist auch für den Schorf an Beta-Rüben und Radies, *S. ipomoea* für den Schorf an Süßkartoffeln verantwortlich. Weitere Bakterien, die Schorfkrankheiten verursachen, sind *Xanthomonas vesicatoria* (an Tomatenfrüchten) und *Pseudomonas marginata* („Lackschorf" der Gladiolenknolle).

Von besonderem wirtschaftlichen Interesse sind Pilzarten der Gattung *Venturia,* von denen *V. inaequalis,* der Erreger des Apfelschorfs, herausragt. Die durch diesen Pilz bedingten erheblichen Qualitäts- und Ertragsminderungen sowie der hohe Bekämpfungsaufwand machen die Krankheit zur wirtschaftlich wichtigsten im Weltapfelanbau (weitere *Venturia*-Arten: *V. pirina* an Birne, *V. cerasi* an Kirsche, *V. carpophila* an Pfirsich). Die Krankheit tritt auf Blättern, Früchten, seltener auch auf Zweigen des Apfels auf. Auf beiden Seiten der Blätter sind Läsionen zu finden, im Frühjahr zuerst auf der Oberseite. Es sind zunächst kleine rundliche, olivgrüne samtartige Flecke mit diffusem Rand, die später zu einer braun-schwarzen Schorfläsion werden. Die Erreger dringen durch die Kutikula ein und wachsen streng subkutikular, also zwischen Epidermis und Kutikula. Konidienträger durchstoßen die Kutikula und bilden auf der Oberfläche Konidien. Die Kutikula wird dabei zerstört, das Blatt erleidet hohe Wasserverluste und wird vorzeitig abgeworfen (Abb. 6.1).

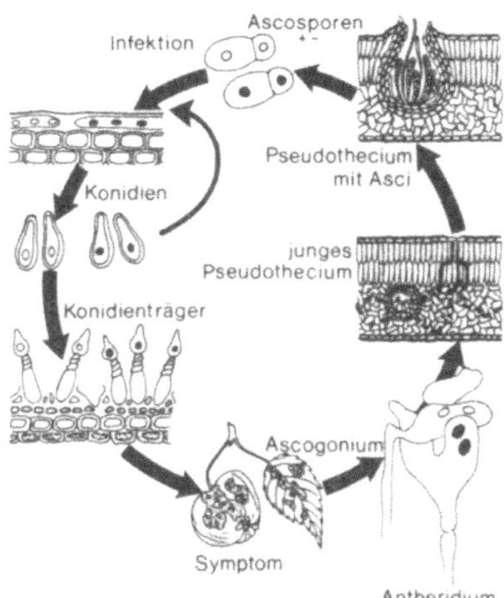

Abb. 6.1
Schematische Darstellung der Entwicklung des Apfelschorfes

Durch die Konidien wird die Krankheit auf benachbarte Blätter und junge Früchte übertragen. Die Flecke auf den Früchten sehen anfangs mattschwarz und sternförmig aus, oftmals umgeben von einem silbrig-weißen Rand, Reste der abgelösten Kutikula. Das befallene Gewebe verkorkt. Die Korkschichten vermögen dem Wachstum der Frucht nicht in gleicher Weise zu folgen. Risse und Verkrüppelungen sind die Folge. Diese Frühjahrsinfektionen des Laubes und der jungen Früchte bezeichnet man als Frühschorf. Unter Spätschorf versteht man den Befall älterer Früchte. Auf ihnen bleiben die Schorfflecke kleiner, Rißbildung unterbleibt. Erst nach der Einlagerung der Früchte auftretende Schorfflecke werden Lagerschorf genannt. Auch an den diesjährigen Trieben können Schorfflecke entstehen. Die Rinde wird blasig aufgetrieben, um schließlich aufzuplatzen. Man spricht von „Zweiggrind".

An diesen Zweigen kann der Pilz zwar unter Umständen überdauern, von erheblich größerer Bedeutung ist aber die Überwinterung in der Hauptfruchtform in infizierten, abgefallenen Blättern. In die absterbenden Blätter dringt der Pilz tief ein und bildet dort die Primordialstadien für die Perithezien. Diese reifen im Frühjahr. Unter günstigen Bedingungen werden die Ascosporen ins Freie geschleudert und vom Luftstrom auf die jungen Blätter getragen. Für die Freilassung der Ascosporen sind die Feuchtigkeitsverhältnisse entscheidend. Geringe Niederschläge, auch schon stärkerer Tau reichen aus, um den Sporenflug auszulösen.

Für die Infektion der Blätter mit Ascosporen ist ebenfalls Feuchtigkeit erforderlich, und zwar müssen die Blätter – in Abhängigkeit von der Temperatur – eine gewisse Mindestzeit naß bleiben. Die Beziehungen zwischen Blattnässedauer und Temperatur sind

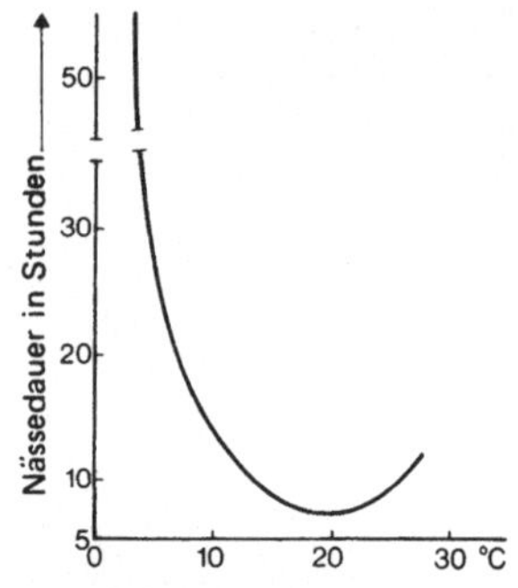

in Abb. 6.2 dargestellt. Diese Werte, sie beruhen auf Arbeiten von Mills und La Plante, sind allerdings nur Anhaltspunkte. Abweichungen nach oben oder unten sind sehr wohl möglich.

Abb. 6.2
Beziehungen zwischen Temperatur und Dauer der Blattnässe bei der Infektion von Apfel mit *Venturia inaequalis*. Die Kurve gibt die für eine Infektion erforderliche Mindestnässedauer bei gegebener Temperatur wieder

Für ein epidemisches Auftreten ist die Sporulationsrate entscheidend. Sie hängt stark von der Temperatur ab (Kardinalpunkte: 4 °C, 16 °C, 26 °C). Die Minima und Maxima für Sporenkeimung und Mycelwachstum liegen weiter auseinander (0 °C und 32 °C bzw. 0 °C und 30 °C). *V. inaequalis* sporuliert in einem weiten Bereich relativer Luftfeuchte, und zwar zwischen 60% und 100%, mit einem Optimum bei 90%. Licht beeinflußt offenbar die Konidienbildung nicht. So ist der Pilz unter wechselnden Klimabedingungen zur Massenvermehrung befähigt. 50% des Sporulationsmaximums werden zwischen 12 °C und 24 °C und zwischen 80% und 100% relativer Luftfeuchtigkeit erreicht.

Trotz der erarbeiteten Zusammenhänge zwischen Benetzungsdauer, Temperatur und Infektion, die die Grundlage für eine wirksame Prognose und Bekämpfungsplanung sein können, beruht die Schorfbekämpfung in der Praxis auch heute noch häufig auf vorbeugenden Spritzungen nach einem festen Spritzplan. Die Ursachen liegen zum Teil an den Schwierigkeiten bei der Ermittlung der Daten, die von zentralen Warndiensten erfaßt werden. Örtliche Klimaunterschiede bleiben dabei unberücksichtigt. Da eine erfolgreiche Bekämpfung des Schorfs die Verhinderung der Erstinfektionen im Frühjahr voraussetzt, stellte bisher das Fehlen von Fungiziden mit ausreichender kurativer Wirkung ein weiteres Hindernis für ein reduziertes Spritzprogramm dar. Dennoch muß aus ökonomischen und ökologischen Erwägungen eine Verminderung der üblichen Zahl von 10 bis 18 Spritzungen je Vegetationsperiode gegen den Schorf angestrebt werden. Systemische Fungizide, sofern bei ihrer Anwendung die Gefahr der Herausbildung resistenter Rassen berücksichtigt wird, könnten hier weiterhelfen. Neben der direkten Bekämpfung während der Vegetationsperiode gibt es die Möglichkeit, durch Herbstspritzungen mit Harnstoff und systemischen Fungiziden die Ausbildung der Hauptfruchtform zu unterbinden. Die Resistenzzüchtung hat trotz jahrzehntelanger Bemühungen bislang keine Sorten mit ausreichender Resistenz hervorgebracht.

6.5 Echter Mehltau

Der Echte Mehltau gehört zu den verbreitetsten Pflanzenkrankheiten. An etwa 7000 Wirtsarten ist er gefunden worden, zu denen neben wildwachsenden Pflanzen, Forst-, Obst- und Zierpflanzen, Gemüse- und Getreidearten gehören (Tab. 6.1). Manche Kulturpflan-

Tab. 6.1 Beispiele für Echten Mehltau

Erreger Gattungen	Arten	Wirte	Asci je Cleistothecium Appendices (Ap.)
Erysiphe	*graminis*	Gramineen	mehrere Asci;
	cichoracearum	über 200, u. a. Gurke	Ap. mycelartig,
	polyphaga	über 100, u. a. Gurke	unregelmäßig
	betae	Betarüben	
	pisi	Erbse, Luzerne u. a.	
Uncinula	*necator*	Weinrebe	mehrere Asci; Ap. haken- oder spiralförmig
Microsphaera	*grossularia*	Stachelbeere	mehrere Asci;
	alphitoides	Eiche	Ap. mycelartig,
	hypophylla	Eiche	dichotom verzweigt
Sphaerotheca	*humuli*	Hopfen	ein Ascus;
	mors-uvae	Stachelbeere	Ap. mycelartig,
	fuliginea	Gurke	unregelmäßig
	pannosa		
	f. sp. persicae	Pfirsich, Mandel	
	f. sp. rosae	Rosen	
Podosphaera	*leucotricha*	Apfel	ein Ascus; Ap. starr, dichotom verzweigt
Phyllactinia	*guttata*	Gehölze, u. a. Buche, Esche, Ahorn	mehrere Asci; Ap. starr, unverzweigt
Leveillula	*taurica*	über 700, in ärmeren Klimaten	mehrere Asci; Ap. mycelartig unregelmäßig

zenarten werden vom Echten Mehltau befallen, wo auch immer sie angebaut werden. Wenngleich dieser Erkrankung in ariden und semiariden Klimaten besondere Bedeutung zukommt, so zählt auch unter mitteleuropäischen Verhältnissen der Echte Mehltau an zahlreichen Kulturpflanzen zu den wichtigsten Krankheiten. In den letzten Jahren ist die Gefährdung des Getreides (vor allem Gerste, Weizen) durch den Echten Mehltau so gestiegen, daß häufig direkte Bekämpfungsmaßnahmen erforderlich sind.

Das erste und auffallendste Symptom ist meist das fleckenweise Auftreten eines grauweißen, mehligpudrigen Überzuges auf den Blättern. Zunächst wird vorwiegend ihre Blattoberseite befallen (Abb. 6.3). Dieser Überzug wird von dem ektoparasitischen Mycel des Erregers gebildet. Die Pusteln verfärben sich oftmals bräunlich grau, vergrö-

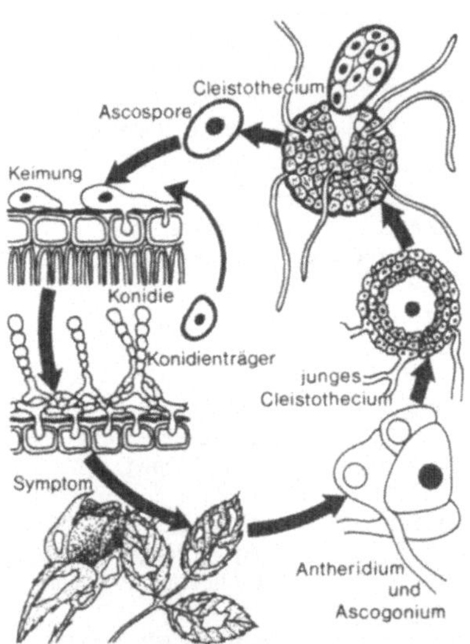

Abb. 6.3 Schematische Darstellung der Entwicklung des Echten Mehltaus an Rosen

ßern sich, fließen zusammen und bedecken große Teile der Blattspreite. In den Polstern entstehen häufig später kleine, mit bloßem Auge zu erkennende, dunkle, kugelige Körper, die Cleistothecien.

Je nach der Wirtspflanze und der Mehltauart ist der Befall noch von anderen Symptomen begleitet. Auf Getreide können unspezifische Blattaufhellungen oder Verbräunungen (Nekrosen) auftreten. Bei Apfel bleiben die befallenen Blätter kleiner, rollen sich etwas ein und vertrocknen vom Rande her. Blätter der Rose verfärben sich nach Mehltaubefall meist rötlich und sind nach oben gefaltet. Außer Blätter können Triebe, Stengel, Blüten, Früchte befallen werden.

Die Erreger sind obligate Parasiten, die zur Ordnung Erysiphales gehören. In ihrer überwiegenden Mehrzahl bilden sie ektoparasitisches Mycel aus und besiedeln lediglich die Epidermiszellen mit Haustorien. *Phyllactinia* lebt zwar überwiegend ektoparasitisch, dringt aber durch die Spaltöffnungen bis in das Schwammparenchym vor. *Leveillula* lebt dagegen endoparasitisch und fruktifiziert nur extramatrikal. Die asexuelle Vermehrung erfolgt durch meist in Ketten gebildete, einzellige, hyaline Konidien auf kaum differenzierten Trägern. Die Asci werden in Fruchtkörpern (Cleistothecien) gebildet. Die systematische Untergliederung beruht u. a. auf der Zahl der Asci im Cleistothecium und der Morphologie der Cleistothecien-Anhängsel (Appendices).

Konidien Echter Mehltaupilze zeichnen sich im allgemeinen durch einen hohen Wassergehalt aus. Viele von ihnen keimen deswegen auch unter verhältnismäßig trockenen Umweltverhältnissen. Durch freies Wasser können Bildung und Keimung der Konidien sogar gehemmt werden. Die Keimung erfolgt meist in einem weiten Temperaturbereich, allerdings ist der für eine Infektion günstige Bereich begrenzter. Die Keimfähigkeit der Konidien ist bei manchen Arten nur von begrenzter Dauer. Bei *Podosphaera leucotricha* (Apfelmehltau) erlischt sie unter natürlichen Verhältnissen bereits wenige Stunden nach der Konidienbildung.

Von einigen Echten Mehltaupilzen sind Spezialformen und physiologische Rassen beschrieben worden. *Erysiphe graminis* wird u. a. in die formae speciales *avenae, hordei, secalis* und *tritici* untergliedert, die auf Hafer, Gerste, Roggen bzw. Weizen spezialisiert sind. Bei Gersten- und Weizenmehltau werden in Europa etwa je 50 Rassen unterschieden.

Nur in wenigen Fällen ist eindeutig nachgewiesen, daß Cleistothecien für den Aufbau des Inokulums im folgenden Frühjahr eine ausschlaggebende Rolle spielen (z. B. *Sphaerotheca mors-uvae,* Amerikanischer Stachelbeermehltau). Die Pilze überwintern meist als vegetatives Mycel auf ihren Wirten (z. B. *Erysiphe graminis* auf Wintergetreide, Ausfallgetreide, Wildgräsern) oder in Knospen (z. B. Apfel-, Hortensien-, Rosenmehltau).

Die einfachste und sicherste Bekämpfungsmaßnahme ist der Anbau resistenter oder weniger anfälliger Sorten, die oftmals aber nicht durchzuführen ist, da keine oder keine geeigneten Sorten zur Verfügung stehen. Vorbeugende Maßnahmen bestehen auch darin, den Pflanzenbestand nicht zu dicht werden zu lassen, überhöhte Stickstoffdüngung zu vermeiden und unter Glas für eine gute Belüftung zu sorgen.

Das klassische chemische Mittel zur Bekämpfung des Echten Mehltaus ist der Schwefel, der auch heute noch, vor allem unter Glas, seine Bedeutung hat (Verdampfen von Stückschwefel). Neben protektiven organischen Fungiziden (z. B. Captan, Dinocap, Mancozeb, Dichlofluanid), oftmals in Kombination mit Schwefel angewendet, spielen heute systemische Mittel bei der Mehltaubekämpfung die Hauptrolle (z. B. Benomyl, Thiophanat-Methyl und verwandte Verbindungen; Ethirimol; Tridemorph; Triforine). Allerdings hat die Selektion resistenter Erregerstämme die Einsatzmöglichkeiten von einigen systemischen Fungiziden eingeengt.

6.6 Falscher Mehltau

Echter und Falscher Mehltau haben als gemeinsame Merkmale, daß

- sie von obligat parasitischen Pilzen verursacht werden, die jeweils nur einer Ordnung angehören,
- das auffallendste Symptom der Erreger ist und
- sie an außerordentlich vielen Pflanzenarten vorkommen.

Im Gegensatz zum Echten tritt der Falsche Mehltau bevorzugt unter feuchten Bedingungen auf. Hohe Sporulationsraten, kurze Inkubationszeiten begünstigen Epidemien. Der Falsche Mehltau kann innerhalb kurzer Zeit schwerste Schäden verursachen.

Der Falsche Mehltau tritt vorwiegend auf der Blattunterseite als flockiger, grauweißer Rasen in Erscheinung. Dieser Rasen wird von Sporangienträgern gebildet, die aus den Stomata herausragen. Auf den Blattoberseiten macht sich der Befall oft in Form gelblicher Verfärbungen (Ölflecken bei der Weinrebe) bemerkbar. Die Flecken bräunen sich, vertrocknen und die erkrankten Blätter fallen meist ab. Stengel und Triebspitzen weisen nach Befall oft Deformationen auf. Auch Blüten und Früchte können befallen werden. Fleckenweise abgestorbenes Gewebe ist die Folge.

Die Erreger gehören zu den Peronosporales, und zwar zu den Familien Peronosporaceae und Albuginaceae. Es sind ausschließlich obligate Parasiten. Die Verbindung zur Familie der Pythiaceae stellt *Phytophthora infestans* her, die man als einen ökologisch obligaten Parasiten bezeichnen kann.

An differenzierten Trägern werden Sporangien gebildet, die in den Gattungen *Plasmopara, Pseudoperonospora* und *Sclerospora* in der Regel mit Zoosporen keimen, bei *Bremia* und *Peronospora* ist das Sporangium zu einer echten Konidie geworden. Es keimt also direkt. Bei *Albugo* werden die Sporangien unter der Epidermis von einer einfachen Traghyphe abgeschnürt. Die Keimung erfolgt mittels Zoosporen. Falsche Mehltaupilze dringen tief in das Gewebe ein, wo auch die sexuelle Fruktifikation, die Bildung der Oosporen erfolgt (Abb. 6.4).

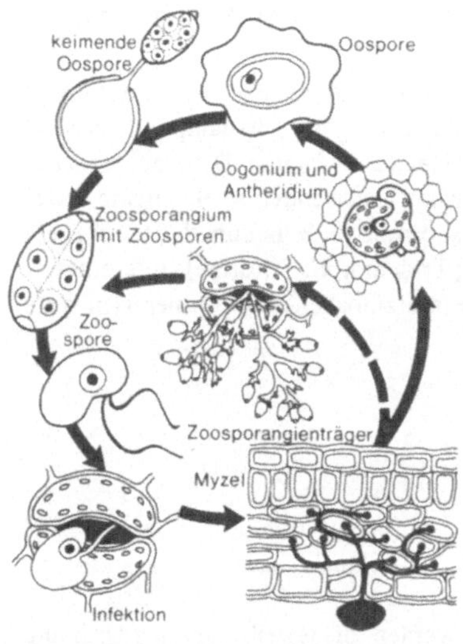

Abb. 6.4 Schematische Darstellung des Falschen Mehltaus der Weinrebe

Beispiele für ökonomisch wichtige Falsche Mehltaupilze:

Plasmopara viticola	an Weinrebe
Pseudoperonospora humuli	an Hopfen
Ps. cubensis	an Gurken
Bremia lactucae	an Kopfsalat
Peronospora parasitica	an Kruziferen
P. farinosa	an Beta-Rüben
P. tabacina	an Tabak
P. destructor	an Zwiebeln
P. sparsa	an Rosen
Albugo candida	an Kruziferen
A. tragopogonis	an Schwarzwurzeln

Sclerospora sorghi und *S. graminicola* gehören zu den wichtigsten Krankheitserregern an Mais und Hirse in wärmeren Klimaten.

Wichtigste Voraussetzung für die Sporulation (asexuelle Fruktifikation) und die Keimung ist eine hohe relative Luftfeuchtigkeit. Einige Arten benötigen zur Keimung flüssiges Wasser. Demgegenüber ist die Temperatur von sekundärer Bedeutung: die Keimung erfolgt oftmals in einem weiten Temperaturbereich, wenngleich auch Häufigkeit und Geschwindigkeit stark temperaturabhängig sein können. Das gilt auch für die Konidienproduktion und die Infektionshäufigkeit (Abb. 6.5).

Oosporen benötigen zur Keimung häufig eine Reifezeit, starke Temperaturschwankungen können sich keimfördernd auswirken. Die Oosporenkeimung mancher Arten wird durch Licht induziert. Die Erreger überwintern als Oosporen (z. B. *Plasmopara viticola*) oder auch als Myzel in befallenem Gewebe (z. B. *Ps. humuli* im Wurzelstock des Hopfens, *P. farinosa* in Stecklingen, *P. destructor* in Zwiebeln).

Zu den vorbeugenden Bekämpfungsmaßnahmen gehört die Verwendung gesunden Saatgutes, ausreichender Fruchtwechsel und die Vernichtung befallener Pflanzenteile sowie unter Glas die Regulierung von Luftfeuchtigkeit und Temperatur. Bei akutem

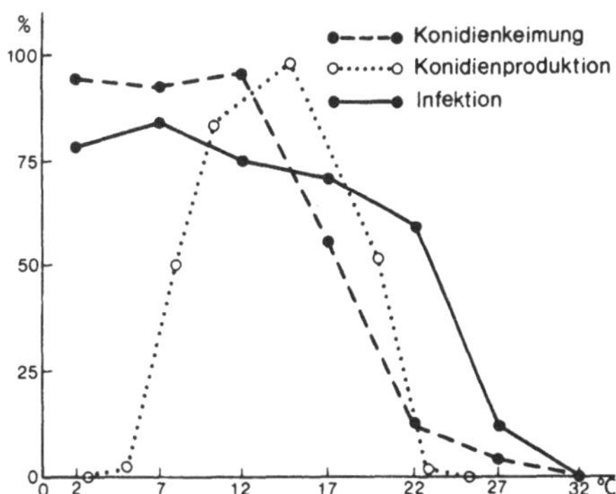

Abb. 6.5
Einfluß der Temperatur auf Konidienproduktion, Konidienkeimung und Infektionshäufigkeit von *Peronospora farinosa* (nach M e y, Diss. Bonn 1971)

Befall sind chemische Maßnahmen unerläßlich. Kupferpräparate haben nach wie vor Bedeutung. Als organische Fungizide werden u. a. Maneb, Zineb, Metiram, Mancozeb angewendet. Spritzfolgen in kurzen Intervallen (3 bis 7 Tage) können bei starkem Infektionsdruck erforderlich sein. Systemische Fungizide, die gegen den Falschen Mehltau wirken, sind erst in jüngster Zeit entwickelt worden. Um termingerechte Gegenmaßnahmen sicherzustellen, sind in einigen Fällen Warndienste errichtet worden, z. B. gegen den Falschen Mehltau der Rebe oder den Blauschimmel bei Tabak.

Die Sorten mancher Kulturpflanzen unterscheiden sich erheblich in ihrer Anfälligkeit gegenüber den Falschen Mehltaupilzen, so daß der Anbau resistenter Sorten als Pflanzenschutzmaßnahme empfohlen werden kann (z. B. bei Tabak, Salat, Mais). Die Erreger sind ihrerseits aber auch zur Bildung physiologischer Rassen befähigt. Von *Bremia lactucae* sind gegenwärtig 10 Rassen bekannt, gegen die das heutige Sortiment an Salatsorten unterschiedlich resistent ist.

6.7 Roste

Rostkrankheiten haben ihren Namen von den orangebraunen Pusteln (Sporenlager), die auf den infizierten Pflanzenorganen auftreten. Roste kommen auf zahllosen Samenpflanzen, aber auch auf Farnen auf der ganzen Erde verbreitet vor (Tab. 6.2). Einige Roste gehören zu den ökonomisch wichtigsten Erkrankungen unserer Kulturpflanzen. Der Ackerbau-treibenden Menschheit ist der Rost seit Jahrtausenden bekannt. Er taucht oftmals in den Schriften des Altertums und des Mittelalters auf. Theophrast's (372–285 v. Chr.) Abhandlung über die Roste dürfte der erste Versuch in der Geschichte der Phytopathologie sein, eine Pflanzenkrankheit detailliert darzustellen und rational zu deuten.

Die auffallendsten Symptome sind die Sporenlager des Erregers, die sich in Farbe, Anordnung, Größe und Form unterscheiden können. Teleutolager sind meist dunkler als

Tab. 6.2 Beispiele für Rostkrankheiten

Erreger	Uredo- und Teleutosporen auf	Aecidiosporen auf	Name des Rostes
Puccinia graminis	Getreide	*Berberis, Mahonia*	Schwarzrost
P. striiformis	Weizen, Roggen	unbekannt	Gelbrost
P. triticina	Weizen	*Thalictrum, Isopyrum*	Braunrost des Weizens
P. recondita (= *P. dispersa*)	Roggen	*Anchusa*	Braunrost des Roggens
P. hordei	Gerste	*Ornithogalum*	Braunrost der Gerste (Zwergrost)
P. coronata	Hafer	*Rhamnus*	Kronenrost
P. sorghi	Mais	*Oxalis*	Maisrost
P. poarum	*Poa* u. a. Gräser	*Tussilago*	
P. horiana	Chrysanthemen		weißer Chrysanthemenrost
Uromyces appendiculatus	Gartenbohne		Bohnenrost
U. pisi	Erbse	*Euphorbia*	Erbsenrost
U. dianthi	Nelken	*Euphorbia*	Nelkenrost
Melampsora laricipopulina	Pappel	Lärche	Pappelrost
Cronartium ribicola	*Ribes*	fünfnadelige Kiefern	Weymouthskiefern-Blasenrost
Phragmidium mucronatum	Rosen		Rosenrost
Gymnosporangium sabinae	*Juniperus*	Birne	Birnengitterrost
Hemileia vastatrix	Kaffeebaum	unbekannt	Kaffeerost

Uredolager. Die Lager können zerstreut oder regelmäßig, z. B. strichförmig angeordnet sein. Spermogonien sind häufig in gelb, orange bis braun verfärbte Blattflecke eingesenkt. Aecidien treten oft als große, auffallende, kräftig gelbe Pusteln in Erscheinung, die z. B. beim Birnengitterrost auf ihren Mündungen zierliche, weiße Gitterkörper tragen. Als Folge des Befalls kann die Ausbildung des Sproß- und Wurzelsystems gehemmt sein. Blätter und Nadeln werden mitunter vorzeitig abgeworfen. Auch Wachstumsanomalien können als Symptome auftreten, und zwar sowohl Hypoplasien (Verzwergung, Stauchung) wie Hypertrophien (Hexenbesen, Gallen, Torsionen).

Die Erreger sind in der Ordnung Uredinales mit 126 Gattungen und etwa 5000 Arten zusammengefaßt. Es sind obligat biotrophe Parasiten (für einige Arten sind vor einigen Jahren synthetische Kultursubstrate entwickelt worden). Die meisten Arten bilden mehrere Sporenformen, die in folgender, festgelegter Reihenfolge erscheinen: Basidiosporen – Spermatien (Pyknidiosporen) – Aecidiosporen – Uredosporen – Teleutosporen. Arten mit diesem vollständigen (makrocyklischen) Entwicklungsgang werden als Eu-Formen bezeichnet. Bei nicht-vollständigem (mikrocyklischen) Entwicklungsgang fehlen eine oder mehrere Sporenformen. Die Teleutospore wird – abgesehen von den imperfekten Rostarten – immer gebildet.

Wenn ein Rostpilz seine gesamte Entwicklung auf ein und derselben Wirtspflanze durchmacht, wird er als autöcisch bezeichnet. Heteröcische Arten sind wirtswechselnd. In ihrer Haplophase befallen sie andere Arten wie in ihrer Dikaryophase (Abb. 6.6).

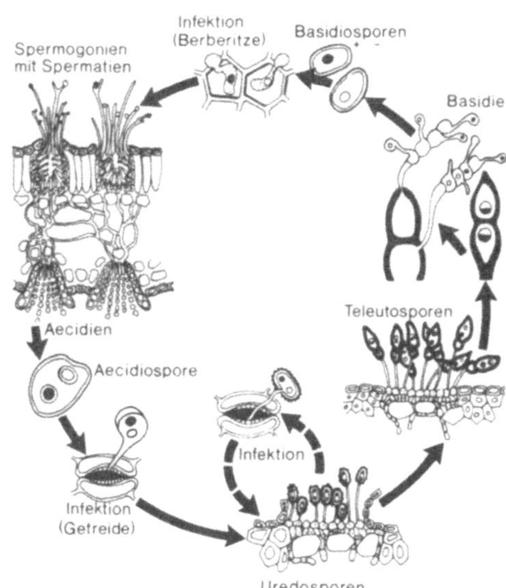

Abb. 6.6
Schematische Darstellung des Getreideschwarzrostes (*P. graminis*)

Ein Charakteristikum vieler Rostpilze ist ihre ausgeprägte Fähigkeit zur physiologischen Spezialisierung, d. h. innerhalb einer Art lassen sich morphologisch nicht oder kaum zu differenzierende Einheiten unterscheiden, die jeweils nur bestimmte Gattungen, Arten oder Sorten innerhalb ihrer Wirtsfamilie zu befallen vermögen. Innerhalb dieser Varietäten oder *formae speciales* (mitunter auch innerhalb einer Art) führt eine weitere, auf Sortenniveau sich vollziehende Spezialisierung zu den physiologischen Rassen, die anhand von Differentialwirten identifiziert werden (vgl. Abschn. 5.1.2). Von *Puccinia graminis* var. *tritici* werden etwa 200, von *P. coronata* ungefähr 100 Rassen unterschieden.

Für die Bekämpfung sind drei Methoden von praktischer Bedeutung: Anbau resistenter Sorten – Ausrottung des Wechselwirtes – chemische Bekämpfung.

Dem Anbau resistenter Sorten kommt bei vielen Kulturpflanzen die größte Bedeutung zu. Bislang war jedoch der Resistenzzüchtung oftmals nur ein temporärer Erfolg beschieden, da sich innerhalb der Pilzpopulation nach mehr oder weniger langer Zeit Rassen entwickelten, welche die auf differentieller Resistenz beruhende Widerstandsfähigkeit zu durchbrechen vermochten (vergl. Abschn. 5.2.1). Neuerdings werden große Anstrengungen unternommen, Sorten mit unspezifischer Resistenz zu züchten und ein „Genmanagement" zu entwickeln, das bei hohem Wirkungsgrad der Resistenz einen unnötigen Verschleiß an Resistenzgenen verhindert.

Die Vernichtung eines Wechselwirtes bei wirtswechselnden Arten kann – vor allem bei obligatorischem Wirtswechsel – zu einer merklichen Minderung des Rostbefalles führen. In manchen Gebieten West- und Mitteleuropas wurde – aufgrund vermuteter Beziehungen zum Schwarzrost des Weizens – bereits im 17. Jahrhundert damit begonnen, die Berberitze zu eliminieren. Die Ausschaltung von Wechselwirten vermindert auch die Chancen des Erregers, durch Genrekombination neue Rassen zu bilden – ein auf lange Sicht besonders wichtiger Aspekt. Die Infektionsmöglichkeiten innerhalb einer Vegetationsperiode werden durch eine Ausschaltung des Wechselwirtes nicht reduziert.

Zur chemischen Bekämpfung der Roste wird eine Reihe anorganischer (z. B. Cu-Mittel gegen Kaffeerost) und organischer Präparate, vor allem auch mit systemischer Wirkung empfohlen. Im Getreidebau wurden diese Mittel bislang in der Regel nicht verwendet. Seit 1976 ist ein systemisches Fungizid mit dem Wirkstoff Triadimefon auf dem Markt, das der direkten Bekämpfung von Rosten neue Möglichkeiten eröffnet.

6.8 Brandkrankheiten

Es gibt nur wenige wichtige pilzliche Brandkrankheiten, die nicht im gesamten Verbreitungsgebiet ihrer Wirtspflanzen vorkommen. Vor der Entwicklung geeigneter Gegenmaßnahmen haben Getreidebrande zu erheblichen Ertragsausfällen geführt. Brandkrankheiten sind schon relativ früh wissenschaftlich bearbeitet und als Infektionskrankheiten erkannt worden (Tillet, Ende des 18. Jahrhunderts).

Das auffälligste Symptom bilden die dunklen Sporen der Erreger, die bei den Gramineenbranden meist schwarz, bei anderen häufig violett oder fleischfarben sind. In der Regel werden nur krautige Pflanzenteile befallen. Die Lokalisation der Sporenlager auf bestimmte Organe der Wirtspflanze ist oftmals für die einzelnen Brandarten charakteristisch. Ein Großteil der Brandkrankheiten tritt an Blüten oder an Teilen von ihnen auf. Die Sporen im Lager sind entweder frei oder von einem Häubchen umschlossen. Die Sporenlager können verschiedenartig angeordnet sein, z. B. streifenförmig oder als Sporenüberzüge über ganze Pflanzenteile. Oftmals aber werden Auftreibungen, Gallen, Geschwülste ausgebildet, die z. B. bei Maisbeulenbrand die Größe einer Faust erreichen können.

Die Erreger werden als Brandpilze in der Ordnung Ustilaginales zusammengefaßt. Die Brandsporen, sie entsprechen den Teleutosporen der Rostpilze, sind mehr oder weniger kugelförmig mit einer derben Wand, die oft mit netzartig angeordneten Leisten versehen ist. Die Brandsporen keimen unter Reduktionsteilung mit einer ein- oder mehrzelligen Basidie (Promyzel), an der sexuell differenzierte haploide Basidiosporen oder Sporidien abgeschnürt werden. Bei manchen Arten vermögen sie sich durch Knospung zu vermehren. Nach Fusion zweier gegengeschlechtlicher Zellen entsteht ein dikaryotisches

Myzel, das zur Infektion befähigt ist (Abb. 6.7). Nach der Form der Basidie, dem Ort der Reduktionsteilung und der Art der Abschnürung der Basidiosporen werden die Ustilaginales in zwei Familien untergliedert, Ustilaginaceae und Tilletiaceae.

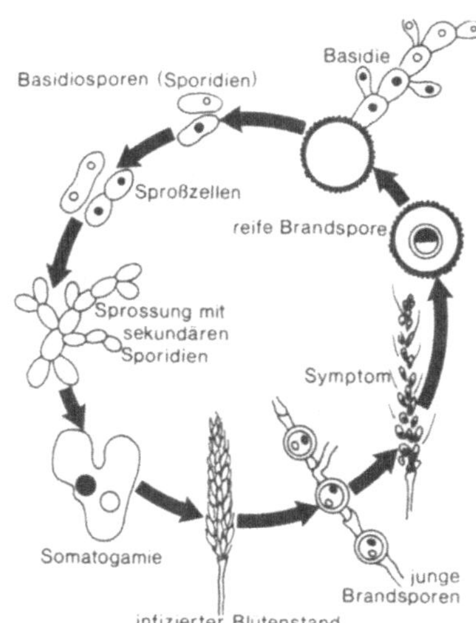

Abb. 6.7
Schematische Darstellung des Weizenflugbrandes (*Ustilago nuda*)

Nach der Art, in der das stets dikaryotische Infektionsmyzel in die Wirtspflanze eindringt, unterscheidet man fünf verschiedene Infektionstypen:

Blüteninfektionen: Die Sporen gelangen – oftmals mit Insekten – in die Blüte. Das sich entwickelnde Mycel dringt durch die Blütenorgane in den vegetativen Teil der Pflanze ein. Die in solchen Blüten gebildeten Samen sind nicht infiziert (Beispiel: *Ustilago violacea*, Antherenbrand der Nelke).

Embryoinfektion: Bereits während der Blütezeit werden der Fruchtknoten und später der Embryo besiedelt. Es entwickelt sich eine normale Frucht, die latent infiziert ist. Nach der Keimung wächst das Mycel im Vegetationskegel mit empor und gelangt in der Ähre zur Sporulation (Beispiel: *Ustilago nuda*, Gersten- und Weizenflugbrand).

Keimlingsinfektion: Die Sporen haften am Samen, sie keimen mit dem Saatkorn und infizieren den Keimling. Das Mycel breitet sich aus und kommt erst später, vor allem in den Blütenteilen oder Blättern, zur Sporulation (Beispiel: *Tilletia caries*, Weizensteinbrand).

Triebinfektion (entspricht der Keimlingsinfektion): junge unterirdische Seitentriebe oder oberirdische Achselknospen werden befallen. Das Mycel breitet sich im Wirt aus und sporuliert erst nach längerer Zeit (Beispiel: *Ustilago striiformis*, Streifenbrand der Gräser).

Lokalinfektion: Der Erreger breitet sich nicht in der Pflanze aus, sondern bleibt nach dem Eindringen auf die Umgebung der Infektionsstelle lokalisiert. Hier fruktifiziert er meist schon nach kurzer Zeit. Die Infektion kann auf bestimmte Wirtsorgane beschränkt sein oder an beliebigen meristematischen Geweben erfolgen, wie z. B. bei *Ustilago maydis*, dem Maisbeulenbrand.

Die Bekämpfungsmaßnahmen ergeben sich aus der Biologie der Erreger und den Infektionsmodi. Die Aussaat anerkannten Saatgutes ist das einfachste Mittel zur Erzielung flugbrandfreier Bestände. Für die direkte Bekämpfung ist die Saatgutbeizung von überragender Bedeutung. Äußerlich anhaftende Keime sind durch herkömmliche Beizmittel (vor allem organische Hg-Verbindungen) relativ leicht zu erfassen. Der Weizensteinbrand, der früher zu den wichtigsten Pflanzenkrankheiten überhaupt gehörte, ist deshalb bei uns zu einer seltenen Erscheinung geworden. Ist der Erreger schon in den Samen eingedrungen, müssen Warmverfahren oder systemisch wirkende Beizmittel zu seiner Eliminierung angewendet werden. Gegen den Zwergsteinbrand des Weizens (*Tilletia contraversa*), bei dem die Infektion gewöhnlich vom Boden aus erfolgt, wird das sonst verbotene Hexachlorbenzol noch angewendet. Resistente Sorten sind gegen zahlreiche Brandpilze bekannt, jedoch keineswegs gegen alle. Ihr Anbau ist vor allem dann interessant, wenn der Brand (z. B. Maisbeulenbrand) chemisch schwer bekämpfbar ist oder wenn die Beizkosten (z. B. bei der Heißwasserbeizung) sehr hoch sind. Die physiologische Spezialisierung, d. h. die Entstehung neuer Rassen kann die Nutzungsdauer resistenter Sorten verkürzen.

6.9 Welkekrankheiten

Pathologische Veränderungen des normalen Pflanzenhabitus, bei denen wasserreiche Organe, vor allem Blätter und Sproßenden durch Turgorverlust erschlaffen, werden als Welke bezeichnet. Ursache ist ein Wasserdefizit, das – von mechanischen Beschädigungen abgesehen – entweder durch bestimmte Witterungsfaktoren wie anhaltende Trokkenheit oder klares Frostwetter (physiologisches Welken) oder durch parasitären Befall (parasitäres Welken) bedingt ist. Die Symptome der physiologischen Welke verschwinden oft nach Wasserzufuhr, die parasitäre Welke ist dagegen häufiger irreversibel. Bei parasitären Welken sind die Wurzel, die Gefäße oder das Abschlußgewebe durch Schaderreger so in Mitleidenschaft gezogen, daß Wasseraufnahme und/oder Wasserleitung beeinträchtigt sind bzw. die Wasserabgabe stark erhöht ist. Zu den Welkekrankheiten im engeren Sinne gehören die Tracheobakteriosen und -mykosen, die den Wasserfluß in den Gefäßen vermindern. Auf diese Krankheiten beziehen sich die folgenden Ausführungen. Eine Reihe wichtiger Erreger ist in Tab. 6.3 zusammengefaßt.

Die Symptomentwicklung soll beispielhaft an Tomaten, die von *Fusarium oxysporum* f. sp. *lycopersici* bzw. *Verticillium albo-atrum* befallen sind, beschrieben werden:

Zunächst neigen sich bei *Fusarium*-Befall infolge Wachstums- und Turgorveränderungen Blattstiele der Fiederblätter (Epinastie). Die folgende Vergilbung beginnt häufig mit der

Tab. 6.3 Beispiele für Welkekrankheiten

Erreger	Wirte
Pseudomonas solanacearum	Kartoffel, Tomate u. a. Solanaceen, Banane
Erwinia tracheiphila	Gurke
Corynebacterium michiganense	Tomate
Verticillium albo-atrum	Luzerne, Hopfen, Erdbeere, Kartoffel und zahlreiche andere Pflanzen
Fusarium oxysporum	
f. sp. *lycopersici*	Tomaten
dianthi	Nelke
pisi	Erbse
cucumerinum	Gurke
conglutinans	Kohl
vasinfectum	Baumwolle
cubense	Banane
albidinis	Dattelpalme
Phialophora cinerescens	Nelke
Ceratocystis ulmi	Ulme

Aufhellung einzelner Interkostalfelder und führt zur Verfärbung der Blattspreiten. Dem Chlorophyllabbau folgen Turgeszenzverlust und Vertrocknen. Die Symptome beginnen an den Endfiedern sowie bei den einzelnen Fiedern jeweils an ihrer Spitze. Die ältesten Blätter einer Pflanze zeigen zuerst Krankheitserscheinungen, die nach und nach auf jüngere übergreifen. Mit fortschreitender Krankheitsentwicklung bilden sich Adventivwurzeln, zunächst an der Stengelbasis, dann auch an höheren Stengelabschnitten. Diese Wurzeln sind meist nur in Ansätzen vorhanden und werden nicht funktionsfähig. Im Querschnitt befallener Wurzeln und Stengel erkennt man auch mit bloßem Auge Verbräunungen des Zentralzylinders. Unter dem Mikroskop wird auch der Erreger sichtbar, zunächst in den Tracheen, später im gesamten Xylembereich. Neben der Verbräunung ist eine starke Thyllenbildung charakteristisch. Das Rindengewebe von Wurzel und Stengel stirbt erst in späteren Befallsstadien ab.

Die Symptomausbildung nach Befall mit *Verticillium albo-atrum* unterscheidet sich nicht wesentlich von der geschilderten. Sie verläuft meist etwas langsamer und die Vergilbungen sind zunächst weniger ausgeprägt. Wie bei *Fusarium*-Infektion kann sich der Befall auf Stengelsektoren erstrecken. Dies kann dazu führen, daß kranke und gesunde Blätter nebeneinander vorkommen, sogar Blatthälften können sich unterscheiden.

Welkeerreger gelangen auf verschiedenen Wegen in die Pflanze: Bakterien meist durch Wunden, Pilze wie *Fusarium* und *Verticillium* dringen durch die Wurzelrinde, ohne sie wesentlich zu schädigen, in das Gefäßsystem vor. *Ceratocystis ulmi* wird in der Regel von Borkenkäfern (*Scolytus* spp.) in die Ulmenrinde gebracht. In dem verwundeten Gewebe keimen die Pilzsporen und die Hyphen besiedeln die Gefäße (Abb. 6.8). Bakterien wie auch Pilzsporen können in den Gefäßen der befallenen Pflanzen transportiert werden.

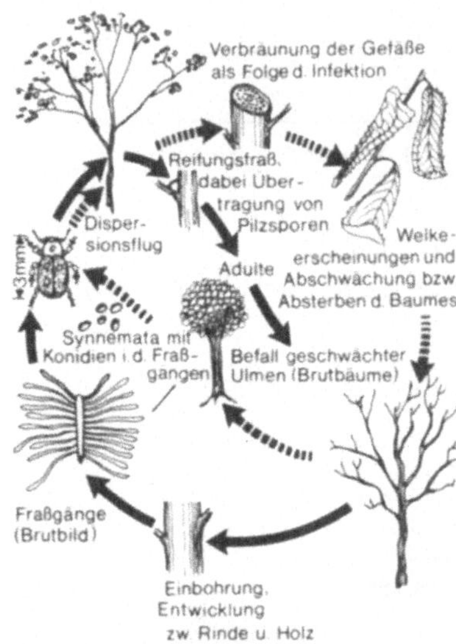

Abb. 6.8
Schematische Darstellung des Ulmensterbens (*Ceratocystis ulmi, Scolytus* spp.)

Viele der Welkeerreger können mehrere Jahre im Boden ohne Wirtspflanzen überdauern. Die Verbreitung erfolgt vor allem mit infiziertem Vermehrungsgut (Samen, Stecklinge usw.). Einigen Welkeerregern dienen Insekten als Vektoren. Bakterien in Exsudaten werden durch Regen, Wind oder Insekten über kürzere Strecken verbreitet. Auch der Mensch kann mit seinen Geräten (z. B. Messer) zur Ausbreitung beitragen. Die als Folge der Infektion auftretenden Veränderungen in der Pflanze sind in Abschn. 4.8 beschrieben. Die Bekämpfung der Welkekrankheiten ist oftmals schwierig und in einigen Fällen ein noch ungelöstes Problem (z. B. Ulmensterben). Die sicherste Maßnahme ist der Anbau resistenter oder toleranter Sorten – sofern solche zur Verfügung stehen. Unter den kulturtechnischen Maßnahmen steht in gefährdeten Lagen an erster Stelle die Fruchtfolge. Ein mehrjähriger Abstand bis zum Wiederanbau der Frucht (bei Erbsen u. U. mindestens 6 Jahre) setzt die Befallswahrscheinlichkeit herab – sofern der Erreger sich an den Zwischenkulturen und Unkräutern nicht halten und vermehren kann (vgl. Tab. 1.6). Stärkere organische Düngung wirkt in manchen Fällen dem Befall entgegen.

Bei vielen gärtnerischen Kulturen ist die Bodenentseuchung üblich und erforderlich. Da Erreger auch in Tiefen unterhalb von 50 cm anzutreffen sind, werden bei der chemischen Entseuchung wegen fehlender Tiefenwirkung der Mittel nicht alle Erreger erfaßt. In der Praxis werden auch systemische Fungizide (vor allem Benomyl) eingesetzt. Ein spezielles Verfahren gegen die Gurkenwelke (*F. oxysporum* f. sp. *cucumerinum*) besteht in der Pfropfung der Gurken auf den resistenten Feigenblattkürbis (*Cucurbita ficifolia*). Auberginen werden auf der *Verticillium*-resistenten Tomatenunterlage KNVF veredelt. Die Bekämpfung der Tracheobakteriose der Gurke (*Erwinia tracheiphila*) erstreckt sich auf Käfer (*Diabrotica* spp.), die als Vektoren dienen und in deren Innern die Bakterien auch überdauern.

6.10 Kartoffelvirosen

Eine verhältnismäßig große Anzahl verschiedener Virosen ist an Kartoffeln von wirtschaftlichem Interesse. Krankheitserscheinungen, die heute bekannten Virosen entsprechen, sind bereits zu Beginn der Kartoffelkultur in Europa beschrieben worden. Kennzeichnend für die Krankheiten war ein fortschreitender Leistungsabfall. Die Ursache sah man in der ständigen vegetativen Vermehrung der Kartoffel und sprach von „Kartoffelabbau". Heute weiß man, daß der Leistungsverfall auf von Viren verursachten Infektionskrankheiten beruht.

Bei der Blattrollkrankheit neigen sich die Blatthälften gegeneinander, wobei sich die Blatthälften gleichzeitig mehr oder weniger stark nach oben einrollen. Das Blattgrün ist meist aufgehellt, die Blattränder sind bei manchen Sorten bläulich oder rötlich verfärbt. Infolge pathologischer Anhäufung von Stärke werden die Blätter steif und spröde. Bei Berühren geben sie einen raschelnden, fast metallischen Klang. Phloemnekrosen treten auf. In den Phloemzellen wird vorzeitig verstärkt Kallose abgelagert, die mit Resorcinblau sichtbar wird. Die durch diese Krankheit bedingten Ertragsausfälle können 80% erreichen.

Erreger ist das Blattroll-Virus (sphärische Struktur; eines der wenigen DNS-haltigen Viren). Es ist weder mechanisch noch samenübertragbar, sondern auf die Übertragung durch Blattläuse (vor allem *Myzus persicae*) angewiesen. Das Virus ist im Vektor persistent.

Die aus dem Winterei (an Pfirsich) schlüpfende, virusfreie Fundatrix vermehrt sich parthenogenetisch – vivipar. Die im Mai/Juni entstehenden geflügelten Läuse wechseln zum Sommerwirt (u. a. Kartoffel) über. Dort werden parthenogenetisch weitere Generationen meist ungeflügelter Läuse erzeugt, die zunächst noch virusfrei sind. Sie beladen sich mit dem Blattrollvirus durch Besaugen der Blätter infizierter Pflanzen (hervorgegangen aus einer viruskranken Knolle). Diese Läuse gelten zeitlebens als Virusüberträger. Die auf der infizierten Pflanze geborenen Läuse sind vermutlich zunächst virusfrei und beladen sich erst durch den Saugakt mit Viren. Es entstehen auch geflügelte Formen, die andere Pflanzen aufsuchen und für die Virusausbreitung sorgen. Im Herbst entstehen auf den Sommerwirten „Sexuparae", die dort geflügelte Männchen und geflügelte „Gynoparae" erzeugen. Sie fliegen zum Winterwirt (Pfirsich), wo die „Gynoparae" flügellose Geschlechtsweibchen absetzen, die sich mit den vom Sommerwirt kommenden geflügelten Männchen paaren. Die 5 bis 8 abgelegten Wintereier sind virusfrei.

Das Symptom der Strichelkrankheit ist zunächst eine strichförmig angeordnete braunschwarze Verfärbung der Blattadern der Unterseite der Fiederblättchen. Auch auf Blattstielen und Stengel bilden sich braunschwarze Längsstreifen aus. Blätter und Stengel werden spröde und brüchig und sterben ab. Blattstiele brechen an ihrer Ansatzstelle, ohne sich ganz abzulösen und hängen am Stengel herunter („leaf drop"). Dieses Symptombild kann je nach Kartoffelsorte, Virusstamm und Infektionszeitpunkt variieren. Bei Mischinfektionen mit dem X-Virus kommt es zu starkem Kümmerwuchs, Nekrosen und Blattkräuselungen. Verursacht wird die Strichelkrankheit durch das im

Vektor nichtpersistente Y-Virus (fadenförmig, flexibel). Als Vektoren haben verschiedene Blattlausarten Bedeutung (u. a. *Myzus persicae*). Es ist mechanisch leicht übertragbar. Ein weiteres häufiges Erscheinungsbild der Kartoffelvirosen ist das Mosaik (Flekkung des Blattes infolge unterschiedlichen Chlorophyllgehaltes). Daneben können Verbiegungen oder Verbeulungen der Fiederblätter auftreten. Diese Krankheit wird als leichtes Mosaik bezeichnet, verursacht vom X-Virus (flexible Stäbchen). Es ist mechanisch bereits bei Kontakt von Blättern benachbarter Pflanzen übertragbar. Die Zoosporen von *Synchytrium endobioticum* sind ebenfalls dazu befähigt, Blattläuse dagegen nicht. Zu stärkeren Ertragsausfällen führt diese Krankheit dann, wenn es durch ein zweites Virus zu einer Mischinfektion kommt.

Von schwerem Mosaik oder Kräuselmosaik spricht man, wenn neben der Mosaikfleckung Kräuselerscheinungen und Aufrauhungen auftreten. Verantwortlich ist das im Vektor nichtpersistente A-Virus, das dem Y-Virus sehr ähnlich ist. Vektoren sind Blattlausarten (Grüne Pfirsichblattlaus, Schwarze Bohnenlaus u. a.). Es ist auch mechanisch übertragbar. In manchen Sorten bleibt das Virus latent.

Für Rollmosaik ist neben der Mosaikerscheinung ein Blattrollen, mitunter auch Blattkräuselung typisch. Die Blätter bleiben weich und biegsam und werden nicht hart und metallisch wie bei der Blattrollkrankheit. Erreger ist das Rollmosaik-Virus (M-Virus), das mechanisch und durch Blattläuse übertragbar ist.

Die von dem S-Virus verursachten Symptome sind meist unauffällig und wenig charakteristisch. Leichte Blattaufhellungen, Welken oder Bronzefärbung, auch eine milde diffuse Mosaikfleckung können sortenabhängig auftreten. Das Fehlen eindeutiger Symptome hat dazu beigetragen, daß diese Krankheit erst verhältnismäßig spät (1952) entdeckt wurde und daß sie weit verbreitet ist. Das stäbchenförmige Virus ist mechanisch übertragbar.

Das Rattle-Virus oder Stengelbunt-Virus ruft an Blättern mosaikartige Verfärbungen hervor, die mit Nekrosen auf Blättern und Stengeln sowie Blattwellungen verbunden sein können. Im Fleisch der Kartoffelknolle kommt es zu eisenfleckenähnlichen, halbkreisförmigen Nekrosen (Pfropfenkrankheit). Die Übertragung der Viren erfolgt im Boden durch freilebende Nematoden (*Trichodorus* spp.). Zwei Virusformen werden unterschieden, Lang- und Kurzstäbchen (180 bzw. 70 nm, bei 25 nm Breite). Kurzstäbchen allein sind nicht infektiös, Langstäbchen allein schädigen zwar die infizierte Pflanze, zur regulären Virusvermehrung kommt es aber nur, wenn beide Formen gemeinsam an einem Infektionsort vorkommen.

Das Auftreten gelber Flecke und Ringe auf Blättern ist häufig verbunden mit nekrotischen oder teilnekrotischen konzentrischen Ringen an der Knollenoberfläche, die sich im Innern bogenförmig fortsetzen. Das diese Symptome verursachende Virus (mop-top-virus) wird durch den Pilz *Spongospora subterranea* (Pulverschorf) übertragen.

Da alle Kartoffelviren mit der Knolle übertragbar sind, ist die Verwendung gesunden, virusfreien Pflanzgutes das wichtigste Verfahren zur Verhütung von Virosen. Weitere Gegenmaßnahmen sind: Anbau resistenter Sorten, Entfernung infizierter Stauden aus dem Bestand, Bekämpfung der Vektoren. Das Kartoffelpflanzgut wird in „Gesundlagen" unter Beachtung besonderer Gesichtspunkte und Maßnahmen erzeugt.

6.11 Lagerkrankheiten

Lagerkrankheiten („Postharvest diseases") treten an Pflanzen oder Pflanzenteilen zwischen Ernte und Abgabe an den Konsumenten auf dem Transport oder im Lager auf. Der wirtschaftliche Schaden ist dabei besonders schwerwiegend, weil fast alle Investitionen getätigt sind. Im allgemeinen treten in wärmeren Klimaten größere Schäden auf als in der gemäßigten Zone. Wasserreiche Ernteprodukte sind generell stärker betroffen als wasserarme. Beispielsweise schätzt man, daß ein Drittel der Weltbananenernte durch Lagerkrankheiten und -schädlinge verloren geht.

Abgetrennte Pflanzenteile unterscheiden sich von intakten, wachsenden Pflanzen entscheidend in ihrem Resistenzverhalten. Diese weisen stets eine gewisse Mindestresistenz auf, ohne die sie nicht überleben könnten. Alterndes Gewebe büßt diese Resistenz ein, ein Prozeß, der in abgetrennten Pflanzenteilen beschleunigt wird. Die Zellen stumpfen ab. Sie verlieren ihre Fähigkeit, auf Reize zu reagieren, so daß seneszentes Gewebe von Schwächeparasiten, sogar von manchen Saprophyten befallen werden kann. Die Ausbreitung einer Lagerkrankheit wird durch die meist massive Anhäufung der Produkte auf engstem Raum im Lager und auf dem Transport erleichtert und beschleunigt.

Eine ganze Reihe von Pilzen tritt als Erreger von Lagerkrankheiten auf. Besondere Bedeutung kommen u. a. zu *Rhizopus stolonifer* an Erdbeeren, Gurken, Tomaten, Auberginen; *Penicillium digitatum* und *Penicillium italicum* an Citrus-Früchten; *Gloeosporium perennans* und *G. album* an Äpfeln; *G. musarum* an Banane; *Botrytis cinerea* an Erdbeeren und zahlreichen anderen Ernteprodukten (z. B. Kohl); *Fusarium coeruleum* an Kartoffeln.

Unter den bakteriellen Erregern von Lagerkrankheiten ragt *Erwinia carotovora* hervor. Dieses sehr polyphage Bakterium befällt wasserreiche Gewebe vieler Gemüsearten und Zierpflanzen. Besondere Bedeutung kommt ihm bei der Kartoffellagerung zu (Knollennaßfäule, die unten detaillierter behandelt wird).

Zu den Pflanzenschutzmaßnahmen gegen Lagerkrankheiten gehören insbesondere:

- optimale Gestaltung der Anbaufaktoren zur Erzielung eines gesunden Bestandes,
- Wahl des Erntezeitpunktes, Vermeidung von Beschädigungen und Verschmutzung,
- Gestaltung des Lagerklimas.

Der chemische Schutz lagernder Ernteprodukte ist aus toxikologischen Gründen stark eingeschränkt. Da der Befall meist schon während der Vegetationszeit erfolgt, können chemische Gegenmaßnahmen häufig bereits im Freiland mit einer Spätbehandlung durchgeführt werden. Zu den vorbeugenden Maßnahmen gehört auch die Entseuchung leerer Speicherräume.

K n o l l e n n a ß f ä u l e : Sie wird verursacht von *Erwinia carotovora* var. *carotovora* und *Erwinia carotovora* var. *atroseptica*. Das Fleisch der befallenen Knolle wird zu einer breiigen Masse zersetzt, die nur noch von der Schale zusammengehalten wird. Bei leichtem Druck platzt diese auf und der austretende Brei verfärbt sich an der Luft rötlich.

Sehr häufig treten bakterielle Sekundär-Infektionen auf, die für einen unangenehmen Geruch verantwortlich sind.

Der Erreger kommt in vielen Böden vor, wo er – vor allem bei niedrigen Temperaturen – längere Zeit überleben kann. Dennoch scheint die direkte Infektion der Knollen im Feldbestand vom Boden aus von untergeordneter Bedeutung zu sein. Ein erheblicher Teil der Knollen kann aber latent mit *Erwinia* kontaminiert sein, späte Sorten häufiger als frühe. Unter geeigneten Bedingungen (Feuchtigkeit, Temperatur) dringt *Erwinia* durch Wunden in die Knollen ein. Neben Verletzungen, die durch Wachstumsrisse, Befall durch andere Schaderreger, Kulturmaßnahmen entstehen, können als Eintrittspforten auch Lentizellen-Wucherungen oder Schorfflecke dienen. Die Knollennaßfäule kann auch als Folge der Schwarzbeinigkeit auftreten. Der Erreger dieser Krankheit, *Erwinia carotovora* var. *atroseptica*, verursacht am Stengelgrund der Kartoffel eine Weichfäule von blau-schwarzer Färbung. Von hier aus kann *Erwinia* über die Stolonen in die jungen Knollen einwandern. Im Kartoffellager breitet sich die Krankheit infolge des engen Kontaktes der Knollen sehr schnell aus.

Die Gegenmaßnahmen müssen vor der Pflanzung mit der Auslese verdächtiger Knollen beginnen. Nicht ausgeglichene Düngung (N-Überschuß) hat Losschaligkeit und damit größere Anfälligkeit zur Folge. Harmonische Düngung kann die Voll-Ernte-Verträglichkeit der Kartoffel verbessern. Beschädigungen bei der Pflanzung (einschließlich Keimabbruch), Pflege, Ernte, Transport und Einlagerung sind zu vermeiden. Die Ernte sollte bei trockener Witterung erfolgen und nur trockenes, sauberes Erntegut sollte eingelagert werden.

Weiterführende Literatur

Crüger, G.: Pflanzenschutz im Gemüsebau. Stuttgart 1972
Hoffmann, G. M. *et al.*: Lehrbuch der Phytomedizin. Berlin, Hamburg 1976
Klinkowski, M. *et al.*: Phytopathologie und Pflanzenschutz. Bd. II, III. Berlin 1974, 1976
Stahl, M.; Umgelter, H.: Pflanzenschutz im Zierpflanzenbau. Stuttgart 1976

7 Pflanzenschutz

Das wesentliche Ziel phytopathologischer Arbeit besteht letzten Endes darin, die Grundlagen für einen wirksamen, aber ökonomisch und ökologisch vertretbaren Pflanzenschutz zu schaffen. Ohne einen Hinweis auf die wesentlichen Prinzipien des Pflanzenschutzes wäre ein Studienbuch der Phytopathologie deshalb noch unvollständiger, als es ohnehin sein muß. Daß dabei nur eine fragmentarische Übersicht gegeben werden kann, ergibt sich aus der Stoffülle.

7.1 Diagnose

Voraussetzung für den Erfolg von Bekämpfungsmaßnahmen ist das Erkennen der Erkrankung. Anhand der Krankheitserscheinungen, also der Symptome, versucht man, die Ursachen der strukturellen und/oder funktionellen Abweichungen vom Normalen herauszufinden (Diagnose).

Eine Diagnose setzt sich in der Regel aus der Beobachtung der Einzelpflanze und einer Bestandsbesichtigung zusammen. Oftmals ist es zweckmäßig, zunächst die Kultur am Standort zu besichtigen und vom Anbauer Auskünfte zur Vorgeschichte des Schlages und der Kultur einzuholen. Dabei sollten insbesondere beobachtet werden:

- Verteilung der erkrankten Pflanzen im Bestand (z. B. gleichmäßig, lokalisiert, nesterweise, am Rande, in gleichmäßigen Abständen);
- Vorfrüchte, Kulturmaßnahmen (z. B. Düngung, Pflanzenschutzmittel), Beschaffenheit des Bodens, Meliorationen;
- Topographie (z. B. Mulden), Exposition, Nachbarschläge, Industrieanlagen.

Zur Analyse der Einzelpflanze gehören:

- Lokalisation der Symptome
- sorgfältige Prüfung und Bewertung der Symptome, dabei sind Haupt- von Nebensymptomen zu trennen, Primär- von Sekundärsymptomen zu unterscheiden;
- Suche nach einem Schaderreger (z. B. Myzel, Sclerotien, Sporenlager, Fruchtkörper, Bakterienschleim, tierische Schaderreger);
- unter Umständen mikroskopische Untersuchung.

Liegt der Verdacht auf eine pilzliche oder bakterielle Infektionskrankheit vor, so kann versucht werden, nicht-obligate Erreger zu isolieren. Dazu werden Stückchen befallenen Wirtsgewebes (nach Möglichkeit aus der Übergangszone zwischen krankem und gesundem Gewebe) nach vorhergehender äußerlicher Reinigung und Desinfektion auf geeignete Nährsubstrate gebracht. Manche Pilze sporulieren leicht an der Oberfläche des Pflanzengewebes, wenn dies für kurze Zeit in eine Feuchtekammer gebracht wird (zum Nachweis von Viren s. Abschn. 1.2.1.6).

Reaktionen von Pflanzen auf Schadursachen sind häufig unspezifisch, m. a. W. ein bestimmtes Symptom, z. B. die Welke, kann verschiedene Ursachen haben. In solchen Fällen wird die Differentialdiagnose angewendet. Dazu werden Einzelpflanze und Bestand gründlich analysiert, alle nicht in Frage kommenden Ursachen ausgeschlossen, bis nur noch eine Möglichkeit der Deutung offenbleibt.

7.2 Pflanzenschutzprinzipien

Die vielfältigen Methoden und Wege des heutigen Pflanzenschutzes lassen sich im wesentlichen auf drei Grundprinzipien zurückführen: Ausschließung der Erreger – Bekämpfung der Erreger – Erhöhung der Widerstandsfähigkeit der Pflanze (Tab. 7.1). Die Zuordnung einzelner Maßnahmen zu einem der 3 Prinzipien kann dabei nicht immer zweifelsfrei sein.

Tab. 7.1 Prinzipien des Pflanzenschutzes

Verhinderung des Kontaktes von Wirt und Erreger	Maßnahmen zur Schwächung, Reduzierung oder Vernichtung der Erregerpopulation				Erhöhung der Widerstandsfähigkeit der Wirtspflanze
	kulturtechnisch	physikalisch	chemisch	biologisch, biotechnisch	
– Verhinderung der Ein- u. Verschleppung von Schaderregern (Quarantäne) – Standortwahl – Saatzeit	Verbesserung des Standortes: Regulierung klimatischer Faktoren, Bodenbearbeitung, Bodenmelioration – Saatgutauslese – Fruchtfolge – Anbau, Düngung, Pflege – Ausrottung von Winter-, Zwischen-, Nebenwirten	– mechanische Vernichtung von Schaderregern – thermische Verfahren: Bodendämpfung, Wärmetherapie – Bestrahlung – optische u. akustische Verfahren	– Anwendung von Pflanzenschutzmitteln im engeren Sinne: Fungizide Insektizide Akarizide Nematizide Molluskizide Rodentizide Herbizide	– biologisch: Einsatz von Parasiten, Räubern, Krankheitserregern, Antagonisten – biotechnisch: Anwendung von Lockstoffen, -reizen, Selbstvernichtungsverfahren	– Resistenzzüchtung und Anbau resistenter Sorten – Resistenzinduktion

7.2.1 Ausschließung

Die Verfahren des ersten Prinzips haben zum Ziel, das Zusammentreffen von Wirt und Schadorganismus zu unterbinden. Dies wird vor allem mit Hilfe der Pflanzenquarantäne angestrebt. Darunter werden alle Maßnahmen und Einrichtungen zusammengefaßt, die zwischen Staaten oder innerhalb eines Staates getroffen werden, um Einschleppung, Einbürgerung oder Verschleppung von Schaderregern zu verhindern. Die Notwendigkeit der Quarantäne ergibt sich aus der bislang noch unterschiedlichen geographischen Verbreitung einer großen Zahl von Schaderregern, d. h. nicht alle möglichen Erreger an einer bestimmten Pflanzenart kommen überall dort vor, wo sie angebaut wird. Der Pflanzenquarantäne liegen Gesetze und Verordnungen zugrunde, sie wird vom amtlichen Pflanzenschutzdienst durchgeführt bzw. überwacht. Ihre Wirksamkeit ist an internationale Übereinkommen gebunden.

Bestimmte Schaderreger bzw. mit ihnen kontaminierte Pflanzen oder Pflanzenteile dürfen nicht eingeführt werden (Außenquarantäne). Die Einfuhr kann von bestimmten Bedingungen abhängig gemacht werden, z. B. dem Vorliegen eines vom amtlichen Pflanzenschutzdienst des Exportlandes ausgestellten Gesundheitszeugnisses. Treten bei der Importkontrolle Beanstandungen auf, kann die Ware zurückgewiesen oder einer kontrollierten Entseuchung unterworfen werden. Zu den Maßnahmen der inneren Quarantäne gehört die Meldepflicht über das Auftreten gefährlicher Schaderreger. Der Anbau, der Versand und die Nutzung bestimmter Pflanzen können Beschränkungen unterworfen, die Vernichtung befallener oder gefährdeter Pflanzen angeordnet werden.

Zu den Quarantäne-Krankheiten bzw. -schädlingen gehören z. Zt. u. a. Kartoffelkrebs, Feuerbrand, Kartoffelnematode, San-José-Schildlaus, Nelkenwickler. – Die Pflanzenquarantäne muß auch kritisch betrachtet werden. Sie verursacht Kosten und behindert den Warenverkehr. Sie sollte nur in den Fällen angewendet werden, in denen eine wirkliche Notwendigkeit besteht, und nur dann, wenn sichergestellt ist, daß ihre Maßnahmen auch wirksam sind.

Eine weitere Möglichkeit, den Kontakt zwischen Wirt und Erreger zu verhindern, besteht darin, Kulturpflanzen in Gebieten oder auf Standorten anzubauen, in die bestimmte Erreger noch nicht vorgedrungen sind oder die ihnen aufgrund ökologischer Besonderheiten nicht zusagen (z. B. Pflanzkartoffelanbau in windoffenen, von Pfirsichanbaugebieten entfernten Lagen).

Auch die Saatzeit läßt sich dieser Rubrik zuordnen, wenn es gelingt, durch Früh- oder Spätsaat die Koinzidenz zwischen dem anfälligen Stadium des Wirtes und den angriffsfähigen Stadien des Erregers zu verhindern. Ein Beispiel ist die Frühsaat des Sommergetreides, durch die erreicht werden soll, daß beim Erscheinen der ersten Generation der Fritfliege das Getreide das anfällige 3- und 4-Blattstadium hinter sich hat.

7.2.2 Bekämpfung der Erreger

Das zweite Prinzip umfaßt den Hauptteil aller Pflanzenschutzmaßnahmen. Sie sind auf die Reduzierung der Erreger-Populationen ausgerichtet und lassen sich in kulturtechnische, physikalische, chemische und biologische Verfahren gliedern.

7.2.2.1 Kulturtechnische Maßnahmen Die kulturtechnischen Verfahren (häufig auch als Pflanzenhygiene bezeichnet) sind im wesentlichen vorbeugender Natur. Durch die Beeinflussung von Umweltfaktoren sowie durch eine Reihe anderer Praktiken sollen die Entwicklungsbedingungen der Erreger verschlechtert, die Wachstumsbedingungen der Pflanze aber möglichst verbessert werden.

Der wichtigste Standortfaktor ist das Klima. Seine Verbesserung ist nur in begrenztem Umfange möglich, im Gartenbau eher als in der Landwirtschaft. Im Vordergrund stehen dabei häufig Maßnahmen, welche die Frostgefahr vermindern, die Wasserführung des Bodens regulieren sollen, sowie die Reduzierung der Unkraut- und Schaderregerpopulationen durch Bodenbearbeitung.

Der Anbau einer einzigen Pflanzenart auf einer Fläche bildet die Voraussetzung für einen produktiven Pflanzenbau. Der wiederholte Nachbau der gleichen Frucht auf demselben Schlag ist in der Regel mit Ertragseinbußen verbunden, bei manchen Kulturen mehr („Unverträglichkeit"), bei anderen weniger. Nachteile dieser „Monokultur" sollen durch die Fruchtfolge, also durch das geregelte, zeitliche Nacheinander, wechselnder Früchte ausgeglichen werden. Vor allem möchte man damit eine Akkumulation von Schaderregern verhindern, denn kaum eine andere Maßnahme begünstigt in ähnlicher Weise wie der zeitlich konzentrierte Anbau einer geeigneten Wirtspflanze die Ansammlung eines Erregers. Der ökonomische Zwang zur Rationalisierung („Betriebsvereinfachung") hat in den vergangenen Jahren zu einer deutlichen Verarmung der Fruchtfolgen geführt. Damit ist die Gefahr des Auftretens von Krankheiten gewachsen, wodurch eine vermehrte Anwendung von Pflanzenschutzmitteln erforderlich wird. Dies gilt in verstärktem Maße, wenn gleichzeitig die Versorgung des Bodens mit organischer Substanz vernachläßigt wird.

7.2.2.2 Physikalische Verfahren Unter den physikalischen Maßnahmen spielen die thermischen Verfahren die größte Rolle. Aufgrund höherer Wärmeempfindlichkeit können manche Erreger durch eine kontrollierte Wärmebehandlung im Wirtsgewebe abgetötet bzw. inaktiviert werden. Diese Therapie ist um so besser geeignet, je weiter der thermale Tötungspunkt des Erregers von dem des Wirtes entfernt ist. Bedeutung hat sie vor allem bei Schaderregern, die im Innern der Pflanze parasitieren und dadurch schwer erfaßt werden können. Beispiele dieser Maßnahmen sind: Warmwasserbeizung (z. B. gegen Weizen- und Gerstenflugbrand), Wärmetherapie Virus-verseuchter Obstgehölze.

Die Bodendämpfung mit erhitztem Wasserdampf ist zur Vernichtung bodenbürtiger Schadorganismen ein im Gartenbau seit langem angewandtes Verfahren, das allerdings sehr arbeitsaufwendig ist. Durch Verwendung von Dämpfeggen oder Dämpfpflügen und durch die Installation ortsfester Röhren können auch „stehende Erden" behandelt und damit die Kosten gesenkt werden. Die Bodendämpfung stellt einen radikalen Eingriff dar, bei dem die Mehrzahl aller im Boden befindlichen Organismen getötet wird. Struktur und Chemie des Bodens können durch die Dämpfung zum Vorteil, aber auch zum Nachteil des Pflanzenwachstums verändert werden.

7.2.2.3 Chemische Maßnahmen Der chemische Pflanzenschutz, also die Anwendung chemischer Präparate mit toxischer Wirkung gegen Schaderreger, bildet den Kern der heutigen Pflanzenschutzverfahren und wird vielfach als Synonym für den gesamten Pflanzenschutz gebraucht. Ohne den chemischen Pflanzenschutz könnten zahlreiche Pflanzenprodukte weder in ausreichender Menge, noch in ausreichender Qualität zu relativ günstigen Preisen erzeugt werden. Nicht gegen alle Schaderreger stehen Pflanzenschutzmittel zur Verfügung, sei es, daß noch keine geeigneten entwickelt wurden (z. B. Viruzide), sei es, daß die Anwendung vorhandener Mittel verboten ist (z. B. Antibiotika gegen Bakterien).

Der chemische Pflanzenschutz hat nicht nur eine biologisch-technische, sondern auch eine ökonomische Komponente, die für die Praxis in der Regel entscheidend ist: Der Pflanzenschutz verursacht Kosten, die durch Mehrerträge gedeckt sein müssen. Für Pflanzenschutzmaßnahmen gilt, daß die Verzinsung des investierten Kapitals in vielen Fällen außergewöhnlich hoch ist. Ein weiterer Gesichtspunkt kommt hinzu, der insbesondere den Einsatz von Herbiziden mitbestimmt: der chemische Pflanzenschutz wird oftmals deswegen durchgeführt, weil Arbeitskräfte nicht mehr zur Verfügung stehen oder wegen der gestiegenen Lohnkosten nicht mehr getragen werden können.

Pflanzenschutzmittel sind in der Regel Mischungen aus Wirkstoffen und Zusatzstoffen. Erstere sind chemisch definierte Substanzen oder Substanzgemische. Zusatzstoffe sind vor allem: Lösungsmittel, Haftmittel, Netzmittel, Streckmittel, Warnstoffe. Von der Zubereitung eines Pflanzenschutzwirkstoffes („Formulierung") hängt oftmals seine endgültige Bewährung in der Praxis entscheidend ab.

Die Entwicklung von Pflanzenschutzmitteln liegt fast ausschließlich in den Händen der chemischen Industrie. Die Entwicklungsarbeit, d. h. der Weg von dem synthetisierten Wirkstoff bis zum einsatzfähigen Produkt, dauert heute 6 bis 9 Jahre und verursacht hohe Kosten (20 bis 30 Millionen DM). Sie umfaßt die

- biologische Prüfung (Labor-, Gewächshaus-, Feldversuche)
- Toxikologie (Wirkung auf Warmblüter)
- Analytik (Metabolismus, Rückstände)
- Formulierung (Zubereitung des gebrauchs- und handelsfähigen Präparates).

Zulassung und Anwendung von Pflanzenschutzmitteln unterliegen gesetzlichen Bestimmungen. Die Zulassung erfolgt nur für bestimmte Anwendungsgebiete (Indikationen) und in der Regel zeitlich begrenzt (10 Jahre). Die Zulassung kann mit Anwendungsbeschränkungen verbunden sein. Für viele Pflanzenschutzmittel sind „Höchstmengen" festgelegt. Diese sogenannten Toleranzwerte geben an, in welcher Menge die einzelnen Wirkstoffe auf oder in Lebensmitteln vorhanden sein dürfen. Um sicherzustellen, daß die zulässigen Höchstmengen nicht überschritten werden, sind Wartezeiten (Karenzzeiten) festgelegt, die den Zeitraum zwischen letzter Behandlung und Ernte angeben. Die in der Bundesrepublik Deutschland zugelassenen Mittel werden von der Biologischen Bundesanstalt für Land- und Forstwirtschaft in den jährlich erscheinenden Pflanzenschutzmittel-Verzeichnissen veröffentlicht.

Pflanzenschutzmittel werden am häufigsten in flüssiger Form ausgebracht (Spritzen, Sprühen, Gießen). Weitere Applikationsformen sind: Stäuben, Räuchern, Begasen, Ausbringung der Mittel als Granulate oder in Form von Aerosolen.

Pflanzenschutzmittel lassen sich nach unterschiedlichen Kriterien ordnen. Die gebräuchlichste Form der Gliederung erfolgt nach den Zielorganismen:

Fungizide – Pilze, Insektizide – Insekten, Akarizide – Milben, Herbizide – Unkräuter, Nematizide – Nematoden, Rodentizide – Nager, Molluskizide – Schnecken.

Von den in der Bundesrepublik Deutschland ausgebrachten Mitteln entfallen etwa 60% auf Herbizide, 25% auf Fungizide, 6% auf Insektizide, der Rest auf die übrigen Mittel. In den einzelnen Kulturen werden in unterschiedlichem Umfange Pflanzenschutzmittel angewendet. An der Spitze stehen Wein-, Obst- und Hopfenkulturen, die praktisch zu 100% mit Fungiziden und Insektiziden behandelt werden. Ähnliches gilt für den Gemüsebau. Auf den Getreide- und Rübenflächen erfolgt heute zu etwa 90% die Unkrautbekämpfung mit Herbiziden. Der Einsatz von systemischen Fungiziden im intensiven Getreidebau weitet sich aus. Die mit Pflanzenschutzmitteln behandelte Kartoffelfläche beträgt im Durchschnitt 40 bis 50% der Gesamtfläche. Auf weniger als 1% der Gesamtfläche des Grünlandes und Forstes werden Pflanzenschutzmittel ausgebracht.

Die Anwendung von Pflanzenschutzmitteln wirft eine Reihe von Fragen auf, von denen Rückstandsprobleme, Auswirkungen auf das Ökosystem und nicht zuletzt die Herausbildung resistenter Erregerstämme besondere Beachtung verdienen. Bei der Entwicklung neuer Präparate sucht man Wirkstoffe, die sich vor allem durch hohe spezifische Wirkung, geringe Persistenz und geringe Warmblütertoxizität auszeichnen.

7.2.2.4 Biologische und biotechnische Verfahren Unter biologischer Bekämpfung wird die Anwendung biotischer Faktoren verstanden, um die Populationshöhe von Schaderregern zu vermindern oder um ihre Entwicklung zu begrenzen. Die biologische Bekämpfung im engeren Sinne umfaßt den Einsatz von Nutzarthropoden, Mikroorganismen und Viren zur Schädigung der Erreger. Die biotechnischen Verfahren nutzen natürliche Reaktionen der Schaderreger „zweckentfremdet" aus. In den Selbstvernichtungsverfahren werden erbkranke Individuen in die Population eingeführt.

Biologische und biotechnische Verfahren sind bislang im wesentlichen gegen Schadtiere ausgearbeitet worden und haben in einzelnen Fällen auch Bedeutung erlangt (z. B. Bekämpfung von Schmetterlingsraupen mit *Bacillus thuringiensis*, Einsatz von Raubmilben gegen Spinnmilben in Gewächshäusern), oftmals aber blieben die Ergebnisse unter den Bedingungen der Praxis hinter den Erwartungen zurück. Die biologische Bekämpfung von Krankheitserregern (Pilze, Bakterien) ist – vor allem wegen der komplexen Verhältnisse im Boden – noch schwieriger und kann als gezielte Maßnahme noch nicht angewendet werden. Die phytosanitären Wirkungen kulturtechnischer Verfahren (z. B. organische Düngung, Fruchtfolge) dürften teilweise auf der Förderung von Organismen beruhen, die als Antagonisten Wachstum und Entwicklung der Erreger beeinträchtigen. Die Möglichkeiten des biologischen Pflanzenschutzes sind noch keineswegs ausgeschöpft.

Verstärkt bemüht man sich um Verfahren, bei denen alle Einzelmaßnahmen des Pflanzenschutzes zur Regelung der Schaderregerpopulationen in einem Konzept kombiniert werden („Integrierter Pflanzenschutz"). In mehreren Kulturen und gegen verschiedene Erreger sind solche Verfahren entwickelt worden, die örtlich auch Eingang in die Praxis gefunden haben. In diesem System soll eine optimale Wirkung mit einem Minimum an Aufwand und unerwünschten Nebenwirkungen kombiniert werden. Dazu müssen in verstärktem Maße Prognosen, d. h. Vorhersagen über den zu erwartenden Befall und Schaden erarbeitet werden, denn aus ökonomischen und ökologischen Erwägungen sollten Bekämpfungsmaßnahmen erst erfolgen, wenn Schäden an der Kultur in Höhe der entstehenden Bekämpfungskosten zu erwarten sind.

Die Anwendung dieses Prinzips der „wirtschaftlichen Schadensschwelle" setzt allerdings voraus, daß Korrelationen zwischen der Höhe des Befalls bzw. der Populationsdichte des Erregers und der Höhe der Ertragsverluste bestehen und daß sie bekannt sind. Diese Zusammenhänge sind bislang erst für wenige Wirt-Parasit-Paare erarbeitet worden. Zu berücksichtigen ist auch, daß die wirtschaftliche Schadensschwelle keine feste Größe ist, sondern u. a. von Preis und Ertragsniveau abhängt. Geht man davon aus, daß eine gegebene Befallsstärke zur gleichen relativen Ertragsminderung führt, dann ist der absolute Ausfall bei hohem Ertragsniveau besonders groß, so daß Pflanzenschutzmaßnahmen eher lohnend werden als bei niedrigen Erträgen (vorausgesetzt, der erzielte Preis für das Produkt vermindert sich nicht). Je niedriger die wirtschaftliche Schadensschwelle liegt, um so schwieriger wird es, eine direkte Bekämpfung von ihr abhängig zu machen. Das führt dazu, daß in wertvollen Kulturen vorbeugende chemische Maßnahmen noch gang und gäbe sind.

7.2.3 Erhöhung der Widerstandsfähigkeit der Pflanze

Im dritten Prinzip werden schließlich die Maßnahmen zur Erhöhung der Widerstandsfähigkeit der Pflanzen zusammengefaßt. Der Anbau resistenter Sorten, d. h., die Ausnutzung der natürlichen Krankheitsresistenz ist die Methode der Wahl. Wenn keine anderen Verfahren entwickelt oder anwendbar sind, bleibt sie die einzige praktikable Pflanzenschutzmaßnahme. Sie belastet weder Umwelt noch Nahrung mit unerwünschten Nebenwirkungen.

Bislang war die Resistenzzüchtung im wesentlichen auf die differentielle Resistenz ausgerichtet. Auf ihre Problematik wurde bereits hingewiesen (Abschn. 5.2.1). Obgleich Wirksamkeit und Vererbung der generellen Resistenz noch keineswegs ausreichend erforscht sind und ihre züchterische Handhabung schwierig ist, kommt ihr in der Resistenzzüchtung zunehmende Bedeutung zu. In vielen Fällen kann sie durch Reduktion des Befalls, Verzögerung der Entwicklung und Reproduktion des Erregers die Schädigung unterhalb der wirtschaftlichen Schadensschwelle halten.

Züchtung und Anbau resistenter Sorten werden zukünftig als Pflanzenschutzmaßnahmen eine noch größere Rolle als bislang spielen müssen. Jedoch sind nicht gegen alle Krankheiten ausreichend resistente Sorten bekannt. Oftmals genügen ihre quantitativen und qualitativen Ertragsleistungen nicht den Anforderungen, die Anbauer und Verbraucher stellen. Zuweilen muß man sich auch mit „Teilresistenzen" begnügen. Z. B. sind keine Scharka-resistenten Pflaumensorten bekannt, wohl aber Sorten, die keine Fruchtsymptome zeigen. Möglicherweise ist ihr Anbau zunächst ein Weg, um diese Obstkultur in Gebieten, in denen diese Virose besonders stark auftritt, überhaupt zu retten. Der Vorteil des Anbaus resistenter Sorten wird aber erst dann voll ausgeschöpft, wenn er planvoll in ein ganzes System von Pflanzenschutzmaßnahmen und Anbautechniken einbezogen wird, damit eine Selektion virulenter Erregerstämme vermieden oder zumindest verzögert wird (vgl. Abschn. 5.2).

Hier ist auf Verfahren hinzuweisen, die zum Ziel haben, die Widerstandsfähigkeit der Pflanze durch andere als durch züchterische Manipulationen zu erhöhen. Dazu zählen u. a. Immunisierungsprozesse, wie sie in der Human- und Veterinärmedizin seit langem mit außerordentlich großem Erfolg induziert werden. Auch aus der Phytomedizin sind Erscheinungen ähnlicher Art bekannt (vgl. Abschn. 5.3.2.4), im praktischen Pflanzenschutz kann man sie aber noch nicht nutzen. Da solche Verfahren das Spektrum ökologisch unbedenklicher Pflanzenschutzmaßnahmen erweitern könnten, sollte ihre Anwendbarkeit ernsthaft erforscht werden.

Die ungeheure Reproduktionskraft der meisten Schaderreger, ihre Anpassungsfähigkeit, ihre „genetische Plastizität" stehen endgültigen Lösungen von Pflanzenschutzproblemen im Wege. Soweit man solchen nahe kam, gingen sie auf Pflanzenschutzmaßnahmen zurück, die aufgrund besonderer Eigenschaften der Erreger leicht praktikabel sind (z. B. Ausschaltung von Mutterkorn an Roggen durch Saatgutreinigung, von Steinbrand des Weizens durch Beizung, von Kartoffelkrebs durch den Anbau resistenter Sorten). Im allgemeinen gilt jedoch heute noch der Satz, daß die Probleme der Schaderregerbekämpfung optimal nur für eine befristete Zeit gelöst werden können.

Weiterführende Literatur

Börner, H.: Pflanzenkrankheiten und Pflanzenschutz. Stuttgart 1975

Franz, J. M.; Krieg, A.: Biologische Schädlingsbekämpfung. Berlin, Hamburg 1976

Heitefuß, R.: Pflanzenschutz. Stuttgart 1975

Hoffmann, G. M. u. a.: Lehrbuch der Phytomedizin. Berlin, Hamburg 1976

Wegler, R. (Hrsg.): Chemie der Pflanzenschutz- und Schädlingsbekämpfungsmittel. Band 1–5. Berlin-Heidelberg-New York 1970–1977

8 Glossarium

Acervulus flaches Hyphenlager mit kurzen, dichtstehenden Konidienträgern, durchbricht die bedeckenden Schichten (Epidermis, Kutikula), charakteristisch für Melanconiales

ADP Adenosindiphosphat, „ungeladener" Energieträger, der nach Zuführung von Phosphat und Energie in Phosphorylierungsprozessen ATP liefert

adult erwachsen, geschlechtsreif

Aecidium becherförmiges Sporenlager der Uredinales, in verschiedenen Typen vorkommend; paarkernige Hyphen bilden Ketten von Aecidosporen, die nach Aufreißen der Peridie abgeschleudert werden

Affinität zwischen Wirt und Erreger bestehende attraktive Beziehung

Agglutination serologische Reaktion, bei der Viren oder Bakterien in einer Suspension verklumpen, wenn sie mit einem, spezifische Antikörper enthaltenden Antiserum behandelt werden

Aggressivität Fähigkeit eines Organismus, einen anderen anzugreifen, dessen Widerstand zu überwinden und ihn der eigenen Ernährung dienstbar zu machen

Aglykon der zuckerfreie Teil eines Glykosids

Allel Zustandsformen eines Gens in homologen Chromosomen am gleichen Locus

amöboid von wechselnder Gestalt

amorph form- und gestaltlos, nicht-kristallin

Anemochorie Ausbreitung von Schaderregern durch Luftbewegung

Anfälligkeit Unfähigkeit der Pflanze, der Wirkung eines Erregers oder eines schädigenden Agens zu widerstehen; steht im umgekehrten Verhältnis zur Resistenz

Antheridium männliches Sexualorgan (Gametangium) zahlreicher Pilze

Anthozyane chemisch verwandte blaue, rote oder violette Farbstoffe der Zellvakuolen; chemisches Grundgerüst ist Flavon

Antibiose Beeinträchtigung von Wachstum und Entwicklung eines Mikroorganismus durch einen anderen

Antibiotika vor allem von Bakterien und Pilzen gebildete Stoffe, die Mikroorganismen abtöten oder ihr Wachstum hemmen

Antimetabolite Strukturanaloge, die aufgrund ihrer Ähnlichkeit mit natürlichen Metaboliten an deren Stelle in den Stoffwechsel eingebaut werden können, ohne deren physiologische Funktionen zu übernehmen

Apothecium scheiben- bis becherförmiger Fruchtkörper (Ascocarp); charakteristisch für Discomycetes

Appressorium Haftorgan von Pilzen auf der Oberfläche des Wirtes, entsteht durch Hyphenanschwellung; vom A. geht die Penetrationshyphe aus

Archimyceten Urpilze, mitunter noch gebrauchte Bezeichnung für niedere Pilze, u. a. der Familien Olpidiaceae, Synchytriaceae, Plasmodiophoraceae

arid trocken, in aridem Klima ist die Verdunstung größer als der Niederschlag

aromatische Verbindung von Benzol abgeleitete ungesättigte Substanzen mit konjugierten Doppelbindungen

Ascocarp Asci enthaltender Fruchtkörper der Ascomyceten

Ascogon weibliches Gametangium bei Ascomyceten

Ascosporen sexuell im Ascus frei gebildete haploide Sporen der Ascomyceten

Ascus sackähnliche Hyphe, in der nach Karyogamie und Meiose die Ascosporen entstehen (meist 8)

Atemhöhle unter einer Spaltöffnung liegender Hohlraum

ATP Adenosintriphosphat, „geladener Energieträger", speichert Energie und überträgt sie durch enzymatische Abspaltung von Phosphat auf endergonische Reaktionen der Zelle

autözisch bei Rostpilzen, die ihren gesamten Entwicklungszyklus auf einer einzigen Wirtsart durchlaufen

auxotroph auf die Zufuhr von Wachstumsfaktoren (Vitamine) angewiesen

bakteriostatisch Eigenschaft von Substanzen, die Teilung, d. h. Vermehrung von Bakterien zu hemmen

bakterizid Eigenschaft von Substanzen, Bakterien zu töten

Basidiocarp Basidiosporen tragender Fruchtkörper der Basidiomyceten

Basidiospore sexuell gebildete, haploide, an einer Basidie entstandene Spore der Basidiomyceten

Basidium endständige, oft keulenförmige Hyphenzelle, an der nach Karyogamie und Meiose Basidiosporen entstehen

Besiedlung Ausbreitung eines Erregers im Wirtsgewebe nach der Infektion

Biotrophie Ernährungsform, bei der ein Erreger oder Symbiont sich von der lebenden Substanz des Wirtes ernährt

Biotyp letzte, genetische Einheit, bis zu der eine gruppenweise Aufteilung von Erregern erfolgen kann; besteht aus vegetativ vermehrten, genetisch einheitlichen Individuen; unterscheidbar durch physiologische oder parasitische Fähigkeiten, aber nicht durch morphologische Merkmale

Blastospore durch Sprossung gebildete, ungeschlechtliche Spore

Brand Krankheit, die durch braunschwarze Sporenlager ihrer Erreger (Ustilaginales) an ihren Wirten oder nach Bakterienbefall durch abgestorbene Blüten, Blätter, Zweige vor allem an Obstgehölzen (Bakterienbrand) gekennzeichnet ist

Capsid Proteinmantel, der die Virus-Nukleinsäure umgibt

Capsomer Proteinuntereinheit des Capsids, morphologisch differenzierbar

Chemotherapie Behandlung von Infektionskrankheiten mit chemischen Stoffen

Chlamydospore dickwandige Dauerspore, die terminal oder intercalar asexuell in Hyphen oder Sporen von Pilzen entsteht

Cleistothecium völlig geschlossener, kugeliger Fruchtkörper (Ascocarp), Asci werden nach Aufreißen der Fruchtkörperwand (Peridie) frei; charakteristisch für Plectomycetes

Chlorose Entfärbung (Vergilbung) von normalerweise grünem Gewebe infolge Chlorophyllzerstörung oder geringer Chlorophyllbildung

Dauersporen dickwandige Sporen, die auch unter ungünstigen Umständen längere Zeit lebensfähig bleiben

Determinante, primäre Faktor, der primär die Pathogenität eines Erregers und seine Wirtsspezifität bestimmt

Detoxifikation Inaktivierung oder Zerstörung eines Toxins durch Bindung, Veränderung oder Abbau des toxischen Moleküls

Dichtegradientenzentrifugation Methode zur Charakterisierung von Viren; Lösung im Zentrifugenröhrchen weist ein Dichtegefälle auf; die Teilchen des überschichteten, zu trennenden Gemisches bewegen sich bei der Zentrifugation in den Bereich der Lösung, der die gleiche Dichte hat wie die Teilchen

Dikaryon Myzel oder Spore mit 2 eng assoziierten, geschlechtlich verschiedenen Kernen je Zelle

Diözie (bei Pilzen) ein Individuum kann nur als Kerndonor (männlich) oder als Kernakzeptor (weiblich) fungieren

DNS Desoxyribonukleinsäure, enthält die genetische Information der Zelle

Ektoparasit Parasit, der sich im wesentlichen auf der Oberfläche der Pflanze entwickelt und sich von außen von seinem Wirt ernährt

endemisch in einem Gebiet heimisch; eine endemische Krankheit pflegt in einem bestimmten Gebiet regelmäßig aufzutreten

Endodermis Ring von Zellen mit verdickter Wand ohne Interzellulare, aber mit Durchlaßzellen, der den Zentralzylinder der Wurzeln umschließt

Endoparasit im Innern eines Organismus lebender Parasit

endoplasmatisches Retikulum (ER) komplexes System gefalteter Doppelmembranen innerhalb der Zelle; Oberfläche ist mit Ribosomen bedeckt (rauhes ER) oder glatt (glattes ER)

Endoxydation Teilprozeß der biologischen Oxydation, bei der Wasserstoff über die Atmungskette mit molekularem Sauerstoff reagiert

enzystieren einkapseln, Ausbildung einer Schutzhülle

Epidemie ungewöhnlich starkes Auftreten einer Infektionskrankheit innerhalb einer begrenzten Zeitspanne; E. kann mehr oder weniger lokal begrenzt sein (z. B. Krautfäule der Kartoffel) oder kontinentales Ausmaß annehmen (z. B. Getreideroste)

Epinastie verstärktes Wachstum an der Organoberseite; Winkel zwischen Blattstiel und Stengel wird größer

Epiphyten auf anderen Pflanzen, insbesondere Bäumen wachsende Gewächse

fakultative Parasiten Organismen, die gewöhnlich saprophytisch und nur unter bestimmten Bedingungen parasitisch leben

formae speciales morphologisch nicht zu unterscheidende Untereinheiten von Erregerarten, sind auf bestimmte Wirtsarten spezialisiert

Formtaxa auf asexuellen Fruktifikationen und vegetativen Entwicklungszuständen beruhende Einteilung der Deuteromycotina (Formart, Formgattung usw.)

Frostgürtel braunes Korkband um Apfel- und Birnenfrüchte, bedingt durch Spätfrost nach der Blüte

Frostplatte durch Frost beschädigte Rindenpartien; lösen sich infolge starker Temperaturschwankungen vom Stamm

Frostriß Rindenriß längs der Achse eines Baumes, durch den der Holzkörper sichtbar ist; verursacht durch starken Winterfrost

Frostspalt Frostriß, bei dem der Holzkörper mitbetroffen ist

Fruchtkörper einfaches bis sehr differenziertes Hyphengeflecht, welches Sporen enthält oder trägt

Fruktifikationszeit Zeitspanne zwischen Beginn des Angriffs eines Erregers auf die Pflanze und der Bildung von Vermehrungsorganen (Sporen)

Fungi imperfecti Pilze, die die Fähigkeit zu sexueller Fortpflanzung verloren haben, werden in der Unterabteilung der Deuteromycotina zusammengefaßt, ähneln meist den Konidienstadien der Ascomyceten

fungistatisch Eigenschaft von Substanzen, das Wachstum von Pilzen zu hemmen

fungizid Eigenschaft von Substanzen, Pilze zu töten

Fungizide Pflanzenschutzmittel mit fungistatischen oder fungiziden Eigenschaften

Gallen (Cecidien) Gewebewucherungen der Pflanze auf den Reiz eines Fremdorganismus; kein autonomes Wachstum, zur Bildung ist die ständige Anwesenheit des Erregers erforderlich

Gametangium Hyphenabschnitt, in dem Gameten entstehen oder welcher zur sexuellen Vereinigung (Gametangienkopulation) dient

Gameten differenzierte, haploide Geschlechtszellen bei Pilzen

Gefäße der Wasserleitung dienende, querwandlose Zellreihen (Tracheen) oder durch Hoftüpfel verbundene Zellen (Tracheiden); Wände der Tracheen sind spiralig, ring- oder netzförmig verdickt, bilden mit dazwischen liegenden, lebenden Parenchymzellen und begleitenden mechanischen Elementen das Xylem

Geißeln fädige Protoplasmastruktur bei Bakterien oder Pilzsporen, ermöglichen diesen freie Ortsbewegung

Gelfiltration chromatographisches Verfahren der Fraktionierung nach Molekülgröße

Gewebe Verband gleichartiger Zellen, die gleiche Funktionen erfüllen

Glukon (Glukosan) nur aus Glukoseeinheiten bestehendes hochpolymeres Molekül

Glykolyse Teilprozeß der biologischen Oxydation; Abbau von Zuckern zu Brenztraubensäure

Glykoproteid Eiweiß, das mit Kohlenhydrat verbunden ist

Glykosid organische Verbindung aus Zucker mit Stoffen, die eine Hydroxygruppe enthalten

Gramfärbung dient der Differentialdiagnose der Bakterien; die Eigenschaft, nach diesem Färbeverfahren gefärbt zu werden oder nicht (grampositiv, -negativ), ist ein wichtiges taxonomisches Merkmal, mit dem auch andere Eigenschaften der Bakterien (Aufbau der Zellwand) korreliert sind

Haustorium pilzliches Organ innerhalb einer Wirtszelle, dient der Nährstoffversorgung des Erregers aus der lebenden Zelle

Hemizellulose unheitliche Gruppe unlöslicher Polysaccharide, die den Hauptteil der Zellwandmatrix bilden; werden in Pentosane und Hexosane unterteilt

heterözisch bei Rostpilzen, die zwei Wirtsarten zur Vollendung ihres Entwicklungszyklus benötigen

Heterokaryose Anwesenheit genetisch verschiedener Kerne in einer Pilzhyphe

heterothallische Pilze benötigen zwei sexuell differenzierte Thalli zur Entwicklung des Sexualstadiums

Hexenbesen durch pathologisch gesteigerte Verzweigung (Austreiben von Ruheknospen) deformiertes Sproßsystem, das als dichtes, reisigbesenartiges Gebilde in Erscheinung tritt

Hill-Reaktion Fähigkeit von isolierten Chloroplasten im Licht Sauerstoff zu bilden, wenn Elektronenakzeptoren (z. B. Fe^{+++} oder Chinone) vorhanden sind; Teilprozeß der Photosynthese

Holocarpie der gesamte Thallus eines vielkernigen Organismus verwandelt sich in ein Sporangium oder eine Dauerspore

homothallische Pilze männliche und weibliche Geschlechtsorgane oder Gameten werden an demselben Thallus gebildet

humoral die Körpersäfte betreffend

Hydrolyse Spaltung einer Verbindung durch Wasser

Hymenium fertile, Asci oder Basidien tragende Schicht bei Fruchtkörpern, die von sterilen Hyphen (Paraphysen, Zystiden) durchsetzt sein können

Hypertrophie abnormes Wachstum infolge übernormaler Zellvergrößerung

Hyphe einzelner, fädiger Abschnitt des Vegetationskörpers eines Pilzes; siehe Myzel

Hypoplasie unvollkommene Ausbildung eines Organismus oder eines seiner Teile; entweder ist die Differenzierung unvollkommen oder die Größenentwicklung ist gehemmt

Immissionen Einwirkung schädlicher Zusatzstoffe der Atmosphäre auf Pflanzen

Immunofluoreszenz serologische Nachweismethode für Viren in situ; spezifisches Antiserum wird dazu mit Fluoreszenzfarbstoffen gekoppelt

Indikatorpflanzen bilden nach Virusinokulation mehr oder weniger spezifische Symptome aus, dienen dem Nachweis und der Identifizierung von Viren

Infektion Prozeß der Eindringung und Festsetzung (Stabilisierung) eines Erregers in der Wirtspflanze

Infektionszeit Zeitspanne von Beginn des Erregerangriffs auf die Pflanze bis zum Erreichen eines stabilen parasitischen Verhältnisses

inkompatibel s. kompatibel

Inkubationszeit schließt die Infektionszeit ein und reicht darüber hinaus bis zum Auftreten der Krankheitssymptome

Inokulation Übertragung des Erregers auf den Wirt

Inokulum Vermehrungseinheiten von Erregern, z. B. Viruspartikeln, Bakterienzellen, Pilzsporen, Myzel, die an den Wirt gelangen

Internodium das zwischen zwei Ansatzstellen der Blätter liegende Stengel- oder Stammstück

interzelluläres Wachstum innerhalb der Pflanze zwischen den Zellen wachsend

intrazelluläres Wachstum innerhalb der Zellen wachsend

Isoenzyme Enzyme, die sich in Molekulargewicht, Aminosäurezusammensetzung oder anderen Moleküleigenschaften unterscheiden; katalysieren alle dieselbe Reaktion

Kallose amorphes, impermeables Polysaccharid; Kalloseplättchen umgrenzen die Poren zwischen den Siebzellen und verschließen sie in alternden Siebröhren

Kallus Gewebewulst, entstanden durch undifferenziertes Wachstum der an eine Wunde grenzenden lebenden Zellen

Kapsel bei Bakterien eine gallertige Schicht außerhalb der Zellwände, meist aus Polysacchariden und Polypeptiden bestehend

Karyogamie Verschmelzung zweier Kerne

Klon durch vegetative Vermehrung erhaltene erbgleiche Nachkommenschaft

Knospung s. Sprossung

kompatibel, inkompatibel verträglich, unverträglich; Begriffe werden synonym für bestimmte Wirt-Parasit-Verhältnisse (anfällig und resistent) gebraucht, sie weisen auf die zellulären Interaktionen zwischen Wirt und Erreger hin

Kompartimentierung Unterteilung der Zelle, um inkompatible Systeme voneinander zu trennen

komplementär sich gegenseitig ergänzende Dinge oder Begriffe

Konidien asexuell entstandene Pilzsporen, oft an besonderen Hyphen (Konidienträger) oder in Fruchtkörpern; Begriff ist nicht eindeutig abgegrenzt

Kork sekundäres Hautgewebe, undurchlässig für Wasser und Gase, ersetzt an älteren Organen die Epidermis, entsteht oft nach Verwundung oder Infektion

Krankheitszyklus Kette aufeinanderfolgender Ereignisse im Krankheitsablauf mit den Entwicklungsstadien des Erregers und den Auswirkungen auf den Wirt

Krebszyklus (Citronensäure-, Tricarbonsäure-Zyklus) zyklischer Abbau der Brenztraubensäure zu CO_2 und H_2O während der Atmung unter Bildung von ATP

Kutin Polyester aus Monocarbonsäuren, Bestandteil der Kutikula, kaum wasserdurchlässig

Lakton zyklischer innerer Ester von Hydroxysäuren

Läsion begrenzte Fläche verfärbten, erkrankten Gewebes

Landsorten züchterisch nicht bearbeitete, genetisch mehr oder weniger heterogene Population bei Kulturpflanzen

latente Infektion Stadium, in dem eine Pflanze von einem Erreger infiziert ist, aber keine Symptome zeigt

Lignin sehr schwer lösliche „Holz"-Substanz der pflanzlichen Zellwände, besteht aus vielfach verzweigten Molekülen polymerisierter Phenylpropane

Lipoide fettähnliche Substanzen, die mit Äther, Benzol, Chloroform oder Schwefelkohlenstoff aus dem Gewebe extrahierbar sind

Locus Ort im Chromosom, an dem ein Gen lokalisiert ist

Lokalläsion lokalisierter Blattfleck nach mechanischer Inokulation eines Virus

Lysis Zusammenbruch oder Auflösung von Zellen oder Zellbestandteilen, vor allem durch Enzyme oder Viren

Makrokonidie die größere von zwei asexuellen Sporenformen eines Organismus

Mazeration Verlust des Zusammenhalts des Gewebes und Zerfall in die einzelnen Zellen

Meiose Reduktion- oder Reifeteilung, bei der die diploide Chromosomenzahl zur haploiden reduziert wird

Membran besteht aus einer bimolekularen Phospholipidschicht, bei der sich die hydrophoben Pole gegenüberstehen; die beiden hydrophilen Oberflächen sind von Proteinen bedeckt; elektronenoptisch werden 3 Schichten sichtbar, 2 dunkle äußere (je 20 Å), die durch eine innere helle (35 Å) getrennt sind

Meristem teilungsfähiges Gewebe, aus dem durch fortgesetzte Zellteilungen alle Dauergewebe entstehen

Meristemkultur Methode zur Gewinnung virusfreien Pflanzenmaterials; da die meristematische Spitzenzone meist virusfrei ist, wird der Vegetationskegel mit dem Meristem von dem angrenzenden Gewebe isoliert und steril kultiviert

Mikrokonidie die kleinere von zwei asexuellen Sporenformen eines Organismus

Mitochondrium Organell der Energieerzeugung eukaryotischer Zellen, begrenzt von Doppelmembran; Krebszyklus und Atmungskette laufen in ihnen ab

Mittellamelle Interzellularsubstanz zwischen den primären Wänden benachbarter Zellen, besteht hauptsächlich aus Pektinen, kann lignifiziert sein

Monokultur fortwährender Anbau derselben Pflanzenart auf derselben Fläche

Mosaik Symptome bei gewissen Virosen, charakterisiert durch ein Muster von grünen, gelben und fast weißen Farbabstufungen

Mutation spontane, dauerhafte Veränderung in den Erbanlagen, die dem Individuum neue Eigenschaften gibt

Mycelia sterilia zu den Deuteromycotina gehörende Pilze (Agonomycetales), die keine Konidien bilden

Mycorrhiza Wurzelsymbiosen, bei denen Pilze mit den Wurzeln der Pflanzen vergesellschaftet sind; ektotrophe M.: Pilze wachsen vorwiegend außerhalb; endotrophe M.: Pilze wachsen vorwiegend innerhalb der Wurzeln

Myzel Gesamtheit der Hyphen, die den Thallus eines Pilzes ausmacht

NAD Nicotinamid-adenindinucleotid, Co-Enzym 1

NAPD Nicotinamid-adenindinucleotidphosphat, Co-Enzym 2

natürliche Öffnungen Stomata, Lentizellen, Hydathoden, Nektarien

Nekrotrophie Ernährungsform, bei der sich ein Organismus von totem Substrat ernährt, dessen Absterben er nicht verursacht hat

Nekrose abgestorbene Zellen oder Gewebe mit brauner Verfärbung

Nukleus Zellkern; der von einer Doppelmembran umgebene Bereich der Chromosomen

Nukleolus stark lichtbrechende, rundliche Körper im Zellkern, meist kommt je Chromosomensatz 1 Nukleolus vor

obligate Parasiten können sich nur an lebenden Organismen ernähren und vermehren

Ösophagus Speiseröhre

Oidien entstehen nach Zerfall einer septierten Hyphe, verhalten sich wie Sporen

Oogamie Befruchtung einer größeren, nackten Eizelle (Oosphäre) durch eine kleinere männliche Gamete

Oogonium das weibliche Gametangium mit einer oder mehreren Eizellen der Oomyceten

Oospore sexuell, nach Oogamie entstandene Spore, dickwandig

Oxydation Erhöhung der positiven Wertigkeit durch Abgabe von Elektronen

Paraphyse sterile, basal befestigte Hyphen in einem Hymenium zwischen Asci oder Basidien

Parasexuell somatische Rekombination vererbbarer Eigenschaften ohne echte Kopulation von Gameten und ohne Meiose

Parasit Organismus oder Virus, der auf oder in einem anderen lebenden Organismus lebt und von ihm Nahrung oder eine andere Leistung ohne gleichwertige Gegenleistung bezieht

Parasitismus Verhältnis zwischen Parasit und seinem Wirt; Fähigkeit eines Organismus als Parasit zu leben

Parenchym dünnwandiges Grundgewebe der Pflanzen, ohne erkennbare funktionelle Differenzierung

Pasteur-Effekt Atmungsphänomen, bei dem nach Sauerstoffzufuhr der anaerobe Kohlenhydratabbau (Gärung) zugunsten des aeroben (Atmung) unterdrückt wird

Pathogen Krankheitserreger; krankheitserregend

Pathogenese Krankheitsentstehung und -entwicklung

Pathogenität Fähigkeit eines Erregers seinen Wirt zu schädigen, also Krankheitserscheinungen zu verursachen

Pathotoxin wirtsspezifisches Toxin, dessen Bildung mit der Pathogenität des Produzenten korreliert ist

Pektin mit Methanol teilweise veresterte, polymere Galakturonsäure; kommt in der Mittellamelle und primären Zellwand vor

Periderm Korkgewebe, das die Epidermis des Primärgewebes ersetzt, besteht aus dem Korkkambium (Phellogen), das nach außen die Korkschicht (Phellem), nach innen unverkorkte Rindenzellen (Phelloderm) bildet

Peridie bei Pilzen äußere Hülle oder Wand eines Sporangiums oder Fruchtkörpers

Perithecium geschlossener, flaschenförmiger Fruchtkörper (Ascocarp) mit scheitelständigem Porus (Ostiolum); charakteristisch für Pyrenomyceten

persistent ausdauernd, anhaltend, z. B. in Bezug auf Dauer der Infektionsfähigkeit von Viren im Vektor oder auf die Abbaugeschwindigkeit von Pflanzenschutzmitteln

Perthophyt Erreger, der sich perthotroph ernährt

Perthotrophie Ernährungsform, bei der sich ein Erreger von totem Substrat ernährt, dessen Abtötung er selbst bewirkt hat

Phellem Korkschicht

Phelloderm Korkrinde, besteht aus parenchymatischen, chlorophyllhaltigen Zellen, die das Korkkambium häufig nach innen abspaltet

Phellogen Korkkambium

Phenole aromatische Verbindungen, bei denen ein oder mehrere Wasserstoffatome durch Hydroxylgruppen (OH) ersetzt sind

Phosphorylierung Anlagerung von Phosphat an eine Verbindung, z. B. ADP + Phosphat = ATP

Photoperiodismus Einfluß der Tageslänge (Belichtungsdauer) auf die Blütenbildung der Pflanzen

Phycomyceten noch weit verbreitete Bezeichnung für „niedere Pilze", deren Verwandtschaft zu Algen deutlich ist (Algenpilze); Hyphen meist ohne Septen, u. a. gehören die Oomyceten und Zygomyceten dazu

Phylloidie (Verlaubung) mehr oder weniger ausgeprägte laubblattähnliche Umbildung von Blütenorganen

Phyllosphäre Oberfläche der oberirdischen Pflanzenteile, insbesondere auch Standort epiphytischer Organismen

Phytoalexine Substanzen, die in Pflanzen als Reaktion auf Befall, Beschädigung oder physiologischen Reiz akkumulieren und die Entwicklung von Erregern begrenzen

Phytotoxin Toxin mikrobiellen Ursprungs, das toxisch für Pflanzen ist, aber für die Pathogenese wenig Bedeutung hat

Planogameten aktiv bewegliche Gameten

Plasmalemma (das P.) äußere, semipermeable Grenzmembran des Protoplasten

Plasmide extrachromosomale ringförmige DNS, die autonom repliziert wird

Plasmodium zellwandloser, schleimiger, amöboider, vielkerniger Protoplast, Thallus der Myxomycota

Plasmogamie Verschmelzung von Protoplasten

polymere Stoffe sind aus vielen gleichen oder gleichartigen Grundmolekülen aufgebaut

Polypeptid kettenförmiges Molekül aus mehreren Aminosäuren, kürzer als Proteinmolekül

physiologische Rasse (Rasse, Pathotyp) Individuen einer Erregerart, -varietät oder -forma specialis mit gleicher Pathogenität; charakterisiert durch ihre Fähigkeit, nur bestimmte Sorten einer Wirtspflanzenart befallen zu können; physiologische Rassen unterscheiden sich grundsätzlich in physiologischen Eigenschaften einschließlich der Virulenz

Polysaccharid ein aus mehr als zwei Zuckermolekülen aufgebautes Kohlenhydrat

Population Gesamtheit der Organismen einer Art in einem Lebensraum; dieser ist unterschiedlich groß, z. B. Fläche eines Gewächshauses oder weite Gebiete eines Erdteiles

Prädisposition spezifische Eigenschaft einer Pflanze für eine bestimmte Krankheit zur Zeit des Erregerangriffs, wird durch die Entwicklungsstadien bestimmt und hängt von Bedingungen und Behandlungen ab, die vor der Inokulation auf die Pflanze eingewirkt haben

Präzipitation Fällung einer Ausflockung (Präzipitat) aus einer Flüssigkeit, bedingt durch Antikörper

Prognose Vorhersage über die voraussichtliche Entwicklung eines Schaderregers und des zu erwartenden Schadens (Schadensprognose)

prokaryotische Zelle (Protocyte) geringe Kompartimentierung ohne typischen Kern, Kernregion ohne Membran, Mitochondrien und Chloroplasten fehlen; Bakterien

Proteide Komplexe aus Eiweiß und einer chemisch anderartigen Komponente

prototroph nicht auf die Zufuhr von Wachstumsfaktoren (Vitamine) angewiesen

Pseudothecium einkammeriger Ascokarp im Ascostroma (Loculoascomyceten)

Pyknidium asexueller, kugel- oder flaschenförmiger Fruchtkörper mit Porus, der im Innern auf Konidienträgern Konidien enthält, charakteristisch für Sphaeropsidales

Pyruvate Salze oder Ester der Brenztraubensäure

Quarantäne staatliche Kontroll- und Absperrmaßnahme, um Ein- und Verschleppung von Schaderregern zu verhindern

Redox-System Kombination zweier, nur durch eine Oxydationsstufe unterschiedener Stoffe, die durch reversible Aufnahme oder Abgabe von Elektronen ineinander übergehen können

Reduktion Aufnahme von Elektronen, Abnahme der positiven Wertigkeit

Rekombination Bildung neuer Genkombinationen durch sexuelle oder parasexuelle Vorgänge

Resistenz Fähigkeit der Pflanze, eine Infektion durch einen potentiellen Schaderreger oder eine Schädigung durch ein Agens abzuwehren

Rhizomorphe differenziertes Hyphenbündel mit apikalem Wachstum von makroskopisch erkennbaren Durchmesser; meist bei Basidiomyceten

Rhizosphäre unmittelbare Umgebung der Wurzeln im Boden, charakteristisch u. a. durch hohen Gehalt an Mikroorganismen

RNS Ribonukleinsäure, speichert und überträgt biologische Informationen

Saponine Pflanzenstoffe, die schäumende Lösungen bilden; Glykoside, deren Aglykone vor allem zu den Steroiden oder Triterpenen gehören

Saprophyt von totem, organischem Substrat lebender Organismus, das er nicht selbst abgetötet hat

Schosser schon im ersten Jahr blühende Pflanze einer zweijährigen Art

Schosse orthotrope (aufrechte) Langtriebe, die aus Seitenknospen von Stämmen oder Ästen hervorbrechen (Wasserschosse)

Schrotschußsymptome rundliche, rotgerandete Blattflecke, die später herausfallen, so daß Löcher entstehen; vor allem bei Prunus-Gewächsen

Schwächeparasit Erreger, der nur an oder in geschwächten Pflanzen parasitieren kann

Sclerotium kompakte Hyphenmasse, meist mit dunkler Rinde; Dauerorgan, kann längeren Zeitabschnitt ungünstiger Bedingungen überstehen

Selektion Auslese bestimmter Individuen oder Gruppen aus einer Gesamtheit (Population)

Semipermeabilität Eigenschaft von Membranen, das Lösungsmittel leichter durchtreten zu lassen als die gelösten Substanzen

Seneszenz Alterung

Siebplatte perforierte Querwand zwischen zwei Siebröhren, durch die ihre Protoplasten miteinander verbunden sind

Sklerenchym Festigungsgewebe, Zellwandungen sind allseitig stark verdickt

Sorte durch Züchtung entstandener Formenkreis einer Kulturpflanzenart, der sich durch bestimmte Eigenschaften von anderen Formen der gleichen Art unterscheidet

Sorus Gruppe von Sporangien oder Sporenmasse bei Uredinales und Ustilaginales

Spermatium unbewegliche, einkernige, sporenartige Geschlechtszelle, die während der Plasmogamie ihren Kern in eine entsprechende, konträrgeschlechtliche Zelle entleert

Spermogonium Fruchtkörper, in dem nur Spermatien (Geschlechtszellen) entstehen

Spitzendürre Absterben des distalen Zweigabschnittes nach Infektion, vor allem nach Blüteninfektion von Obstgehölzen mit *Sclerotinia* spp.

Sporangium Hyphengebilde, dessen ganzer Inhalt sich in eine unbestimmte Anzahl von beweglichen Plano- (= Zoo-) oder unbeweglichen Aplanosporen differenziert

Sprossung Art vegetativer Vermehrung, bei der die neue Zelle (Blastospore) blasenartig aus der Mutterzelle „sproßt“

Stamm Nachkommen einer einzelnen Isolierung in Reinkultur (Isolat); Begriff wird nicht einheitlich verwendet

Stroma kompakte Myzelstruktur, auf oder in dem sich gewöhnlich Fruktifikationskörper entwickeln

Suberin (Korkstoff) hochpolymere Verbindung gesättigter und ungesättigter Fettsäuren

Substrat Material oder Substanz, von dem ein Mikroorganismus sich ernährt; auch Substanz, mit der ein Enzym reagiert

succulent fleischig geschwollen, wasserreich

Symptom die äußeren oder inneren Reaktionen und Veränderungen der Pflanze nach Erregerbefall oder Beschädigung

Syndrom Gruppe zusammengehöriger Krankheitserscheinungen

Synnema mehr oder weniger kompakte Gruppe aufrechter Konidienträger

systemisch mehr oder weniger gleichmäßige Ausbreitung eines Erregers oder Translokation eines Pflanzenschutzmittels innerhalb der Pflanze

Teleutospore Sporenform der Rostpilze, aus der nach Karyogamie Basidie und Basidiosporen gebildet werden

Terpene in vielen Pflanzen vorkommende Kohlenwasserstoffe, Polymerisationsprodukte des Isoprens C_5H_8

Toleranz Fähigkeit der Pflanze, eine Infektion ohne merkliche Schädigung zu ertragen

Tonoplast Membran zwischen Plasma und Vakuole

Tracheobakteriose, -mykose Erkrankung, bei der Bakterien oder Pilze vorzugsweise das Xylem besiedeln

transovariale Übertragung Virus gelangt von einem erwachsenen Tier über Ovarien und Eier in die Nachkommenschaft

Tumor krankhafte, korrelationslose Wucherung von Zellen und Geweben, autonomes Wachstum, ständige Anwesenheit des Erregers ist nicht erforderlich

Turgor (Turgeszenz) Zustand der Pflanzenzelle, wenn sie hinreichend mit Wasser versorgt ist

Umweltfaktoren die auf einen Organismus einwirkenden Einflüsse der Umwelt (ökologische Faktoren); gegliedert in abiotische und biotische Faktoren

Uredosporen dikaryotische, rötlichbraune, stachelige, meist in n-Generationen gebildete Sporen der Rostpilze

Variabilität Eigenschaft oder Fähigkeit von Organismen morphologische oder physiologische Charakteristika zu verändern; kann sich als nichterbliche Modifikation oder als erbliche Variation manifestieren

vegetativ asexuell, somatisch

Vektor Organismus, der Erreger überträgt

Vergrünung Chloroplastenentwicklung in Blütenblättern (Vireszenz)

Virion vollständiges Viruspartikel

Viroid kleine Nukleinsäuremoleküle ohne Proteinmantel (Capsid)

Virulenz Grad der Pathogenität eines bestimmten Erregers in Beziehung zu einem spezifischen Wirt; wird oft (fälschlicherweise) synonym zu Pathogenität gebraucht; neuerdings auch als vertikale (spezifische) Pathogenität bezeichnet

Viskosität innere Reibung bei Flüssigkeiten; Zähflüssigkeit

Vivotoxin Substanz, die nach Befall von Erregern und/oder Wirt gebildet wird; sie trägt zwar zur Ausbildung der Krankheit bei, hat sie aber nicht primär induziert

Welke durch ungenügende Wasserversorgung verursachte Turgorverluste, die zur Erschlaffung von Pflanzenteilen führen; kann abiotischen oder biotischen Ursprungs sein (physiologische bzw. parasitäre Welke)

Windbruch Abbrechen von Zweigen, Ästen oder Bäumen durch Winddruck

Windwurf Entwurzelung von Bäumen durch Winddruck

Wirt Pflanze, von der ein Parasit oder Symbiont seine Nahrung bezieht

Wirtsspektrum alle Pflanzensorten und -arten, die einem gegebenen Erreger als Wirt dienen können

Wundparasit Erreger, der nur über eine Wunde eine Pflanze infizieren kann

Zellorganellen „Organe der Zelle"; insbesondere Nukleus, Plastiden, Mitochondrien

Zoospore mit 1 bis 2 Geißeln versehene, zellwandlose, bewegliche, ungeschlechtlich entstandene Spore

Zoosporangium Sporangium, in dem Zoosporen entstehen

Zygospore sexuell, durch Verschmelzung von zwei Gametangien entstandene Dauerspore (Zygomycotina)

Zygote die durch Kopulation zweier haploider Gameten entstehende diploide Zelle

9 Sachverzeichnis

Teubner Studienbücher Fortsetzung

Physik

Bourne/Kendall: **Vektoranalysis**
227 Seiten. DM 19,80

Daniel: **Beschleuniger**
215 Seiten. DM 25,80

Großmann: **Mathematischer Einführungskurs für die Physik**
2. Aufl. 263 Seiten. DM 25,80

Heber/Weber: **Grundlagen der Quantenphysik**
Band 1: Quantenmechanik. VI, 158 Seiten. DM 18,80
Band 2: Quantenfeldtheorie. VI, 178 Seiten. DM 19,80

Kamke/Krämer: **Physikalische Grundlagen der Maßeinheiten**
Mit einem Anhang über Fehlerrechnung. 218 Seiten. DM 19,80

Kneubühl: **Repetitorium der Physik**
XVI, 632 Seiten. DM 29,–

Lautz: **Elektromagnetische Felder**
2. Aufl. 184 Seiten. DM 25,80

Lohrmann: **Hochenergiephysik**
196 Seiten. DM 26,80

Mayer-Kuckuk: **Atomphysik**
Eine Einführung. 233 Seiten. DM 26,80

Mayer-Kuckuk: **Physik der Atomkerne**
Eine Einführung. 2. Aufl. 288 Seiten. DM 25,80

Rohe: **Elektronik für Physiker**
Eine Einführung in analoge Grundschaltungen.
247 Seiten. DM 22,80

Walcher: **Praktikum der Physik**
3. Aufl. 378 Seiten. DM 25,80

Wiesemann: **Einführung in die Gaselektronik**
Grundlagen der Elektrizitätsleitung in Gasen
282 Seiten. DM 25,80

Preisänderungen vorbehalten